Norbert Preuß
Lars Bernhard Schöne

Real Estate und Facility Management

Springer

Berlin
Heidelberg
New York
Hong Kong
London
Mailand
Paris
Tokio

Engineering

http://www.springer.de/engine-de/

Norbert Preuß
Lars Bernhard Schöne

Real Estate und Facility Management

Aus Sicht der Consultingpraxis

 Springer

Dr.-Ing. Norbert Preuß
CBP Cronauer Beratung Planung Beratende Ingenieure GmbH
Heßstraße 4
80799 München

Dr.-Ing. Lars Bernhard Schöne
REAL I. S. AG
Gesellschaft für Immobilien Assetmanagement
Innere Wiener Str. 17
81667 München

ISBN 3-540-42003-7 Springer-Verlag Berlin Heidelberg New York

Die Deutsche Bibliothek - CIP-Einheitsaufnahme
Preuß Norbert:
Real estate und facility management : aus Sicht der Consultingpraxis / Norbert Preuß ;
Lars Bernhard Schöne. - Berlin ; Heidelberg ; New York ; Hongkong ; London ; Mailand ; Paris ;
Tokio : Springer, 2002
    ISBN 3-540-42003-7

Springer-Verlag Berlin Heidelberg New York
ein Unternehmen der BertelsmannSpringer Science+Business Media GmbH

http://www.springer.de

© Springer-Verlag Berlin Heidelberg 2003
Printed in Germany

Satz: Daten des Autors
Einbandgestaltung : medio Technologies AG, Berlin
Gedruckt auf säurefreiem Papier   SPIN: 10796734   68/3020/M - 5 4 3 2 1 0

Geleitwort

In den letzten zehn Jahren ist das Thema Real Estate und Facility Management zunehmend zu einer festen Größe der Unternehmensstrategie geworden. Diese Entwicklung ist nicht nur auf die aktuellen wirtschaftlichen Veränderungen zurückzuführen. Es ist vielmehr auch die Besinnung auf den Dienstleistungsgedanken, der die Konzentration auf das Kerngeschäft und folglich auf den Kunden fordert.

Die Property-Unternehmen, die Methoden und Instrumente für die Optimierung ihrer Fonds und Anlagen entwickelt haben, nutzen schon einen Großteil der Potenziale, die in der Erstellung und Bewirtschaftung von Immobilien stecken, um für ihre Kunden eine maximale Rendite zu erzielen. Zu dieser Erkenntnis kommen aktuell auch Unternehmen wie Banken und Versicherungen sowie die öffentliche Hand, die aus der Historie über große Immobilienportfolios verfügen, die Immobilie jedoch im wesentlichen als Mittel zum Zweck verwenden. Sie stellen sich der Aufgabe, die betriebsnotwendigen und -fremden Immobilien sowie deren Verwaltung im Sinne der Optimierung der Betriebskosten, Nutzwerte und Flächeneffizienz, einer eingehenden Prüfung zu unterziehen.

Der in diesem Werk gewählte ganzheitliche Ansatz, in der Phase der Projektentwicklung schon frühestmöglich auf den Entstehungsprozess der Immobilie Einfluss zu nehmen und diese Vorgaben während der Planung und Realisierung durch das Projektmanagement durchzusetzen, ist in der Betrachtung des gewaltigen Nutzens, der über die gesamte Lebensdauer der Immobilie zum tragen kommt, unabdingbar.

Die fortdauernde Entwicklung dieses Themenkomplexes haben wir nicht zuletzt solchen Fachleuten, wie sie die beiden Herausgeber Norbert Preuß und Lars Bernhard Schöne darstellen, zu verdanken, die sich der Mühe unterziehen ein derartiges Werk aufzustellen. Es bleibt zu wünschen, dass sich der Prozess des Wandels in Unternehmen und der öffentlichen Hand von der passiven Verwaltung hin zu einem aktiven Management des Immobilienbestandes ungebremst fortsetzt.

München, im Oktober 2002

Dr. Axel Cronauer   Prof. Martin Schieg   Josef Brandhuber   Roland Egger
Geschäftsführende Gesellschafter   *Vorstand*
CBP Cronauer Beratung Planung   *REAL I.S. AG*
Beratende Ingenieure GmbH

Vorwort

Es ist das Anliegen der Verfasser, die Aufgaben und die Rolle des Real Estate und Facility Management Consultants im Lebenszyklus einer Immobilie herauszuarbeiten.

Der Versuch alle Leistungen mit ähnlicher Detailkenntnis zu beherrschen wäre vermessen und wird scheitern. Folglich ist es vielmehr eine integrierende Leistung, die der Consultant als Schnittstelle zwischen Auftraggebern, Investoren, Nutzern, Fachplanern und Ausführenden sowie Dienstleistern zu erfüllen hat. Dieses Ziel wird er erreichen, wenn er den ganzheitlichen Ansatz im Lebenszyklus der Immobilie verfolgt und als organisierender, koordinierender und integrierender Beteiligter in das Geschehen eingreift.

Besonderer Dank gilt allen Fachleuten aus der Immobilienbranche, die durch ihre Diskussionsbeiträge und kritischen Kommentare zur Entstehung des Werkes beigetragen haben. Unser erster Dank gilt unserem akademischen Lehrer Univ.-Prof. Dr.-Ing. Claus Jürgen Diederichs, ohne dessen Grundlagenarbeiten, in seiner wissenschaftlichen Disziplin der Bauwirtschaft, das vorliegende Werk nicht im Ansatz hätte entstehen können.

Weiterhin danken wir Herrn Dipl.-Ing. Tilman Reisbeck und Herrn Dipl.-Ing. Christian Kiermeier, die zu den Themen Bestandsbewertung, Liegenschaftsmanagement und Umzugsmanagement (Reisbeck) und Informationsmanagement sowie CAD/CAFM-Koordination (Kiermeier) als Gastautoren beigetragen haben.

Herrn Dipl.-Geograph Martin Behrends ist für das fachliche Lektorat zu danken sowie Frau Beate Seestaller für die unermüdliche Be- und Überarbeitung des Manuskriptes.

Die Verfasser wünschen sich, dass das Werk zu weiterer wissenschaftlicher Arbeit anregt und in der Praxis eine breite Anwendung findet. Abschließend dürfen wir zu Kommentaren und kritischen Anmerkungen einladen, die der Verbesserung des Werkes und der Vervollständigung der Leistungsbeschreibungen im Immobilienmanagement dienen.

München, Oktober 2002

Dr.-Ing. Norbert Preuß   Dr.-Ing. Lars Bernhard Schöne

Inhaltsverzeichnis

Abkürzungsverzeichnis

Abs.	Absatz
akt.	aktualisierte
Aufl.	Auflage
Bd.; Bdn.	Band; Bände(n)
bzw.	beziehungsweise
CAD	Computer Aided Design
CAFM	Computerunterstütztes Facility Management
CREM	Corporate Real Estate Management
d.h.	das heißt
DIN	Deutsches Institut für Normung
Diss.	Dissertation
erg.	ergänzte
erw.	erweiterte
et al.	et alii
etc.	et cetera
F & E	Forschung und Entwicklung
f.; ff.	folgende; fortfolgende
FM	Facility Management
FMC	Facility Management Consulting
gem.	gemäss
GLT	Gebäudeleittechnik
GM	Gebäudemanagement
Hrsg.	Herausgeber
HOAI	Honorarordnung für Architekten und Ingenieure
i.d.R.	in der Regel
IM	Immobilienmanagement
Jg.	Jahrgang
Kap.	Kapitel
Kobe	Kostenberechnung
neub.	neubearbeitete
Nr.	Nummer
o.J.	ohne Jahresangabe
o.Jg.	ohne Jahrgang
o.O.	ohne Ort
o.S.	ohne Seitenangabe
o.V.	ohne Verfasser
p.a.	per annum
PE	Projektentwicklung
PM	Projektmanagement

PREM	Public Real Estate Management
PS	Projektsteuerung
REM	Real Estate Management
red.	redigierte
S	Seite
SMS	Short Message Service
sog.	sogenannten
Sp.	Spalte
Tab.	Tabelle
u.a.	und andere
u.ä.m.	und ähnliches mehr
überarb.	überarbeitete
u.U.	unter Unständen
v.a.	vor allem
vgl.	vergleiche
z.T.	zum Teil
Ziff.	Ziffer

1 Einleitung

Derzeit vollzieht sich bei Unternehmen und Städten ein Wandel hinsichtlich der Immobilienbewirtschaftung von der traditionellen Liegenschaftsverwaltung hin zu einem aktiven Immobilienmanagement. Dies erscheint auch bei der Betrachtung der aktuellen Verwaltungspraxis dringend notwendig. So zeigten aktuelle Ergebnisse einer empirischen Analyse zum Facility Management bei Städten und Unternehmen[1], dass über 53% der befragten Unternehmen angaben, über vollständige Bestandsdaten zu verfügen. Weitere 17% hatten nur unvollständige Immobiliendaten und 15% hielten zum Zeitpunkt der Umfrage keine verwertbaren Bestandsdaten vor. Die Notwendigkeit zur Aufnahme und Pflege dieser Daten wurde jedoch von 15% der Unternehmen erkannt und hatten die Vervollständigung durch eine Bestandserfassung bereits geplant.

In öffentlichen Verwaltungen zeigt sich ein gänzlich anderes Bild. Über 80% der befragten Großstädte hatte nach eigenen Angaben eine unzureichende Dokumentation der Bestandsdaten. Lediglich 18% der öffentlichen Verwaltungen hielten vollständige Bestandsdaten vor. Weitere 18% gaben an, nur unvollständige Daten zu besitzen, und 23% hatten überhaupt keine Bestandsdaten. Die Notwendigkeit zur Aufnahme sowie Pflege dieser Daten wurde jedoch uneingeschränkt erkannt. Über 40% der befragten Städte hatten eine Bestandsdatenerfassung noch vor 2006 eingeplant.

Im Kontext der geplanten Bestandserfassungen zeigt sich auch ein deutliches Interesse für die Integration eines Computerunterstützten Facility Managements. Lediglich 4% der Städte und 18% der Unternehmen verfügten über ein solches System und weitere 4% bzw. 13% führten ein computerunterstütztes Facility Management gerade ein. Jedoch war bei nahezu 60% der öffentlichen Verwaltungen, im Gegensatz zu nur 16% bei Unternehmen, die Einführung bereits geplant.

Darüber hinaus gilt es, auch in den Strukturen und besonders in den Köpfen der verantwortlichen Mitarbeiter ein interdisziplinäres Denken und Handeln zwischen den infrastrukturellen, kaufmännischen und technischen Bereichen zu verankern.

Die Reorganisation bietet die Chance, die 70% der Städte, die nach eigenen Angaben über keine klar erkennbare Aufgabenteilung für das Facility Management verfügen, zu einer optimierten Ausgestaltung des Managements bei deutlich geringeren Kosten zu führen.

Erwartungsgemäß hoch war mit 53% die Quote der Unternehmen, die ein Facility Management in einer Abteilung oder in einer Tochterunternehmung organisiert haben. Immerhin hatten noch 24% ihre Immobilienbelange in einer Vielzahl

---

[1] Vgl. Diederichs CJ, Schöne LB (2000) Ein großes Marktpotenzial für Beratende Ingenieure. In: Handelsblatt, Ausgabe 26.10.2000, Nr. 207, S B9

von Abteilungen verteilt oder verfügten über keine klar erkennbare Aufgabenteilung.

In der Interpretation des in Abb. 1.1 dargestellten Wandels lassen sich für ein
Real Estate und Facility Management die nachfolgend formulierten Kriterien ableiten. Sie umfassen insbesondere die interdisziplinäre Organisation, das aktive
Denken und Handeln sowie die aktive Kommunikation. Hinzu kommt die Notwendigkeit der Datensammlung bzw. elektronischen Datenhaltung als informato-
rische Ausgangsbasis aller Prozesse und Entscheidungen.[2]

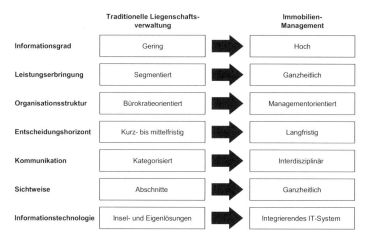

Abb. 1.1. Wandel im Immobilienmanagement[3]

Das Ziel ist letztendlich ein ganzheitliches Real Estate und Facility Management. Hiervon ist auszugehen, wenn die nachfolgend aufgeführten Kriterien[4] in
der Summe erfüllt sind:

• die Bestandsdaten vollständig, redundanzfrei und aktuell vorliegen sowie
  kurzfristig zur Verfügung stehen,
• die einzelnen Teilleistungen in den übergeordneten, infrastrukturellen, kaufmännischen und technischen Leistungen im Sinne der nachfolgenden Kapitel
  erarbeitet und in das Gesamtsystem Real Estate und Facility Management
  eingebunden sind,

---

[2] Vgl. Staudt E et al. (1999) Facility Management – Der Kampf um Marktanteile beginnt.
    FAZ-Verl.-Bereich Buch, Frankfurt/Main, S 146 ff
[3] In Anlehnung an Schäfers W (1998) Corporate Real Estate Management in deutschen
    Unternehmen: Ergebnisse einer empirischen Untersuchung. In: Schulte KW, Schäfers W,
    Handbuch Corporate Real Estate Management. Rudolf Müller, Köln, S 78
[4] Vgl. Schöne LB (2001) Entwicklung und Einführung eines Facility Management Consul-
    ting am Beispiel eines Ingenieurbüros. Diederichs CJ (Hrsg), DVP-Verlag, Wuppertal, S
    51 f

- die Organisation in Kompetenzzentren[5] klar strukturiert und gebündelt ist sowie ein interdisziplinäres Denken und Handeln zwischen den beteiligten Bereichen gewährleistet ist,
- eine interdisziplinäre Kommunikation von der Konzeption über die Realisierung und die Nutzung bis hin zur Umwidmung/zum Abriss gegeben ist, und
- ein Computerunterstütztes Facility Management eingeführt ist.

Um diesem Anspruch gerecht zu werden sind Beratungsleistungen durchzuführen oder einzukaufen, deren Leistungsbeschreibung jedoch bislang nur unzureichend dargelegt wurde. Dieses Werk begegnet diesem Mangel und stellt die notwendigen Leistungen des Real Estate und Facility Management Consultants dar.

Die Vorgehensweise der Beratung umfasst im wesentlichen vier Beratungsschritte:

Grundlagenermittlung,

Detailanalyse,

Fachexpertise und,

Umsetzungscontrolling.

Diese Schritte werden sowohl den Anforderungen einer Einführung von Real Estate und Facility Management bei Bestandsimmobilien als auch bei Neubauten gerecht. Bei letzteren beginnt der Lebenszyklus der Immobilie (Abb. 1.2) in der Konzeptionsphase mit der Projektentwicklung, reicht über das Projektmanagement in die Planung sowie Realisierung bis in das Gebäudemanagement während der Nutzungsphase.

Der Lebenszyklus schließt sich mit der Außerbetriebnahme, der Umwidmung bzw. dem Abriss und beginnt von neuem. Bei bestehenden Immobilien sind die Meilensteine von der Einführung bis zu den einzelnen Anwendungen nahezu identisch abzuarbeiten.

Aus diesem Beratungsansatz entsteht die Notwendigkeit, auch die Schnittstellen zu anderen Leistungsbildern darzustellen, um frühestmöglich auf die Belange des Nutzers Einfluss nehmen zu können. Die Zusammenarbeit mit den am Lebenszyklus der Immobilie fachlich Beteiligten gewährleistet die Umsetzung der für ein ganzheitliches Real Estate und Facility Management erforderlichen Kriterien.

Im Rahmen dieses Buches werden folglich die Schnittstellen zur Projektentwicklung, zum Projektmanagement sowie zum operativen Facility Management, dem sogenannten Gebäudemanagement, aufgezeigt. Die Teilleistungen des Gebäudemanagements stellen darüber hinaus das Ziel der Beratungsleistung dar. In

---

[5] In Kompetenzzentren werden die Aufgaben und Verantwortungen, unabhängig von der Organisationsform, prozessorientiert gebündelt und anschließend zentral zusammengeführt.

den infrastrukturellen, kaufmännischen und technischen Leistungen des operativen Facility Managements sind die Kriterien in der Praxis zu vereinen.

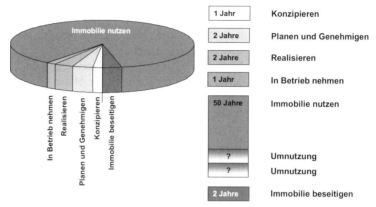

Abb. 1.2. Lebenszyklus und -dauer von Immobilien

Zusammenfassend stellt sich das Real Estate und Facility Management Consulting als der Weg, das Gebäudemanagement als das operative Ziel und die Kriterien als notwendige Bestandteile dar. Letztere erhalten im weiteren Verlauf unserer Ausführungen eine übergeordnete Aufmerksamkeit.

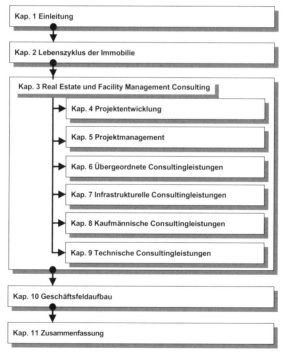

Abb. 1.3. Aufbau des Werkes nach Kapiteln

Das vorgelegte Werk führt zunächst in die Thematik des Real Estate Managements und seiner Schnittstellenbereiche im Lebenszyklus der Immobilie ein (Abb. 1.3). Die Darstellung eines ganzheitlichen Denkansatzes verdeutlicht das zeitliche und inhaltliche Spektrum des Real Estate und Facility Managements respektive des Consultings.

Die vier Teilschritte Grundlagenermittlung, Detailanalyse, Fachexpertise und Controlling werden in ihren Aufgaben und in ihrer Chronologie beschrieben. Die einzelnen Teilleistungen werden anschließend definiert, der Nutzen aufgezeigt und die Bestandteile jedes Teilschrittes aufgezählt. Die Implementierung jeder Teilleistung bzw. ihrer Überprüfung und ggf. Modifikation wird in ihrem Praxisablauf beschrieben. Darüber hinaus werden die einzelnen Bestandteile der Teilleistungen mit Beispielen aus der Beratungspraxis hinterlegt.

Das Werk umfasst auszugsweise einen Leitfaden zur Geschäftsfeldentwicklung eines Real Estate und Facility Management Consultings, das einerseits für den Aufbau bzw. die Erweiterung einer Inhouse-Beratung im Unternehmen oder der öffentlichen Verwaltung genutzt werden kann. Andererseits kann er angewendet werden, um das Dienstleistungsportfolio von Beratungsunternehmen, Projektentwicklern, Projektmanagern sowie Fachplanern zu erweitern. Im abschließenden Ausblick werden die zukünftigen Trends dargestellt sowie deren Einfluss auf andere Leistungsbilder erläutert.

2 Lebenszyklus der Immobilie

2.1 Ganzheitlicher Denkansatz

Der Lebenszyklus einer Immobilie umfasst in seiner ganzheitlichen Betrachtungsweise fünf zu unterscheidende Bereiche. Sie grenzen sich durch den Zeitpunkt sowie den Schwerpunkt ihrer Meilensteine und folglich ihrer Zielsetzung ab. Diese Trennung ist jedoch aufgrund von Überlagerungen der Bereiche nicht klar zu ziehen, sondern ausgehend von den jeweiligen Schwerpunkten mit ihren Schnittstellen zu diskutieren.

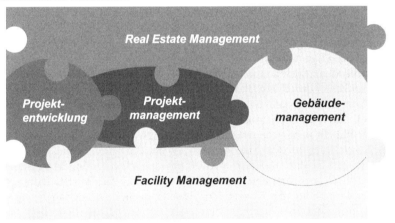

Abb. 2.1. Schnittstellen im Lebenszyklus der Immobilie[6]

In Abb. 2.1 ist zunächst das übergeordnete Real Estate Management (gleichbedeutend: Immobilienmanagement) zu nennen. Es umfasst den gesamten Lebenszyklus der Immobilie vom Projektanstoß bis hin zur Umwidmung oder dem Abriss am Ende der wirtschaftlich vertretbaren Nutzungsdauer.

---

[6] Vgl. Schöne LB (2001) Entwicklung und Einführung eines Facility Management Consulting am Beispiel eines Ingenieurbüros. Diederichs CJ (Hrsg), DVP-Verlag, Wuppertal, S 20

Weiterhin sind die drei eigenständigen und durch markante Meilensteine voneinander abzugrenzenden Phasen im Lebenszyklus von Immobilien aufgetragen und ihre Verzahnung modellhaft dargestellt. Sie entsprechen

- der Projektentwicklung,
- dem Projektmanagement und
- dem Gebäudemanagement (gleichbedeutend: operatives Facility Management).

Zu Beginn des Lebenszyklus steht die Konzeptionsphase mit ihrem Schwerpunkt der Projektentwicklung. Sie beginnt mit dem Meilenstein des Projektanstoßes und endet entweder mit der Entscheidung über die weitere Verfolgung der Projektidee durch Erteilung von Planungsaufträgen oder der Einstellung aller weiteren Aktivitäten aufgrund zu hoher Projektrisiken.

Nach der Projektentwicklung und der Entscheidung über die Fortführung des Projektes durch einen Planungsauftrag für mindestens die Leistungsphase 2 Vorplanung gem. HOAI beginnt das Projektmanagement. Es umfasst die Phasen der Planung und Realisierung der Immobilie und endet nach der Fertigstellung mit der Übergabe/Inbetriebnahme in der Phase des Projektabschlusses.

Die beiden vorgenannten Bereiche lassen sich durch den Schwerpunkt des Projektes nach DIN 69901 eingrenzen. Hierin ist das Projekt als Vorhaben beschrieben, das im wesentlichen durch Einmaligkeit der Bedingungen in ihrer Gesamtheit gekennzeichnet ist, wie z.B. durch eine Zielvorgabe, zeitliche, finanzielle, personelle oder andere Begrenzung, Abgrenzung gegenüber anderen Vorhaben und projektspezifische Organisation.

Das Gebäudemanagement in der Nutzungs- oder Betriebsphase umschließt den größten zeitlichen und finanziellen Anteil im Lebenszyklus der Immobilie. Es beginnt mit der Inbetriebnahme des Gebäudes. Der Kreislauf endet mit der Umnutzung oder dem Teil-/Abriss und folglich den freigesetzten Grundstücksflächen. Der Kreis schließt sich, wenn eine neue Projektentwicklung beginnt.

Der Bereich des Facility Managements ist ebenfalls ganzheitlich zu beschreiben. Hierin gilt es, das strategische sowie das operative Facility Management zu unterscheiden. Ersteres ist eine Consultingleistung, die die Bewirtschaftungsziele idealerweise schon von der Konzeptionsphase an beeinflusst und langfristig wirkt. Letzteres entspricht in seiner taktisch-operativen Aufgabenstellung dem Gebäudemanagement während der Immobiliennutzung.

2.2   Real Estate Management – Immobilienmanagement

Das Real Estate Management wird auch als Immobilienmanagement bezeichnet und umfasst die Interessen, die allgemein und nicht unternehmensbezogen oder öffentlich geprägt sind. Hierzu gehört z.B. der Kreis der Privatpersonen mit erheblichem Immobilienbesitz und folglich dem daraus resultierenden Anspruch ihren Immobilienbestand aktiv zu managen. Sie pflegen weder unternehmerische Interessen, noch sind sie dem öffentlichen Bereich zuzuordnen.

Weiterhin wird zwischen den unternehmensbezogenen und öffentlichen Interessen als Corporate bzw. Public Real Estate Management unterschieden. Das
Immobilienmanagement sieht, im Unterschied zum Facility Management, die Ka-
pitalanlage und weniger die Immobilie als Produktionsstätte im Vordergrund.[7]

2.2.1 Corporate Real Estate Management

Der Begriff Corporate Real Estate Management wird als „eine Führungskonzepti-
on für die Immobiliendimension in Non-Property-companies[8] verstanden, in deren
Mittelpunkt ein spezieller Prozess steht, der ausgehend von den strategischen Zielsetzungen der Unternehmung durch eine ergebnisorientierte, strategische wie operative Planung, Steuerung und Kontrolle einen Beitrag zur nachhaltigen Wettbewerbsfähigkeit der Unternehmung leisten will." [9]

2.2.2 Public Real Estate Management

Das Public Real Estate Management wird als „eine strategische Gesamtkonzeption
für den öffentlichen Sektor, die den heterogenen Immobilienbestand auf Bundes-,
Landes- und Kommunalebene im Hinblick auf die politischen Ziele optimieren
soll."[10] definiert. Darüber hinaus sind in einer ganzheitlichen Sichtweise neben
den politischen Leitzielen weitere Einflussfaktoren wie Ökonomie, soziale Gesichtspunkte, Technik, und Ökologie zu berücksichtigen[11].

2.3   Projektentwicklung

Die begrifflichen und inhaltlichen Vorstellungen der Projektentwicklung sind
nicht einheitlich bestimmt. So wird ausgeführt: „Eine einheitliche oder gar gesetz-

---

[7] Vgl. Schulte, K-W, Pierschke B (1998) Eine Gegenüberstellung - Facilities Management,
Corporate Real Estate Management und Public Real Estate Management. In: Facility
Management. Heft 2/98, Gütersloh: Bertelsmann Fachzeitschriften, S 35

[8] Bei Non-Property-companies stehen die Immobiliengeschäfte nicht im Mittelpunkt, während bei Property-companies der Immobilienbereich das primäre Kerngeschäft darstellt.

[9] Vgl. Schäfers W (1997) Corporate Real Estate Management – Immobilien-Management
in deutschen Industrie-, Dienstleistungs- und Handelsunternehmen. In: Diederichs CJ
(Hrsg), Bausteine der Projektsteuerung – Teil 5: Facility Management. DVP-Verlag,
Wuppertal, S 18

[10] Straßheimer P (1998) Public Real Estate Management. In: Schulte KW (Hrsg), Immobilienökonomie, Bd 1, Betriebswirtschaftliche Grundlagen, 1. Aufl, R Oldenbourg, München Wien, S 872

[11] Vgl. Diederichs CJ, Reisbeck T (1999) Facility Management-Konzept für die Hochschu-
len in Nordrhein-Westfalen, Gutachterliche Stellungnahme, DVP-Verlag, Wuppertal,
S 25f

liche Regelung der Projektentwicklungstätigkeit liegt in Deutschland nicht vor."[12] Es gibt Betrachtungen, bei denen die Projektentwicklung als Tätigkeit definiert ist, die erforderlich ist, um ein Neubauprojekt bis zur Planung und Baufreigabe zu entwickeln. Andere Definitionen gehen noch weiter: sie umfassen auch die Phasen der Initiierung eines Projektes bis zu seiner Nutzungsübergabe und seinem Verkauf bzw. seiner Überführung in den Bestand.[13]

2.3.1 Produktionsfaktoren des Entwicklungsprozesses

Die folgende, auf die Produktionsfaktoren des Entwicklungsprozesses abzielende Definition der Projektentwicklung, hat sich im deutschsprachigen Raum durchgesetzt und wird dieser Arbeit zu Grunde gelegt. Demnach besteht die eigentliche Leistung des Projektentwicklers darin, „die drei wesentlichen Faktoren - Standort, Projektidee und Kapital - so miteinander zu kombinieren, dass einzelwirtschaftlich wettbewerbsfähige und zugleich gesamtwirtschaftlich, sozial- und umweltverträgliche Immobilien-Projekte geschaffen und gesichert werden."[14]

Dabei umfasst die Projektentwicklung die Phase vom Projektanstoß bis zur Entscheidung über die weitere Verfolgung der Projektidee durch Erteilung von Planungsaufträgen bzw. bis zur Entscheidung über die Einstellung aller weiteren Aktivitäten aufgrund zu hoher Projektrisiken.[15]

Die nachfolgenden Teilleistungen sind als Schnittstelle zwischen Projektentwicklung und Facility Management in das vorliegende Werk eingeflossen:

• Geschäftsfeldentwicklung Projektentwicklung,
• Vorbereitung der Projektentwicklung,
• Immobilienproduktentwicklung,
• Nutzerbedarfsprogramm,
• Markt- und Standortanalyse,
• Kaufmännische und technische Bestandsbewertung,
• Kostenrahmen.

---

[12] Bone-Winkel S (1994) Das strategische Management von offenen Immobilienfonds – unter Berücksichtigung der Projektentwicklung von Gewerbeimmobilien. In: Schulte KW (Hrsg) Schriften zur Immobilienökonomie. Bd 1, R Müller, Köln, S 40

[13] Vgl. Isenhöfer B, Väth A Lebenszyklus von Immobilien. In: Schulte KW (Hrsg) Immobilienökonomie. Bd 1, Betriebswirtschaftliche Grundlagen, 1. Aufl, R Oldenbourg, München Wien, S 143

[14] Diederichs CJ (1994) Grundlagen der Projektentwicklung. Teil 1, In: Bauwirtschaft, Heft 11, S 43

[15] Vgl. Diederichs CJ (1996) Grundkonzeption der Projektentwicklung. In: Schulte KW (Hrsg) Handbuch Immobilien-Projektentwicklung. R Müller, Köln, S 30

2.3.2 Organisationsmöglichkeiten der Projektentwicklung

Nachfolgend werden zwei Organisationsmöglichkeiten, unterschieden nach ihrer jeweiligen Ausgangssituationen in der Projektentwicklung, beschrieben. Zum einen die Entwicklung eines Projektes für eine Eigennutzung und zum anderen die Entwicklung eines Grundstücksareals mit dem Ziel, des profitablen Grundstückverkaufes bzw. der darauf aufbauenden Realisierung von Teilprojekten.

Fall 1: Aufbauorganisation in der Projektentwicklungsphase (Eigennutzung)

Die Projektorganisation gliedert sich in die Entscheidungsebene und die operative Ebene (Abb. 2.2). Der Nutzer organisiert sich in Arbeitskreisen, die innerhalb der Projektentwicklungsphase verschiedene Aufgaben zu bearbeiten haben.

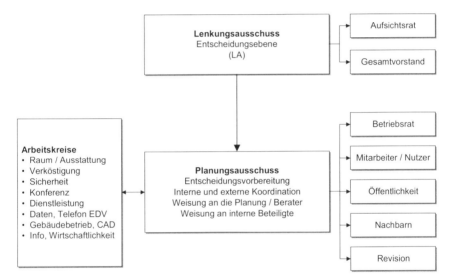

Abb. 2.2. Standard-Bauherrenaufbauorganisation während der Projektentwicklung

In Abb. 2.3 ist die Kommunikationsstruktur der Projektvorbereitungsphase dargestellt. Die Darstellung differenziert sich in der operativen Ebene in zwei Zeitabschnitte. In der Projektvorbereitungsphase 1 erfolgt die Zielplanung. Die dort dargestellten Ergebnisse werden nach der Aufbereitung im Lenkungsausschuss entschieden und als Vorgaben für die Bearbeitung der Phase 2 formuliert. Die Projektvorbereitungsphase 2 behandelt konzeptionelle Fragestellungen als Vorgabe zur Planung. Die Ergebnisse der Projektvorbereitung sind das Nutzerbedarfsprogramm als Meßlatte für die folgende Planungsphase, in der dann die Leistungen des Projektmanagements ansetzen.

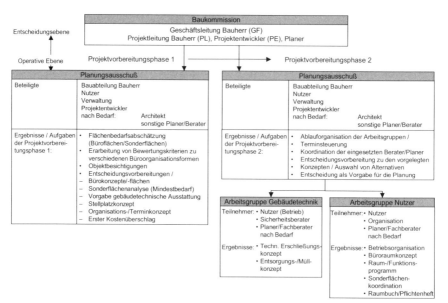

Abb. 2.3. Kommunikationsstruktur in der Projektvorbereitungsphase

Fall 2: Aufbauorganisation Projektentwicklungsphase

Um die Komplexität der Projektentwicklung und die Schnittstellen zu den anderen beteiligten Disziplinen im Lebenszyklus der Immobilie aufzuzeigen, wird nachfolgend die Projektentwicklungsphase eines Areals, bestehend aus mehreren Immobilienprojekten, dargestellt. Die Aufgabe des Eigentümers besteht dabei darin, neben der Projektentwicklung des gesamten Grundstückes auch einzelne Immobilienprojekte oder besser formuliert – sogenannte Immobilienprodukte – zu entwickeln, um diese dann entweder selbst zu realisieren oder mit dem Ziel der professionellen Entwicklung den Grundstückswert durch die Erwartung zunehmender Erträge für den Verkauf zu steigern.

Das Gesamtprojekt gliedert sich in verschiedene Immobilienprojekte (IP). Entsprechend der unternehmerischen Zielsetzung und der daraus abgeleiteten Aufbauorganisation ist sowohl ein Überblick über das Gesamtprojekt als auch eine Darstellung der Schnittstellen zwischen den Immobilienprojekten und den Themenbereichen gegeben und so die Durchgängigkeit der Aufgabenstellung ersichtlich. Die im Organigramm (Abb. 2.4) dargestellte Aufbauorganisation enthält drei verschiedene Organisationseinheiten. Die Aufgaben können vom Investor selbst wahrgenommen werden oder auch von dafür einzuschaltenden Dienstleistern. Das nachfolgend dargestellte Modell beinhaltet die Einschaltung von Dienstleistern.

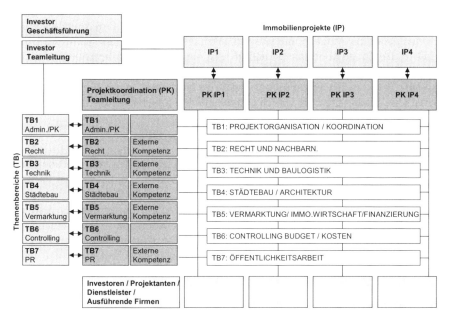

Abb. 2.4. Beispiel einer Projektentwicklungsorganisation unter Einbindung von Externen

Investor

Die nach Immobilienprojekten (IP) und Themenbereichen (TB) gegliederte Zuständigkeit des Investors beinhaltet die unternehmerische Verantwortung für die Geschehensabläufe des Gesamtprojektes. Demzufolge ist der Investor in allen Immobilienprojekten und Themenbereichen personell ausreichend vertreten. Ihm obliegt dabei die Aufgabe, die aus der Unternehmensstrategie resultierenden Randbedingungen zeitgerecht als Vorgabe für die Projektabwicklung einzubringen und die erforderlichen Entscheidungen rechtzeitig zu treffen, wobei die Entscheidungsgrundlagen in der Regel auf administrativer Ebene der Projektkoordination vorbereitet werden.

Projektkoordination (PK)

Die Projektkoordination (PK) kann sowohl die Querschnittsfunktionen in den Themenbereichen 1 bis 7 und den Investor in den Aufgaben der Linienfunktionen unterstützen. Sofern der Investor nicht selbst für alle Tätigkeitsfelder hinreichend personell aufgestellt ist, ergänzt sich die Projektkoordination im Bereich der Querschnittsfunktionen um weitere externe Dienstleister, die zusätzliche Fachkompetenz zu den einzelnen Themenbereichen einbringen. Dabei liegt die verantwortliche Leitung beim Projektkoordinator.

Die Projektkoordination umfasst alle Themenbereiche und Immobilienprojekte und deckt somit die Schnittstellen zum Investor und anderen Projektanten ab. Die PK hat dabei die Aufgabe, die Geschehensabläufe des Gesamtprojektes im Überblick zu halten, zu koordinieren und in Abstimmung mit dem Investor zu steuern. Dies beinhaltet, entsprechend den gegebenen Zielsetzungen, eine funktionsfähige Ablauf- / bzw. Aufbauorganisationsstruktur zu erarbeiten, in die alle Beteiligte mit deren jeweiligen Aufgaben zeitlich und inhaltlich hinreichend eingebunden sind.

Operative Dienstleister für die Immobilienprojekte

Die operativen Aufgaben in den Immobilienprojekten werden von Dienstleistern, Projektanten sowie Investoren wahrgenommen, die sowohl direkt für den Investor als auch für Dritte tätig sein können. Hieraus folgt, dass die Dienstleister nur dann gegenüber dem Investor weisungsgebunden sind, sofern dieser direkter Auftraggeber ist. Die Steuerung erfolgt über die Projektkoordination in Abstimmung mit dem Investor. Dieser Aufbauorganisation liegt eine Kommunikations- und Entscheidungsstruktur zugrunde, die aus verschiedenen Ebenen besteht und die ebenfalls von der Projektkoordination zielorientiert gesteuert wird.

Das Leistungsbild der Projektkoordination in der Querschnittsfunktion beinhaltet die klassischen Themen der Projektsteuerung vom Terminmanagement und Controlling über das Entscheidungsmanagement. In den Themenbereichen Recht, Architektur / Städtebau, Immobilienwirtschaft sowie Vermarktung und PR gibt es entsprechende Schnittstellen mit anderen Externen, die vom Projektkoordinator zu integrieren sind.

2.4   Projektmanagement

Das Projektmanagement ist nach DIN 69901 die Gesamtheit von Führungsaufgaben, Organisationen, -techniken und –mitteln, die für die Abwicklung eines Projektes notwendig sind. Es umfasst sowohl Projektleitungs- als auch Projektsteuerungsaufgaben. Projektleitung beinhaltet den häufig nicht delegierten Teil der Auftraggeberfunktionen mit Entscheidungs- und Durchsetzungskompetenz in Linienfunktion. Projektsteuerung ist dagegen die neutrale und unabhängige Wahrnehmung von Auftraggeberfunktionen in organisatorischer, technischer, wirtschaftlicher und rechtlicher Hinsicht im Sinne von § 31 HOAI in Stabsfunktion.

Die Erwartung der Auftraggeber an einen Projektsteuerer besteht darin, dass sie durch deren Einschaltung bei der Erreichung ihrer Projektziele im Hinblick auf Funktionen, Qualitäten, Kosten, Termine und Organisation effizient unterstützt werden. Der Nutzen des Projektmanagements ist vor allem darin zu sehen, dass seine effektive und effiziente Wahrnehmung zur Verwirklichung der Projektziele des Auftraggebers und damit den einzelwirtschaftlichen Interessen des Investors dient, aber auch der Optimierung des Mitteleinsatzes der Projektbeteiligten und der späteren Nutzer. Projektmanagement stiftet damit auch gesamtwirtschaftlichen Nutzen.

Die nachfolgende Auswahl von Teilleistungen aus dem Leistungsbild Projektsteuerung der AHO-Fachkommission[16] sind als Schnittstelle zwischen Projektmanagement und Facility Management eingeflossen:

- Organisationshandbuch,
- Entscheidungsmanagement,
- Terminmanagement,
- Kostenmanagement,
- Informationsmanagement,
- Planmanagement und Computer Aided Design,
- Management von Nutzerleistungen und
- Organisation und Administration bei der Übergabe bzw. -nahme bzw. Inbetriebnahme und Nutzung.

2.4.1 Projektleitung und -steuerung

Nach der Berufsordnung des Deutschen Verbandes der Projektsteuerer[17] umfasst die Projektleitung den in aller Regel nicht delegierbaren Teil der Auftraggeberfunktionen mit Entscheidungs- und Durchsetzungskompetenz. Der Projektleitung obliegt stets die direkte Verantwortung für die Erreichung der Projektziele. Sie hat Linienfunktion und ist infolgedessen mit Entscheidungs-, Weisungs- und Durchsetzungsbefugnis ausgestattet.

Die Projektsteuerung ist dagegen die neutrale und unabhängige Wahrnehmung delegierbarer Auftraggeberfunktionen in technischer, wirtschaftlicher und rechtlicher Hinsicht im Sinne von § 31 HOAI. Sie hat Stabsfunktion und bereitet Entscheidungen für die Projektleitung vor. Die bestehenden Leistungsbilder für die Projektsteuerung, die Eingang gefunden haben in die AHO Leistungs- und Honorarordnung, sind als grundsätzliche Plattform zu verstehen, die immer wieder auf andere Projektkonstellationen hin überdacht werden müssen. Die in den letzten Jahren stattgefundenen Veränderungen in den Abwicklungsstrukturen bedürfen auch bei den Leistungsbildern der Projektsteuerer bzw. Projektmanager Anpassungen, die momentan in der Überarbeitung der Leistungs- und Honorarordnung ihren Niederschlag finden. Nachfolgend werden verschiedene Konstellationen aufgezeigt und erläutert.

---

[16] Vgl. AHO Ausschuss der Ingenieurverbände und Ingenieurkammern für die Honorarordnung e.V. (1998) Untersuchungen zum Leistungsbild des §31 HOAI und zur Untersuchung für die Projektsteuerung. Nr. 9 der Schriftenreihe AHO, red. Nachdruck, Bundesanzeiger, Berlin

[17] Vgl. Diederichs CJ (Hrsg) (1999) DVP-Informationen 1999. 5. überarb. Aufl, DVP-Verlag, Wuppertal, S 6

2.4.2 Projektcontrolling

Das Projektcontrolling ist die Summe der Prozesse und Regeln zum Zwecke der begleitenden Überwachung eines Projektes. Es wird entweder als Teilfunktion der Projektsteuerung bzw. des Projektmanagements oder aber als selbständige Einheit bei Einsatz eines Generalunternehmers oder -übernehmers in die Projektorganisation eingebracht.

2.4.3 Construction Management

Das Construction Management beinhaltet Leistungen des Projektmanagements. Darüber hinaus tritt der Projektmanager als Geschäftsbesorger des Auftraggebers auf, der ausführende Unternehmen und ggf. auch Planer im eigenen Namen beauftragt, eigenverantwortlich steuert und ggf. die volle Kostenverantwortung (garantierter Maximalpreis, GMP) übernimmt.

2.4.4 Organisationsmöglichkeiten des Projektmanagements

In den folgenden sieben Fällen sind die unterschiedlichen Organisationsmöglichkeiten des Projektmanagements und seine Integration dargestellt.[18]

Fall 1: Projektmanagement durch den Bauherrn

In diesem klassischen Fall wird die Projektmanagementleistung durch den Bauherrn selbst durchgeführt.

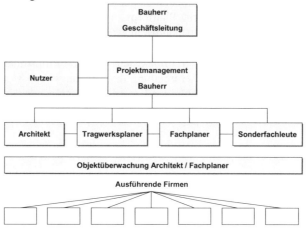

Abb. 2.5. Projektmanagement durch den Bauherren (Fall 1)

---

[18] Vgl. Preuß N (2002) Projektmanagement als Übernahme delegierbarer Bauherrenaufgaben – eine Bestandsaufnahme aktueller Leistungsbilder. Verband Öffentlicher Banken .

Dem Architekten obliegt die Aufgabe der Objektsteuerung und -überwachung mit der Koordination und Integration der beauftragten Fachplaner obliegt. Der Bauherr erbringt das Projektmanagement durch eigene Mitarbeiter und übernimmt selbst die volle Verantwortung für das Projekt.

Fall 2: Projektsteuerung durch einen Externen

In Fall 2 ist die Übernahme von delegierbaren Bauherrenaufgaben durch einen Externen dargestellt. Die Projektsteuerung unterstützt den Bauherrn, der in der Regel in Form eines Projektleiters die zentrale Verantwortung behält, sich allerdings durch einen Fachmann für Projektsteuerung als Stabstelle unterstützen lässt.

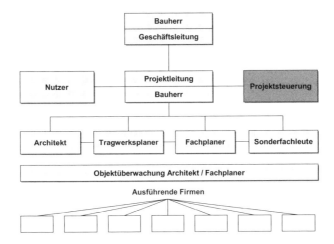

Abb. 2.6. Externe Projektsteuerung (Fall 2)

Fall 2a: Generalunternehmer und externe Projektsteuerung

Der Unterschied zum vorhergehenden Fall 2 liegt in der Abwicklung der Ausführung durch die Unternehmenseinsatzform Generalunternehmer. Die Objektüberwachung des Generalunternehmers bzw. das Controlling des Generalunternehmers wird in diesem Fall durch die Objektüberwachung des Architekten bzw. die beauftragten Fachplaner durchgeführt.

An der Durchführung der Projektsteuerungsleistungen ändert sich in der Planungsphase nur der Umstand, dass anstatt einzelner Ausschreibungen eine schlüsselfertige Ausschreibung zur Vergabe an einen Generalunternehmer erfolgt. Im weiteren Verlauf wird die Projektsteuerung - je nach gewählter Schnittstelle zum Generalunternehmer bzw. Planer - gewährleisten, dass die möglicherweise von den bauherrenseitig beauftragten Planern zu erstellenden Planungsunterlagen rechtzeitig als Ausführungsgrundlage dem Generalunternehmer übergeben werden. Insgesamt entsteht allerdings ein entlastender Effekt für die Projektsteue-

rungsleistungen und folglich eine Honorarminderung, da sich die Vielzahl von
ausführenden Firmen auf einen Generalunternehmer reduziert.

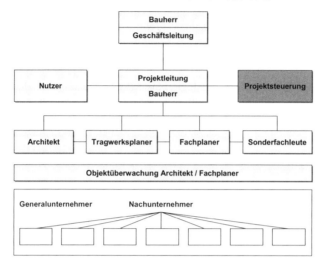

Abb. 2.7. Generalunternehmer und externe Projektsteuerung (Fall 2a)

Fall 3: Externes Projektmanagement bzw. Construction-Management

Projektmanagementleistungen beinhalten die Übernahme der Gesamtheit aller
Führungsaufgaben, -organisation, -techniken und -mittel für die Abwicklung eines
Projektes, unter teilweiser oder gänzlicher Substituierung von Projektleitungsauf-
gaben des Auftraggebers.

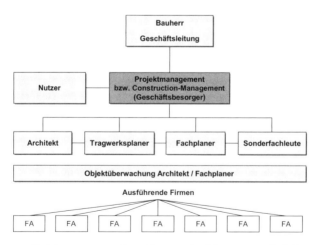

Abb. 2.8. Externes Projektmanagement bzw. Construction-Management (Fall 3)

Der gebräuchliche Begriff Construction-Management erweitert diese Aufgabe dahingehend, dass der Projektmanager die Planer und ausführenden Unternehmen als Geschäftsbesorger im eigenen Namen beauftragt und diese dann eigenverantwortlich koordiniert. Im Zusammenhang mit dem Construction-Management gibt es noch verschiedene Konstellationen, in denen der Contruction-Manager Kostenzusagen im Sinne eines garantierten Maximalpreises übernimmt.

In diesem Fall führt der Dienstleister damit originäre Bauherrenaufgaben durch. In der Praxis ist ein Trend zu erkennen, dass verschiedene Bauherren (auch öffentliche Bauherren) zur Vergabe solcher Leistungen tendieren.

Fall 4: Externe Projektsteuerung sowie -controlling

In Fall 4 übernimmt der Projektsteuerer zusätzlich zu den in der Planungsphase durchgeführten Projektsteuerungsleistungen die Projektcontrollingaufgaben im Verhältnis zum GU in der Ausführungsphase. Teilweise ergibt sich auch eine Kombination der Leistungen Architekt / Projektcontroller, die die Gewährleistungsabgrenzung für den Bauherrn erschwert. Häufig werden in diesem Fall, ausgehend von einem individuellen Leistungsbild auch personenbezogene Honorarvereinbarungen getroffen, die entsprechend der Notwendigkeiten des Projektes fortgeschrieben werden.

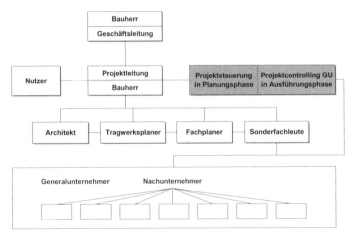

Abb. 2.9. Externe Projektsteuerung sowie -controlling (Fall 4)

Fall 5: Generalplaner und externes Projektcontrolling

Der klassische Architekt wird zum Generalplaner, wenn er als alleinverantwortlicher Planer den Auftrag erhält und die anderen fachlich Beteiligten selbst beauftragt und somit dem Bauherrn gegenüber als alleinverantwortlicher Ansprechpartner ein mängelfreies Werk schuldet.

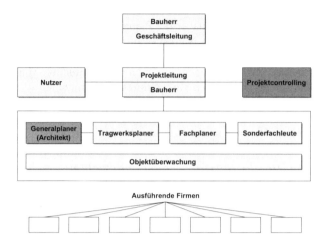

Abb. 2.10. Generalplaner und externes Projektcontrolling (Fall 5)

Bei der Abwicklung des Projektes mit einem Generalplaner reduziert sich der administrative Aufwand des Bauherrn im Planungsprozess. Die Leistungen, z.B. Auftragswesen und Vertragsmanagement, Projektorganisation, Honorarabrechnung, Rechnungswesen, Besprechungswesen, werden nicht von mehreren Einzelplanern erbracht, sondern durch einen zentralen Partner. Durch diese Aufgabenverlagerung sind beim Generalplaner zusätzliche Management- und insbesondere Koordinationsleistungen erforderlich.

Der Generalplaner ist für einen geordneten Planungsablauf verantwortlich und muss die Schnittstellen durch ein eigenständiges Projektmanagement sicherstellen. Beim Bauherrn verbleiben Controllingaufgaben, die er auch auf einen externen Projektcontroller übertragen kann. Damit wandeln sich die klassischen Aufgaben der Projektsteuerung in Projektcontrollingaufgaben, die im Aufwand deutlich geringer sind.

Fall 6: Totalunternehmer und -übernehmer

Die Unternehmenseinsatzform Totalunternehmer umfasst die Beauftragung von Planungs- und Ausführungsleistungen an eine ausführende Firma. Ausgehend von den Aufgaben der Projektentwicklung wird nach einer in der Regel funktionalen Ausschreibung ein Unternehmen gefunden. Das Unternehmen übernimmt die der Ausführung vorauslaufenden Planungsaktivitäten und auch später die Ausführung. Damit reduzieren sich die Aufgaben des Projektsteuerers auf Einzelleistungen des Projektcontrollings.

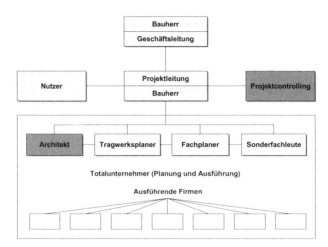

Abb. 2.11. Projektaufbauorganisation Totalunternehmer (Fall 6)

Wenn der vorab beschriebene Totalunternehmer selbst keine eigenen Planungs- und Ausführungsleistungen vornimmt, wird er zum Totalübernehmer. Der Totalübernehmer beschränkt sich auf die Finanzierung und das Management. Er übernimmt die Aufgabe, ein Projekt über die Einschaltung weiterer Beteiligter schlüsselfertig zu planen, zu bauen und bei Fertigstellung dem Käufer mängelfrei zu übergeben.

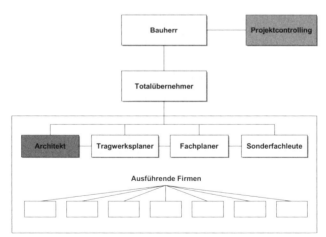

Abb. 2.12. Projektaufbauorganisation Totalübernehmer (Fall 7)

Damit liegt die unternehmerische Verantwortung für alle Geschehensabläufe in Planung und Ausführung beim Totalübernehmer. Die Vergabe an einen Totalübernehmer erfordert eine eindeutig definierte Vertragsgrundlage, in der die Funktionen, Qualitäten, Kosten und Termine des Projektes beschrieben sind. In dieser vorbereitenden Phase mit dem Totalübernehmer liegen eine Fülle von Aufgaben der Projektentwicklung und -steuerung, die zum Zeitpunkt des Vertragsabschlusses in eine Projektcontrollingaufgabe übergehen.

2.5 Facility Management

2.5.1 Facility / Facilities

Der Begriff Facility (engl. singular) bzw. Facilities (engl. plural) kommt ursprünglich aus dem Lateinischen facilis und bedeutet: leicht, machbar. Aus dem englischen übersetzt lauten die Begriffe: Erleichterung(en) oder auch Einrichtung(en), Anlage(n).[19] Im heutigen Sprachgebrauch ist die Definition um die Begriffe Grundstücke, Infrastrukturen und Gebäude zu ergänzen.[20]

2.5.2 Management

Unter Management werden alle Leitungsaufgaben und -funktionen, die in arbeitsteiligen Organisationen zur Leistungserstellung und -sicherung erfüllt werden müssen, verstanden. Die wesentlichen Merkmale des Managements sind in den verschiedenen Führungshandlungen die Planung, Organisation, Leitung, Koordination und Kontrolle.[21]

2.5.3 Strategie

Mit dem Begriff Strategie ist die Mittelwahl zur Erreichung der vorgegebenen Ziele zu verbinden. „Sie beinhaltet die konkrete Planung von Handlungen und Entscheidungen über die Verteilung der verfügbaren Ressourcen, um unter Berücksichtigung interner und externer Bedingungen die vorgegebenen Ziele zu erreichen. Weiterhin ist in diesem Zusammenhang die Taktik zu nennen, die als Maßnahme zur Durchführung einer Strategie in den betrieblichen Funktionalbereichen"[22] verstanden werden muss. Die taktische Aktion kann dabei auch mit den durchzuführenden Strategien variieren.

---

[19] Vgl. Falk B, Rempsis U (1997) Facility Management, die strategische Bedeutung für eine Immobilien- Managementgesellschaft eines Versicherungskonzerns. Diplomarbeit, Fachhochschule Nürtingen, Nürtingen, S 4

[20] Vgl. GEFMA Deutscher Verband für Facility Management (1997) Erläuterungen zum Facility Management, Internetauszug. http://www.gefma.de, GEFMA e.V., Bonn, Abrufdatum: 02.12.1997.

[21] Vgl. Stähle WH (1991) Handbuch Management - Die 24 Rollen der exzellenten Führungskraft. Gabler, Wiesbaden, S 13

[22] Pieper R (1992) Lexikon Management. Gabler, Wiesbaden, S 359

2.5.4 Strategisches Facility Management

Im Kontext der vorgenannten Definitionen bedeutet strategisches Facility Management: Die konkrete Planung von Handlungen und Entscheidungen über die Verteilung der verfügbaren Ressourcen mit der Wahrnehmung aller Leitungsaufgaben und -funktionen zur Leistungserstellung und -sicherung hinsichtlich der optimalen Bewirtschaftung von Grundstücken, Infrastrukturen, Gebäuden und deren Einrichtungen sowie Anlagen.

Um die Ziele des Facility Managements bei Neubauprojekten zu erreichen ist es unabdingbar, dieses konzeptionell bereits in die Projektentwicklung und Planung der Immobilie einzubeziehen. Dies gilt auch für die Umsetzung einer Neutralplanung zur Gewährleistung der Nutzungsflexibilität. Dabei sind die dadurch verursachten Mehrkosten bei den Erstinvestitionen den Einsparungen bei den Nutzungskosten während der Betriebsphase der Immobilie einander gegenüberzustellen und gegeneinander abzuwägen.

Weiterhin liegt die Aufgabe des strategischen Facility Managements in der frühzeitigen Aufnahme und Dokumentation aller gebäuderelevanten Daten vom Planungsbeginn an nach logisch aufgebauten und für die Nutzungsphase verwendbaren Strukturen. Die interdisziplinäre Datendokumentation ab Planungsbeginn vermeidet eine erneute Bestandsaufnahme nach der Übergabe und Inbetriebnahme der Immobilie. Sie gewährleistet damit die dauerhafte Verwendung aller bereits erhobenen Daten über die Gebäudefertigstellung hinaus.[23]

Während bei neu zu errichtenden Gebäuden die Konzeption des Facility Managements bereits in der Projektentwicklungs- und Planungsphase beginnt, ist es bei bestehenden Gebäuden erforderlich, durch eine Ist-Analyse zunächst die Aktivitäten und Kosten in der Bewirtschaftung der Immobilie zu ermitteln und zu bewerten. Im Rahmen der anschließenden Optimierung ist darauf zu achten, dass durch das Facility Management das Kerngeschäft und der Wertschöpfungsprozess des Nutzers bzw. seine Nutzenziele zu keinem Zeitpunkt negativ beeinflusst werden.[24]

2.5.5 Operatives Facility Management

Entsprechend der Begriffsbestimmung der Arbeitsgemeinschaft „Instandhaltung Gebäudetechnik" wird operatives Facility Management als Gebäudemanagement bezeichnet und weiterführend zwischen Infrastrukturellem, Kaufmännischem und Technischem Gebäudemanagement unterschieden.[25]

---

[23] Vgl. Löwen W (1997) Industrial Facility Management. Teile 1 bis 4, In: Der Betriebsleiter. Heft 3, 5, 6 und 9.

[24] Vgl. Diederichs CJ (1999) Führungswissen für Bau- und Immobilienfachleute. Springer-Verlag, Berlin, S 328

[25] Vgl. AIG Arbeitsgemeinschaft Instandhaltung Gebäudetechnik der Fachgemeinschaft Allgemeine Lufttechnik im VDMA (Hrsg.) (1996) Instandhaltungs-Information Nr. 12: Gebäudemanagement, Definition, Untergliederung. Frankfurt/Main, S 2

Zur Abgrenzung zwischen Facility Management und Gebäudemanagement ist festzustellen, dass Facility Management sämtliche Leistungen beinhaltet, die auf die optimale Nutzung der Immobilie ausgerichtet sind. Hierzu gehören in hohem Maße auch strategische Managemententscheidungen über das Flächen-, Raum-, Funktions- und Ausstattungsprogramm sowie die Formulierung des Nutzerbedarfs. Gebäudemanagement umfasst dagegen die operative Planung, Arbeitsvorbereitung und Organisation sämtlicher Maßnahmen, die für die Bewirtschaftung von Gebäuden und Liegenschaften erforderlich sind.

2.5.6 Objektmanagement

Das Objektmanagement beaufsichtigt, koordiniert und kontrolliert die ausführenden externen Firmen bzw. Dienstleister unter wirtschaftlicher Verantwortung vor Ort oder sogar in der Immobilie. In diesem Zusammenhang ist auch von der Betriebsführung zu sprechen, die sowohl als Eigenleistung oder auch als Fremdleistung erbracht werden kann. Ihr obliegt die Weisung und Entscheidung für die allgemeinen und technischen Dienste und bildet für alle Fragen der Gebäudenutzung die Schnittstelle zum Nutzer, Eigentümer sowie Dienstleister.

Bei einem umfangreichen Immobilienportfolio kann das Objektmanagement ein oder mehrere Immobilienobjekte operativ verwalten. Im Rahmen der Kompetenzen werden auch Kleinreparaturen, Instandsetzungen oder andere mit dem Gebäude zusammenhängende Arbeitsaufträge eigenständig beauftragt und abgewickelt. Alle anderen Aufträge fallen in den Kompetenzbereich des Facility Managements.

2.5.7 Organisationsmöglichkeiten des Facility Managements

Nachfolgend sind fünf Fälle unterschiedlicher Organisationsmöglichkeiten eines Facility Managements bzw. seine Integration dargestellt.

Fall 1: Strategisches und operatives Facility Management in Eigenleistung

Im Fall 1 werden alle Leistungen im Facility Management durch den Eigentümer selbst durchgeführt. D.h. er erbringt die strategischen Koordinations- und Integrationsleistungen für das Unternehmen in Eigenregie, die Organisation und Planung des operativen Geschäfts durch ein eigenes Objektmanagement vor Ort und führt die Aufgaben auch selbst aus.

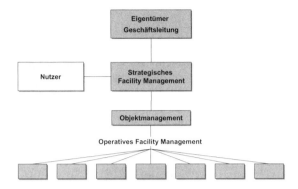

Abb. 2.13. Strategisches und operatives Facility Management in Eigenleistung (Fall 1)

Der Eigentümer erbringt somit vollständig alle Leistungen durch eigene Mitarbeiter, kontrolliert sich bzw. seine Leistungserbringung selbst und übernimmt die volle Verantwortung für die Bewirtschaftung der Immobilien. Diese Organisationsform ist aufgrund des zunehmenden Kostendrucks und steigender Spezialisierung kaum noch zu finden.

Fall 2: Operatives Facility Management mit Eigen- und Fremdleistung

Im Fall 2 werden alle Leistungen des strategischen Facility Managements sowie das Objektmanagement vor Ort durch den Eigentümer erbracht. D.h. er erbringt die strategischen Koordinations- und Integrationsleistungen sowie die Organisation und Planung des operativen Geschäfts durch ein Objektmanagement vor Ort in Eigenregie.

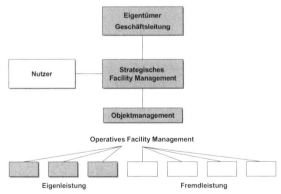

Abb. 2.14. Operatives Facility Management als Eigen- und Fremdleistung (Fall 2)

Die Ausführung der Leistungen werden teilweise durch eigenes Personal erbracht und teilweise an Fachunternehmen vergeben. Diese Organisationsform ist häufig noch in öffentlichen Verwaltungen anzutreffen.

Fall 3: Strategisches sowie teilweise operatives Facility Management als Fremdleistung

Im Fall 3 ist die Übernahme von Aufgaben des strategischen Facility Managements durch einen Externen dargestellt. Diese Stabsfunktion unterstützt den Eigentümer, der in der Regel in Form einer kaufmännischen Organisationseinheit die zentrale Verantwortung trägt, sich allerdings durch einen Fachmann für Facility Management in Stabsfunktion mit infrastrukturellen und technischen Leistungen unterstützen lässt. Das Objektmanagement wird in diesem Beispiel weiterhin durch den Eigentümer gestellt, das operative Facility Management ist jedoch vollständig extern vergeben.

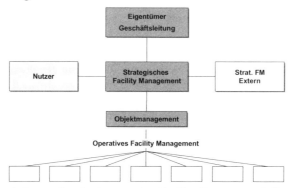

Abb. 2.15. Strategisches sowie teilweise operatives Facility Management als Fremdleistung (Fall 3)

Fall 4: Objektmanagement und operatives Facility Management als Fremdleistung

Im Fall 4 werden die Leistungen im Facility Management nur teilweise durch den Eigentümer selbst durchgeführt.

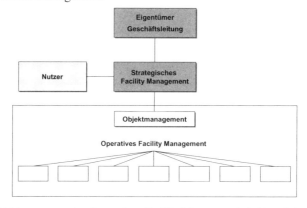

Abb. 2.16. Objektmanagement und operatives Facility Management als Fremdleistung (Fall 4)

Dem Externen obliegt die Aufgabe des Objektmanagements, d.h. die Koordination und Integration der operativen Fremdleistungen durch beauftragte Unternehmen vor Ort. Der Eigentümer erbringt das strategische Facility Management vollständig durch eigene Mitarbeiter und übernimmt die volle Verantwortung für die Bewirtschaftung der Immobilien.

Fall 5: Total Facility Management

Die Organisationsform Total Facility Management umfasst die Beauftragung der strategischen und operativen Leistungen an eine ausführende Unternehmung. Bei Neubauten oder komplexen Umwidmungen wird ausgehend von den Aufgaben der Projektentwicklung in der Regel durch eine funktionale Ausschreibung ein Dienstleistungsunternehmen gefunden. Es übernimmt die strategischen Aktivitäten, das Objektmanagement vor Ort und die Durchführung der operativen Leistungen. Damit werden die Aufgaben des Eigentümers zu Controllingaufgaben im Fokus der Renditebetrachtung eines Portfolio- bzw. Real Estate Managements.

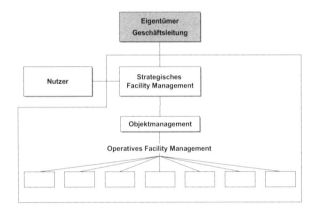

Abb. 2.17. Total Facility Management (Fall 5)

2.6   Gebäudemanagement

Das Gebäudemanagement wird nach VDMA 24196[26] als die „Gesamtheit der technischen, infrastrukturellen und kaufmännischen Leistungen zur Nutzung von Gebäuden/ Liegenschaften im Rahmen des Facility Managements" verstanden. Hierzu gehören die Gebäudedienstleistungen „sowie Planung, Organisation und Kontrolle im Zusammenhang mit der objektbezogenen Durchführung."

---

[26] Vgl. VDMA (1996) Einheitsblatt 24196 – Gebäudemanagement: Begriffe und Leistungen. Beuth Verlag, Berlin, S 2

In Abgrenzung zum Facility Management, das alle Phasen des Immobilienle-
benszyklus abdeckt, konzentriert sich das Gebäudemanagement hingegen ausschließlich auf die Nutzungsphase.[27] Es beschäftigt sich mit einem deutlich operativen Schwerpunkt, wohingegen das Facility Management auch den strategischen
Ansatz aufgreift.[28]

2.6.1 Technisches Gebäudemanagement

Das technische Gebäudemanagement umfasst die Maßnahmen, die unter Berücksichtigung sich wandelnder Anforderungen der kontinuierlichen und wirtschaftli-
chen Bereitstellung und Nutzung des technischen Systems Immobilie dienen. Das
Ziel ist die Erhaltung bzw. Steigerung des Leistungspotenzials der Immobilie.[29]
Die im Rahmen der vorliegenden Arbeit betrachteten Teilleistungen des Techni-
schen Gebäudemanagements sind in Anlehnung an die Richtlinien GEFMA 100
sowie VDMA 24196 formuliert und nachfolgend aufgeführt:
- Technische Betriebsführung,
- Instandhaltungsmanagement und
- Energiemanagement.

2.6.2 Infrastrukturelles Gebäudemanagement

Das Infrastrukturelle Gebäudemanagement umfasst nach DIN 32736[30] die ge-
schäftsunterstützenden Dienstleistungen, welche die Nutzung von Gebäuden ge-
währleisten. Die im Rahmen dieses Werkes betrachteten Teilleistungen sind in
Anlehnung an die Richtlinien GEFMA 100[31], DIN 32736 sowie VDMA 24196
formuliert und nachfolgend aufgeführt:
- Flächenmanagement[32],
- Arbeitsplatz- und Büroservicemanagement,
- Umzugsmanagement und

---

[27] Vgl. Hofmann M (1993) Wissenschaftliche Eingliederung. In: Harden H, Kahlen H
(Hrsg.) Planen, Bauen, Nutzen und Instandhalten von Bauten. Reihe: Facility Management, Bd 3, W Kohlhammer, Stuttgart Berlin, S 59
[28] Vgl. GEFMA 104 (1998) Managementbegriffe im Umfeld zum Facility Management
(Entwurf 08/98). GEFMA e.V., Berlin
[29] Vgl. Pierschke B (1998) Facilities Management. In: Schulte KW (Hrsg) Immobilienökonomie. Bd I: Betriebswirtschaftliche Grundlagen, R Oldenbourg Verlag, München Wien,
S 291
[30] Vgl. DIN 32736 (2000) Gebäudemanagement – Begriffe und Leistungen. Beuth Verlag,
Berlin
[31] Vgl. GEFMA 100 (1998) Facility Management – Begriff, Struktur, Inhalte (Entwurf
12/96). GEFMA e.V., Berlin
[32] In der DIN 32736 ist die Teilleistung Flächenmanagement als eigenständige Säule neben
der infrastrukturellen, kaufmännischen und technischen extrahiert worden.

• Sicherheitsmanagement.

2.6.3 Kaufmännisches Gebäudemanagement

Als Kaufmännisches Gebäudemanagement werden nach GEFMA 100[33] buchhalterische Leistungen verstanden, soweit sie sich auf die Immobilie und ihre Dienste beziehen. Die im Rahmen dieser Arbeit betrachteten Teilleistungen des Kaufmännischen Gebäudemanagements sind nachfolgend aufgeführt:

• Nutzungskostenmanagement,[34]
• Miet- und Vertragsmanagement sowie
• Dienstleistungsausschreibung und -vergabe.

---

[33] Vgl. GEFMA 100 (1998) Facility Management – Begriff, Struktur, Inhalte (Entwurf 12/96). GEFMA e.V., Berlin

[34] Auch im Sinne der Nutzungskostenermittlung nach DIN 18960 (1999) Nutzungskosten im Hochbau. Beuth-Verlag, Berlin

3 Real Estate und Facility Management Consulting

Das Gesamtziel der Beratungsleistung liegt in der Erfüllung der Kriterien eines ganzheitlichen Real Estate und Facility Managements. Sie umfasst in den Einzelschritten sowohl bei Neubauprojekten als auch bei bestehenden Immobilien Beratungsleistungen mit den Handlungsschwerpunkten:

> Organisation, Information, Koordination und Dokumentation,
>
> Qualitäten und Quantitäten,
>
> Kosten und Finanzierung,
>
> Termine und Kapazitäten.[35]

In Abb. 3.1 sind die unterschiedlichen Interessenlagen aufgezeigt, die sich aus der Kosten-Qualitätsbeziehung ergeben.

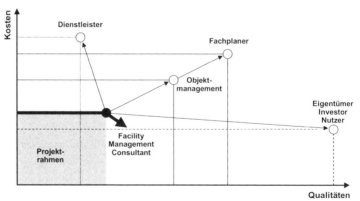

Abb. 3.1. Interessenlagen der Projektbeteiligten[36]

---

[35] Vgl. VBI (1998) Leistungsbild für Consultingleistungen im Facility Management - Arbeitspapier des VBI-Arbeitskreises PM/FM. VBI e.V., Berlin, S 2ff

[36] In Anlehnung an: Diederichs CJ (1984) Kostensicherheit im Hochbau. Deutscher Consulting Verlag, Essen. S 32

Der Real Estate und Facility Management Consultant führt die teilweise deutlich ausgeprägten Zielabweichungen zusammen und strebt ein realistisches Kosten-Qualitätsgefüge an. Die fachlich Beteiligten sind i.d.R.:

- Auftraggeber, z.B. Investoren, Bauherren oder Nutzer,
- Real Estate und Facility Management Consultants, z.B. Beratende Ingenieure, Unternehmensberater[37],
- Objektmanager, z.B. Verwaltungsunternehmen oder Centermanager,
- Fachplaner, z.B. Energietechniker, Umweltschutzbeauftragte, Sicherheitsexperten,
- Dienstleister, z.B. Reinigungsunternehmen.

In der späteren Phase der Fachexpertise wird der Fachplaner einbezogen. Er setzt die im Pflichtenheft festgelegten Maßnahmen, ggf. nach Durchführung weiterer Analysen, in einer Fachexpertise um. Die Aufgabe des Consultants ist in dieser und der anschließenden Phase des Controllings die Zusammenführung der einzelnen Teilleistungen zu einem Gesamtsystem Real Estate und Facility Management (Abb. 3.2).

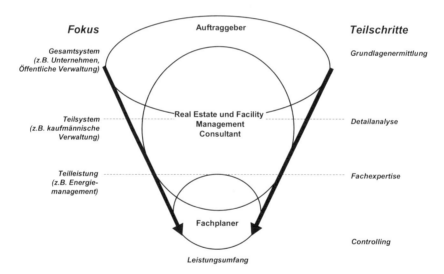

Abb. 3.2. Fokus und Teilschritte für Consultingleistungen im Real Estate und Facility Management

Im Real Estate und Facility Management Consulting sind zwei Fälle zu unterscheiden, die jedoch in der Anordnung der Teilleistungen und der Chronologie der Vorgehensweise (Abb. 3.3) gemeinsam betrachtet werden können:
a) Einführung von Facility Management bei Neu- und Umbauprojekten sowie

---

[37] Im Rahmen dieses Werkes ist die unabhängige Beratung gemeint. Sie hat produkt- sowie interessenunabhängig zu erfolgen. I.d.S. sind Beratungsleistungen von u.a. operativen Dienstleistern oder Softwareherstellern ausgeschlossen.

b) Einführung von Facility Management bei Bestandsimmobilien.

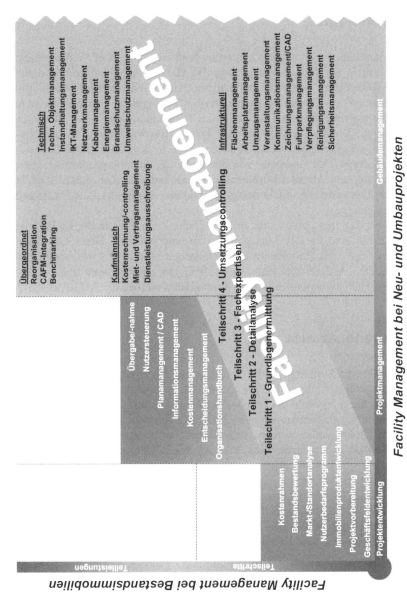

Abb. 3.3. Teilschritte und -leistungen im Facility Management Consulting

3.1 Chronologie

Die Phasen des Lebenszyklus einer Immobilie umfassen bei einem Neubauprojekt die Konzeption in der Projektentwicklung, die Planung und Realisierung durch das Projektmanagement sowie die Nutzung mit dem Gebäudemanagement. Ein Facility Management Consulting verbindet die Teilbereiche ganzheitlich, d.h. durch die Projektbegleitung sind bereits in der Entwicklungsphase die relevanten Rahmenbedingungen im Hinblick auf die spätere Bewirtschaftung in der Nutzungsphase zu schaffen sowie deren Anforderungen in der Planung und Realisierung durchzusetzen. Der Übergang von der Nutzung, Änderung oder Sanierung bzw. Verwertung und Abriss der Immobilie bis zur erneuten Konzeption schließt den Lebenszyklus und verdeutlicht den ganzheitlichen Ansatz des Real Estate und Facility Managements.

Bei bestehenden Immobilien sind zwei mögliche Zeitpunkte in der Einführung eines Real Estate und Facility Managements zu unterscheiden. Der Ansatz kann einerseits im Zuge einer Projektentwicklungsphase, d.h. in der Umwidmung eines Gebäudes liegen. Andererseits kann der Aufbau eines Real Estate und Facility Managements auch im laufenden Betrieb durchgeführt werden.

3.2 Vorgehensweise

Die Teilschritte zur Einführung oder Modifikation des Systems Real Estate und Facility Management sind in Abb. 3.4 dargestellt. Entsprechend der Projektchronologie ist das Gesamtsystem der Immobilienbewirtschaftung in seine Teilsysteme zu zerlegen und die Anwendungen bzw. Teilleistungen neu zu ordnen. In der anschließenden Fachexpertise werden zunächst nur Teilleistungen mit hohen Optimierungspotenzialen betrachtet. Eine Vielzahl von Teilleistungen wie z.B. das Flächenmanagement können aufgrund ihrer vielfältigen Verknüpfungen zu anderen Leistungen nicht oder nur bedingt herausgelöst und autark betrachtet werden. D.h. in der Analyse sind Querverbindungen, Abhängigkeiten und insbesondere Synergieeffekte zu beachten und durch den Consultant methodisch zusammenzuführen. Abschließend werden die Leistungspakete bzw. einzelnen Leistungen in das neue Gesamtsystem Real Estate und Facility Management überführt.

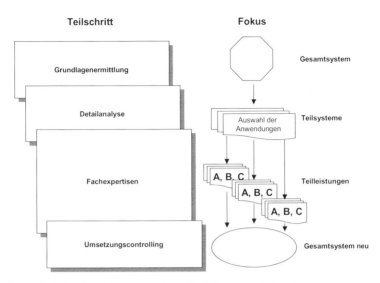

Abb. 3.4. Teilschritte des Real Estate und Facility Management Consultings

3.2.1 Teilschritt 1 – Grundlagenermittlung

Die Grundlagenermittlung ist mit ihren wesentlichen Komponenten, der Aufbau-organisation, der Auswahl der voraussichtlich erforderlichen Teilleistungen des Gebäudemanagements sowie der Planung, den Kern zur Einführung von Real Estate und Facility Management.

Das Ziel der Grundlagenermittlung ist u.a. Einsparpotenziale in einer Ist-Analyse aufzudecken, Verbesserungsmöglichkeiten in den Soll-Zielen zu beschreiben, um den Nachweis einer Optimierung in einem späteren Soll/Ist-Vergleich zu ermöglichen. Die Grundlagenermittlung hat jedoch noch keinen Anspruch auf Vollständigkeit oder Lösungsansätze. Sie entscheidet grundsätzlich über den Projektumfang oder die Einstellung des Einführungs- bzw. Reorganisati-onsprojektes.

Die Optimierungsmaßnahmen im Rahmen des Real Estate und Facility Mana-gements setzen die genaue Kenntnis des Ist-Zustandes voraus, der in einen defi-nierten Soll-Zustand übergehen soll. Hierbei können vorhandene Daten, die den bestehenden Zustand beschreiben, aus bereits bearbeiteten Grundleistungen, wie dem Benchmarking oder der Bestandsbewertung einfließen und weiter bearbeitet werden. Diese werden einer kritischen Bewertung unterzogen und in einen Maß-nahmenkatalog mit Optimierungsvorschlägen als Entscheidungsgrundlage einge-bracht. Wichtig bei jedem Vorschlag zur Optimierung ist eine genaue Analyse von Bestand und Bedarf sowie die Finanzierbarkeit in Hinblick auf den zu erwarten-den Nutzen. Aus diesem Grund sind Vorschläge zur Optimierung auf ihre Wirt-schaftlichkeit und ihren Nutzen für die Immobilie bzw. den Auftraggeber/Nutzer zu untersuchen. Eine Entscheidung für die Optimierung kann nicht alleine von der Finanzierbarkeit, sondern sollte vor allem von den zu erwartenden Folge- bzw. Nutzungskosten abhängig gemacht werden, die in der Grundlagenermittlung als Potenzialabschätzung komprimiert dargestellt werden.

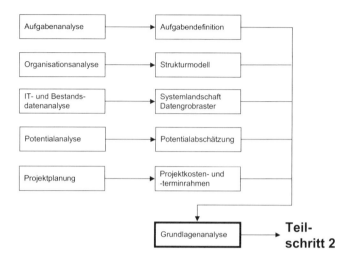

Abb. 3.5. Teilschritt 1 – Grundlagenermittlung

In Abb. 3.5 ist als Teilschritt 1 die Grundlagenermittlung dargestellt. Die Aufgaben werden mit den entsprechenden Hilfsmitteln erarbeitet und fließen als Teilergebnisse in das Grundlagenkonzept ein. Die Analyse der Informationstechnologie wird z.B. mit Hilfe von Fragebögen grob erfasst und in eine erste Strukturdarstellung überführt. Die zusammenfassende Bewertung des Projektes Facility Management in Form des Grundlagenkonzeptes bildet die Basis für die detaillierteren Folgeuntersuchungen mit dem Fokus auf die Teilsysteme.

Aufgabenanalyse

In der ersten Phase der Untersuchung wird zunächst festgestellt, welche Aufgaben und Leistungen von den einzelnen Organisationseinheiten erbracht werden. Ziel ist es, das Leistungsspektrum in den jeweiligen Arbeitsgebieten hinsichtlich der Leistungen und Kosten transparent zu machen. Zu unterscheiden ist, welche Kern- und Nebenaufgaben wahrgenommen und mit welcher Leistungsintensität diese Leistungen erbracht werden.

1.	INFRASTRUKTURELLES GEBÄUDEMANAGEMENT	2.	KAUFMÄNNISCHES GEBÄUDEMANAGEMENT	3.	TECHNISCHES GEBÄUDEMANAGEMENT
1.1	**Flächenmanagement**	**2.1**	**Budgetierung der Folgekosten /**	**3.1**	**Datenstruktur Technische**
1.1.1	Umzugsmanagement		**Soll-Ist-Vergleich**		**Ausrüstung für:**
1.1.2	Umzugsdienst	2.1.1	Budgetstruktur	3.1.1	Gas
1.1.3	Flächenmanagement /Belegungs-		(Personal-/Sachkosten Nutzer,	3.1.2	Wasser
	grad Flächencontrolling		Betriebs-/Instandhaltungs-/Instand-	3.1.3	Abwasser
1.1.4	Parkflächenverwaltung/-betrieb		setzungs-/Modernisierungs- und	3.1.4	Wärmeversorgung
1.1.5	Erfassung Gebäudebestand		Sanierungskosten	3.1.5	Raumluft
	(Bezeichnungssystematik)	2.1.2	Kostenstellen-/Kostenträger-Zuordnung	3.1.6	Kälte
1.1.6	Inventarisierung (Möblierung etc.)	2.1.3	Struktur Betriebskosten	3.1.7	Elektro
1.1.7	Umnutzungsmanagement	2.1.4	Struktur Instandhaltungs-/	3.1.8	Blitzschutz
			Instandsetzungskosten	3.1.9	Aufzüge
1.2	**Reinigung Gebäude/**	2.1.5	Modernisierungs-/Sanierungskosten	3.1.10	Küchen
	Pflege Außenanlagen	2.1.6	Nebenkosten / Miete	3.1.11	Bau/Ausbau
1.2.1	Gebäude-Innen-/Außenreinigung	2.1.7	Kostenberechnung benötigter Leistungen		- Fassaden
1.2.2	Pflege der Außenanlagen				- Doppelböden
1.2.3	Pflanzenpflege im Gebäude				- Toranlagen
1.2.4	Winterdienst	**2.2**	**Dokumentation/Berichtswesen/**		usw.
			Kostenkennwerte		
1.3	**Allgemeine technische Dienste**	2.2.1	Dokumentation / Berichtswesen	3.1.12	Messen, Steuern, Regeln / GLT
1.3.1	Verwaltung der Schließanlagen	2.2.2	Auswertung Folgekosten	3.1.13	Fernmelde- und
1.3.2	Kabelverwaltung	2.2.3	Bildung Kostenkennwerte für Folgekosten		Informationstechnische Anlagen
1.3.3	Betrieb der technischen Anlagen		(Energie, Gebäudereinigung etc.)	3.1.14	Kabel und Netzwerke (LAN)
	und Zentralen	2.2.4	Permanente Inventur / Erfassung, Pflege	3.1.15	EDV
1.3.4	24-h-Service / Bereitschaftsdienst	2.2.5	Kostenermittlung nach:	3.1.16	Bürogeräte
1.3.5	Haustechniker / Hauswart		- 2. BV	3.1.17	Sicherheitstechnik
1.3.6	Kontrolle der Handwerker		- HOAI	3.1.18	Umwelttechnik
1.3.7	Ersatzteilverwaltung		- DIN 276		
1.3.8	Reaktionskatalog		- DIN 31051	**3.2**	**Wartung/Inspektion/Instandsetzung**
1.3.9	ISDN-, Telefon- und LAN-		- DIN 18960	3.2.1	Wartung (Wartungsstrategie/
	Anschluß-Verwaltung				Erstellen Wartungsplan)
1.3.10	Abfallentsorgung / Wertstoffe	**2.3**	**Verträge / Vertragsüberwachung**	3.2.2	Inspektion
1.3.11	Austausch der Beleuchtungsmittel	2.3.1	Vertragsverwaltung /-abwicklung		(Vorbereitung der Durchführung)
1.3.12	Codierung und Verwaltung	2.3.2	Vertragsabschluß/-überwachung	3.2.3	Instandsetzung
	der Chipkarten	2.3.3	Versicherungen		
		2.3.4	Ausschreibung/Vergabe von	**3.3**	**Folgekosten-Optimierung**
1.4	**Sicherheit**		Dienstleistungen extern/intern	3.3.1	Betriebskosten
1.4.1	Gebäudesicherheitsdienst				(Energie, Reinigung etc.)
1.4.2	Intrusionsschutz			3.3.2	Bauunterhaltskosten
		2.4	**Flächenverwaltung**	3.3.3	Sanierungskosten
1.5	**Allgemeine Dienste**	2.4.1	Flächenwirtschaftlichkeit		
1.5.1	Kantinenbewirtschaftung/Catering	2.4.2	Flächenübergabe, -abnahme		
1.5.2	Druckerei	2.4.3	Flächenbezogene Buchhaltung	**3.4**	**Energiemanagement**
1.5.3	Kopierdienst			3.4.1	Systemanalysen
1.5.4	Lager-/Inventar-/Materialverwaltung			3.4.2	Energievertragsanalysen
1.5.5	Pförtnerdienst				
1.5.6	Telefonzentrale				
1.5.7	Poststelle				
1.5.8	Reisestelle				
1.5.9	Fuhrparkverwaltung				
1.5.10	Zentralarchiv				
1.5.11	Botendienste				
1.5.12	Verfolgung von Behördenauflagen				
	u. Vorschriften zum Gebäudebetrieb				
1.5.13	Medizinischer Dienst				

Abb. 3.6. Leistungserfassung mit Hilfe eines Fragebogens

Von besonderer Bedeutung ist hierbei die Abgrenzung zwischen Kernaufgaben einerseits und Hilfs- oder Unterstützungsaufgaben andererseits. Dabei werden die Aufgaben und die Leistungserstellung je nach Bedarf und Datenverfügbarkeit unter folgenden Aspekten betrachtet:

- Art und Umfang der Aufgabe, Koordinationsaufwand, offensichtliche Reduktionsmöglichkeiten,
- Priorisierung in Kern- und Nebenaufgaben,
- Entwicklung der Leistungsintensität, Einsatz von Hilfsmitteln und technischen Gerätschaften und
- Entwicklung des Leistungs- und Qualitätsniveaus, insbesondere hinsichtlich der Notwendigkeiten.

Fragen zur Organisation:		Tendenz	
In wie vielen Einheiten ist Ihr Strategisches FM organisiert?	einer		über fünf
In wie vielen Einheiten ist Ihr Operatives FM organisiert?	einer		über fünf
Von wie vielen Einheiten werden organisationsbezogene Leistungen erbracht?	einer		über fünf
Wie viele der o.g. Einheiten werden von einem Computerunterstützten Facility Management unterstützt?	alle		keine
Wie viel Organisationseinheiten sind am Einkauf eines Büromöbels beteiligt?	einer		über fünf
Wie viel Organisationseinheiten sind an einem Umzug beteiligt?	eine		über fünf
...			
Fragen zur Information – Dokumentation:			
Bei wie vielen Liegenschaften kennen Sie den Wert derzeit?	alle		keine
Bei wie vielen Liegenschaften kennen Sie die Nutzungskosten?	alle		keine
Wie viele Gebäude sind vollständig dokumentiert?	alle		keine
Wie oft wird über FM-Belange Bericht erstattet?	regelmäßig		nie
Wie erfolgt die innerbetriebliche Leistungsverrechnung?	Zuordnung		Umlage
Auf wie viele Köpfe ist das Immobilienbezogene Wissen im Management verteilt?	einen		über fünf
Auf wie viele Köpfe ist das Gebäudebezogene Wissen vor Ort verteilt?	einen		über fünf
Für wie viele der wesentlichen Prozesse gibt es standardisierte Vorgaben?	alle		keine
...			
Fragen zum Teilsystem Technik			
Wie weit reicht der Planungshorizont für die Belange des Facility Managements?	über 20 Jahre		1 Jahr
Nach welchen Kriterien findet die Instandhaltung statt?	vorbeugend		bei Bedarf
Wie oft kommt es zu kritischen Engpässen (z.B. technische Störungen)?	selten		oft
Wie schnell kann auf kritische Anfragen (z.B. Störung) reagiert werden?	sofort		nach Tagen

Abb. 3.7. Polaritätsprofil zur Erfassung der Aufgaben und Schwachstellen

Ein Einsatz von Erhebungsformularen für Aufgaben und Schwachstellen ist dann erforderlich, wenn aus den Arbeitsplatzbeschreibungen und ergänzenden Dokumenten nicht in jedem Fall die exakten Bearbeitungskapazitäten ableitbar sind. In aller Regel fehlen zumindest Aussagen zu Qualitäten und zum Grad der Aufgabenerfüllung. Die Ist-Erfassung stützt sich im wesentlichen auf strukturierte Interviews mit ausgewählten Mitarbeitern unterschiedlicher Hierarchiestufen sowie auf die Auswertung der gelieferten Daten und auf die Auswertung der Fragebögen (Abb. 3.6 und Abb. 3.7).

Die in Abb. 3.8 auszugsweise dargestellten Schwachstellen im Arbeitsablauf der Liegenschaftsverwaltung können u.a. entstehen durch:

- traditionell gewachsene Arbeitsabläufe,
- unzureichende Informationsbereitstellung,
- doppelte und wiederholte Erfassung/Bearbeitung der selben Informationen,
- zeitliche Engpässe,
- räumliche Unzulänglichkeiten sowie

- materielle, finanzielle sowie technologische Engpässe.

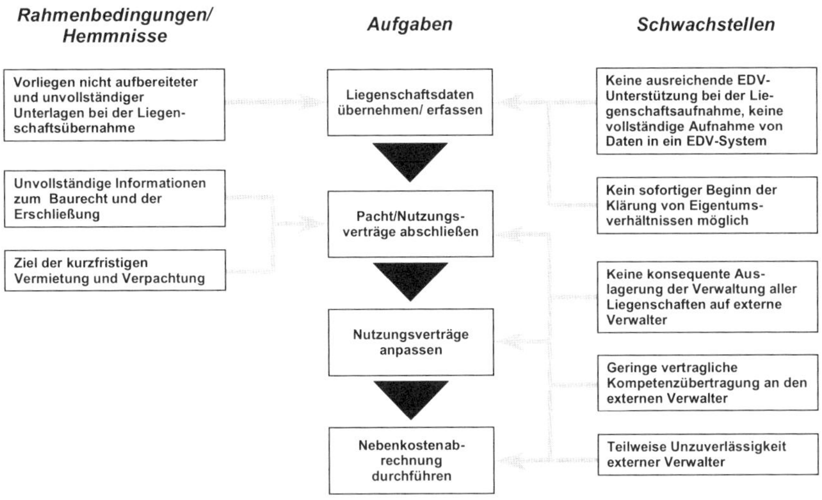

Rahmenbedingungen/ Hemmnisse	Aufgaben	Schwachstellen
Vorliegen nicht aufbereiteter und unvollständiger Unterlagen bei der Liegenschaftsübernahme	Liegenschaftsdaten übernehmen/ erfassen	Keine ausreichende EDV-Unterstützung bei der Liegenschaftsaufnahme, keine vollständige Aufnahme von Daten in ein EDV-System
Unvollständige Informationen zum Baurecht und der Erschließung	Pacht/Nutzungs-verträge abschließen	Kein sofortiger Beginn der Klärung von Eigentums-verhältnissen möglich
Ziel der kurzfristigen Vermietung und Verpachtung		Keine konsequente Aus-lagerung der Verwaltung aller Liegenschaften auf externe Verwalter
	Nutzungsverträge anpassen	Geringe vertragliche Kompetenzübertragung an den externen Verwalter
	Nebenkostenab-rechnung durchführen	Teilweise Unzuverlässigkeit externer Verwalter

Abb. 3.8. Hemmnisse und Schwachstellen bei Aufgaben der Liegenschaftsverwaltung (Auszug)

Organisationsanalyse

Die derzeit praktizierte Organisation ist einer umfassenden kritischen Würdigung zu unterziehen. Die Aufnahme und Bewertung zur Organisation schließt unter anderem folgende Bereiche ein:

- Darstellung der Organisationsform, Organigramme sowie Hierarchieebenen,
- Stellenplan und Stellenbesetzung, Personalstruktur und
- Schnittstellenbetrachtung, Art und Anzahl der Schnittstellen, Art und Umfang des Informationsflusses zu und von den Schnittstellen.

Unter Berücksichtigung der aufgenommen Informationen wird als Ergebnis der Grundlagenermittlung ein Vorschlag für eine optimierte Aufbauorganisation erstellt. Darin sind u.a. enthalten:

- Organisatorischer Aufbau und Einbindung der Organisationseinheiten,
- Aufgabendefinition der Einheiten,
- Verantwortungs- und Kompetenzspielräume,
- Definition der Schnittstellen und
- Benennung offensichtlicher Synergiepotenziale sowie der Voraussetzungen zu deren Aktivierung.

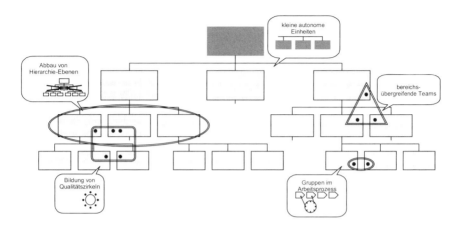

Abb. 3.9. Strukturen und Veränderungen in Unternehmens- und Verwaltungsorganisationen

Abb. 3.9 zeigt die Strukturen in Unternehmens- und Verwaltungsorganisationen sowie eine Auswahl der Auf- bzw. Umbaumöglichkeiten, die im besonderen für den lange Zeit vernachlässigten Bereich Real Estate und Facility Management gelten. Im Beispiel sind Maßnahmen, z.B. der Abbau von Hierarchieebenen oder eine bereichsübergreifende Teambildung aufgezeigt, die die Ursachen für Schwachstellen in der bestehenden Organisation reduzieren können. Dies sind beispielhaft:

- Hohe Anzahl von Schnittstellen: Die Auftragsabwicklung läuft über zu viele Stellen. Daten sind z.T. doppelt erfasst, oder liegen nicht am richtigen Ort vor.
- Starke Stellung der Vorgesetzten: Neue Ideen treffen auf Widerstand. Die Mitarbeiter erhalten keinen Anreiz und reagieren motivationslos.
- Verlust des Dienstleistungsgedankens: Die Liegenschaftsabteilung ist träge geworden. Die Ursache liegt in gewachsenen abteilungsorientierten Organisationsstrukturen und -abläufen. Die Liegenschaftsabteilung ist durch ihre starke Spezialisierung auf bauliche Maßnahmen in der jetzigen Organisationsform nicht in der Lage auf die Forderungen des Marktes, der Kunden sowie schließlich der Unternehmensleitung zu reagieren.
- Veraltete Dokumentations- und Datenverarbeitungsmethoden: Auch bei teilweise vorhandener Ist-Aufnahme der Flächen fehlt eine sinnvolle Auswertungsmöglichkeit der Datenbestände. Es liegen Dokumentationsfragmente unterschiedlichster Art und Aktualität vor (Listen, Tabellen, CAD-Pläne der Flächen, z.T. Bestandspläne der Anlagen).[38]

---

[38] Vgl. Ghahremani A (1998) Integrale Infrastrukturplanung: Facility Management und Prozessmanagement in Unternehmensinfrastrukturen. Berlin: Springer-Verlag

Analyse der Informationstechnologie und Bestandsdaten

Diese Phase umfasst die Aufnahme der Strukturen bestehender Informationstechnologie sowie derzeit vorhandenen Daten, die für die spätere Konzeptentwicklung von Bedeutung sind. Das mittelfristige Ziel liegt in der Bereitstellung eines übergreifenden Konzeptes für den Einsatz einer auf die Kernprozesse und die Organisation abgestimmten IT-Struktur mit Systemen und Daten. In der frühen Phase der Grundlagenermittlung werden die Informationstechnologie sowie Bestandsdaten zunächst auf Potenziale im Sinne des Projektes Facility Management hin überprüft. D.h. es wird analysiert, ob eine Unterstützung der Bewirtschaftungsprozesse durch die Informationstechnologie sowie Datenhaltung bereits hinreichend gegeben ist. In Ergänzung der Aufnahme und Analyse der Kernprozesse/-aufgaben sowie Organisation werden die bestehenden IT-Systeme wie folgt hinterfragt:

- Aufnahme der Systeme, Systemarchitektur, Basistechnologie, Funktionalitäten, und Nutzerakzeptanz und
- Darstellung der offensichtlichen und potenziellen Schwachstellen in den o.g. Bereichen mit der Festlegung von Schnittstellenparametern.

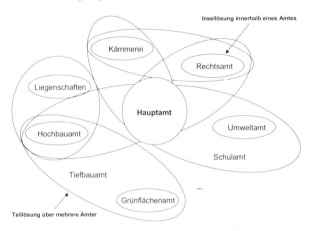

Abb. 3.10. Systemlandschaft in einer kommunalen Verwaltung

Die in Abb. 3.10 visualisierte Systemlandschaft zeigt eine Vielzahl von Teil- und Insellösungen innerhalb einer kommunalen Verwaltung. Diese einfache Darstellung reicht aus, um auf ein deutliches Optimierungspotenzial im Sinne der Grundlagenermittlung schließen zu können. Sind die Defizite weniger offensichtlich, so können die einzelnen Datengruppen ihren Teil- und Insellösungen zugeordnet werden. Doppelt zugeordnete Informationen deuten auf eine Mehrfach- und oftmals redundante Datenhaltung hin. Zur Aufarbeitung der Bestandsdaten der Immobilien und deren technischen Anlagen werden u.a. folgende Unterlagen gesichtet: Textdokumente, Listen, Verzeichnisse und CAD-Pläne.

Werden die Unterlagen in einer Datenbank verwaltet, sind u.a. die nach folgenden Kriterien in die Untersuchung mit einzubeziehen: hierarchische Suche (Ebene eines Strukturschemas), frei definierte Attribute (z.B. für Zuordnung Gewerke) und Merkmale (z.B. erstellt von, erstellt am).

Datengrobraster	System A	System B	System C	System D	System E	System F	Bemerkungen
	H	H	H	H	I	I	
Allgemeine Gebäudedaten							
Gebäudedaten							
Gebäudewerte							Kein einheitliche Bewertung
Vermietung							
Nutzungskosten							
Baurecht							Keine Daten vorhanden
Gebäudeverwertung							Keine Daten vorhanden
Geländeteile							
Bauliche Anlagen							
Gebäudeflächen							Keine einheitliche Definitionsgrundlage
Raumflächen							Keine Daten vorhanden
Oberflächen							Keine Daten vorhanden
Entsorgung							
Anschlüsse							
Beleuchtung							
Türen/Fenster							
Gebäudetechnik							Qualität nach Stichprobe fraglich
Raumtechnik							
Gerät/Inventar							
Nutzer							
Information/Kommunikation							
Verträge							
Außenbereich							
Personaldaten							
Baumassnahmen (lfde.)							Nicht aktualisiert

H = Hauptsystem; I = Insellösung

Abb. 3.11. Informationsgrobraster und Systemübersicht

Ein weiteres Ergebnis der Untersuchung ist die in Abb. 3.11 dargestellte Datengrobstruktur, in der die Datengruppen sowie Systeme aufgezeigt werden. Im dargestellten Beispiel wird deutlich, dass die Bestandsdaten einerseits unvollständig sind (u.a. fehlende Raumflächen) und andererseits identische Informationen in einer Vielzahl von Hauptsystemen und des weiteren als Insellösungen vorgehalten werden. Das Informationsgrobraster gibt ein weiteres eindeutiges Signal auf die unzureichend gestaltete Systemlandschaft und darüber hinaus auf den aufzuarbeitenden Informations- sowie Datengehalt.

Potenzialanalyse

Der Betrachtung der Wirtschaftlichkeit der derzeitigen Aufgaben kommt eine entscheidende Bedeutung zu. In der Potenzialanalyse erfolgt eine Analyse der vorhandenen Kostenrechnung bzw. vorhandener Kostenzuordnung. Zielsetzung ist es, die sich aus den Empfehlungen zur Neustrukturierung der Arbeitsabläufe und Aufbaustrukturen ergebenden wirtschaftlichen Synergieeffekte aufzuzeigen, um mit der Implementierung bzw. der Modifikation des Real Estate und Facility Managements eine Kostendeckung zu erreichen und weiterhin Kostensenkungseffekte zu erzielen.

Mögliche Einsparungseffekte aber auch mögliche zusätzliche (Investitions-) Kosten werden mit Hilfe der nachfolgenden Fragestellungen dargestellt:

- Welche Kosten fallen für die einzelnen Aufgabengebiete an?
- Wie werden die Kosten derzeit erfasst und zugeordnet? Welche Schritte sind erforderlich, um eine eindeutige Kostenerfassung und Leistungszuordnung zu ermöglichen?
- Wie haben sich die Kosten in den letzten Jahren entwickelt? Gibt es Kostentreiber?
- Stimmen Ertrag und Aufwand in den einzelnen Sparten überein oder sind Optimierungen erforderlich?
- In welchen Bereichen und durch welche Maßnahmen lassen sich Kosten einsparen? In welcher Höhe lassen sich Kosten einsparen?
- Welche Konsequenzen ergeben sich aus den Kosteneinsparungen?
- Welche Investitionen wurden in den letzten Jahren getätigt und sind zukünftig geplant?

Als Ergebnisse sind die möglichen Einsparungspotenziale überschlägig zu prognostizieren. Dabei ist auch zu berücksichtigen, welchen Auswirkungen diese Einsparungen zukünftig verursachen können.

Projektplanung

Die Projektplanung besteht insbesondere in der Planung des Personals, der Sachmittel und Termine sowie Kosten. Sie wird durch ein interdisziplinär arbeitendes Projektteam aus Mitarbeitern der betroffenen Abteilungen sowie ggf. der Unternehmensleitung, zentralen Bereiche wie Marketing, Controlling, Datenverarbeitung usw. zusammengestellt. Der Consultant wird unterstützend als Koordinator in die Projektplanung integriert. Er ist Katalysator und Promotor des anstehenden Projekts und für die Festlegung der Sachmittel, Termine und das Projektbudget verantwortlich.

In Abb. 3.12 ist die Projektkostenschätzung sowie der zugehörige Mittelabflussplan (ausschließlich der Umsetzungskosten) aufgezeigt. Anhand der vorgenannten Aufgaben-, Organisations- und IT-/ Datenanalyse lassen sich überschlägig die notwendigen Kosten kalkulieren. Ggf. sind in die Schätzung auch interne Unternehmens- oder Verwaltungsleistungen/-kosten einzubeziehen.

Die Projektkosten sind in die Teilschritte des Projektes zu untergliedern, um dem Auftraggeber sowie dem Consultant im Projektverlauf ein aktives Controlling zu ermöglichen. Weiterhin sind die Kosten als monatlicher Mittelabfluss darzustellen. Diese Aufteilung gewährleistet die planerische Bereitstellung der Mittel für den Auftraggeber einerseits und den monatlichen Vergleich der Kosteneinhaltung bzw. -abweichung andererseits. Der Projektkostenrahmen wird im Zuge der Grundlagenermittlung erstellt und im nächsten Teilschritt Detailanalyse fortgeschrieben. Eine weitere Aufteilung der Kosten in z.B. Leistungen des Consultants, Fachplaner, etc. sind zu diesem Zeitpunkt nicht notwendig.

Teilschritt / Monat	Juni	Juli	Aug	Sep	Okt	Nov	Dez	Jan	Summe
Grundlagenermittlung	35,0	25,0							60,0
Detailanalyse		10,5	45,5	12,0					68,0
Fachexpertisen				45,0	85,0	60,0			190,0
Umsetzungscontrolling						25,0	40,0	40,0	105,0
Mittelabfluss pro Mon in T EUR	35,0	35,5	45,5	57,0	85,0	85,0	55,0	40,0	
Kumulierter Mittelabfluss in T EUR	35,0	70,5	116,0	173,0	258,0	343,0	398,0	438,0	**423,0**

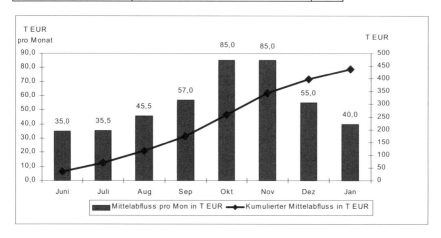

Abb. 3.12. Projektkostenschätzung und Mittelabflussplanung

Des weiteren wird mit der Projektplanung der Projektterminrahmen (Abb. 3.13) erstellt. Er enthält zunächst die Teilschritte, die Arbeitsaufträge sowie Meilensteine. Die in der Fachexpertise dargelegten Teilleistungen sind auf Grundlage der offensichtlichen Potenziale ausgewählt worden. Sie haben jedoch zunächst keinen Anspruch auf Vollständigkeit und können das Gesamtprojekt noch deutlich beeinflussen.

Einzelne Leistungen, wie z.B. die Fachexpertise zur Reorganisation des Liegenschaftsmanagements, das Flächenmanagement oder die Einführung eines Computerunterstützten Facility Managements sind nahezu obligatorisch in die Projektplanung einzubeziehen. Sie sind Kernelemente eines optimierten Real Estate und Facility Managements und bilden einen wesentlichen Beitrag zur Erfüllung der in der Einleitung aufgeführten Kriterien Bestandsdaten, Organisation, Kommunikation und CAFM.

Auf der Basis der in der Grundlagenanalyse ermittelten Ausgangssituation lässt sich als Ergebnis ein Untersuchungsbericht (Grundlagenkonzept) vorlegen, der eine möglichst sofort und ohne weitere Erhebungen oder Nachuntersuchungen umsetzbare Projektentscheidung ermöglicht, die Art, Umfang sowie Termine und Kosten für die Fortführung der Real Estate und Facility Management Einführung bzw. Modifikation enthält.

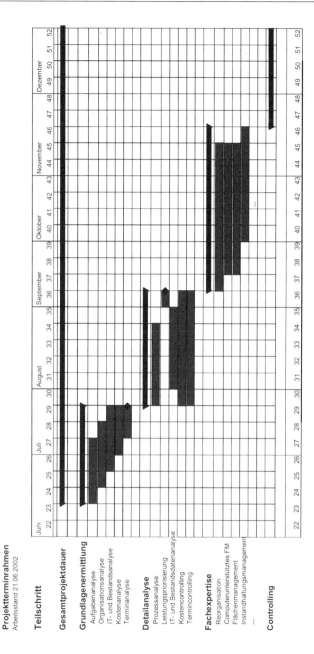

Abb. 3.13. Projektterminrahmen

Zum Leistungsumfang und als formales Ergebnis der Grundlagenermittlung werden die Untersuchungen wie folgt beschrieben zusammengefasst. Die Zwischenschritte des Projektes werden in Arbeitspapieren (Protokolle, Statusberichte) dokumentiert und dem Auftraggeber vorgelegt. Die Arbeitspapiere und die sonstigen Untersuchungsergebnisse werden zu einer entsprechenden Präsentation zu-sammengefasst. Die Ergebnisse mit Berücksichtigung der Rückkopplungen wer-den zu einem Grundlagenkonzept zusammengefasst, das in mehreren Exemplaren dem Auftraggeber (auf Wunsch als Datei) ausgehändigt wird.

Nach Vorlage des Grundlagenkonzeptes sind die Diskussionspunkte einer ein-gehenden Erörterung mit der Aufbaugruppe zu unterziehen. Nach Abschluss der Stellungnahmen ist das endgültige Grundlagenkonzept zu erstellen, das in mehrfa-cher Ausfertigung vorgelegt wird. Hiervon wird eine Version in Datei-Form zur Verfügung gestellt. Ziel der detaillierten Darstellung ist die Nachvollziehbarkeit der Vorschläge für fachkundige Dritte.

Die einzelnen Maßnahmen werden in einem Zeit- und Ablaufplan dargestellt, der im Projektverlauf auch als Umsetzungsplan für die folgenden Teilschritte dient. Die Maßnahmen werden nach Dringlichkeit und Wichtigkeit eingestuft, die für die Umsetzung beteiligten Organisationseinheiten benannt, der Umsetzungs-zeitraum festgelegt. Abschließend wird ein Management-Summary, in dem die Ergebnisse der Untersuchung zusammengefasst werden, erstellt.

3.2.2 Teilschritt 2 – Detailanalyse

Die Teilschritte der Detailanalyse (Abb. 3.14) unterscheiden sich im wesentlichen durch den deutlich engeren Fokus auf die Teilsysteme des Auftraggebers. Es wer-den Abteilungen oder Bereiche untersucht, um die einzelnen für ein Real Estate und Facility Management notwendigen Leistungen zu erkennen und zu isolieren.

Ein Ziel der Detailanalyse ist die Priorisierung der zu erarbeitenden Teilleis-tungen sowie die detaillierte Erfassung/Erstellung der für die Fachexpertise benö-tigten Informationen. Diese umfassen z.B. die erkannten Einsparpotenziale und Verbesserungsmöglichkeiten einer bestimmten Teilleistung und bilden als Ab-schluss des Teilschritts 2 den Anforderungskatalog für die Fachexpertise bei ein-zelnen Leistungen.

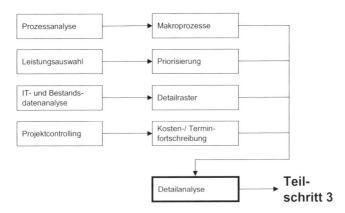

Abb. 3.14. Teilschritt 2 – Detailanalyse

Prozessanalyse

Die Prozessanalyse (Abb. 3.15) umfasst die Betrachtung von erfolgskritischen und signifikanten Geschäftsabläufen und Arbeitsvorgängen, Geräteeinsatz, Hilfsmitteleinsatz, Vorhaltungen usw. Die Analyse hilft einerseits unproduktive und ineffiziente Arbeitsabläufe aufzudecken und evtl. Unter- bzw. Überkapazitäten abzustimmen.

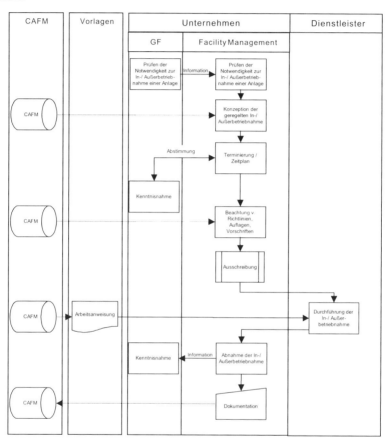

Abb. 3.15. Beispiel eines Makroprozesses In- und Außerbetriebnahme

Andererseits werden die Möglichkeiten der Neuregelung einer effektiveren Zusammenarbeit aufgezeigt sowie die Übertragung der Ergebnisse auf Schnittstellenbereiche geprüft. Die Untersuchung und Analyse der Abläufe geschieht abhängig vom Bedarfsfall mit folgenden Methoden:

- Erstellung von Arbeitsablaufanalysen in zentralen Arbeitsbereichen,
- Bestandsaufnahme der verwendeten Geräte, Hilfsmittel, ihres Ausnutzungsgrades und ihrer qualitativen wie quantitativen Leistungsfähigkeit und
- Arbeitsgespräche mit den Mitarbeitern.

Bei der grundlegenden Bewertung der Arbeitsprozesse sind u.a. folgende Fragestellungen zu beantworten:

• Sind die Arbeitsmethoden der einzelnen Arbeitsgruppen klar definiert?
• Sind Verantwortlichkeiten und Kompetenzen eindeutig geregelt?
• Ist die Zusammenarbeit der einzelnen Gruppen (Schnittstellen) klar geregelt?
• Bestehen Leerlaufzeiten, Reibungsverluste und Umwege?
• Wo und in welchem Umfang überschneiden sich Arbeitsprozesse zwischen den Organisationseinheiten?
• Welche Methoden und Planungsgrundlagen werden zur Arbeitsvorbereitung angewendet bzw. liegen vor?

Nachdem die Prozesse analysiert wurden, erfolgt eine Neugestaltung mit folgenden Zielen:

• einer ergebnisorientierten statt funktionalen Arbeitsteilung, einer kontinuierlichen Qualitätsverbesserung und ganzheitlichen Bearbeitung,
• der Reduzierung des Kontroll- und Abstimmungsaufwandes,
• Optimierung der Abläufe durch Technik-Unterstützung sowie Beschleunigung der Entscheidungsprozesse.

Leistungsauswahl

Gemäß der Beschreibung von Leistungsmerkmalen ist eine Auflistung vorzunehmen, in der die für die Fachexpertise relevanten Teilleistungen aufgezeigt werden und eine entsprechende Gewichtung vorgenommen wurde. Für die Auswahl der zu untersuchenden Teilleistungen sind die nachfolgend dargestellten Parameter zu beurteilen. Die Leistungen sind nach Abb. 3.16 zu bewerten.

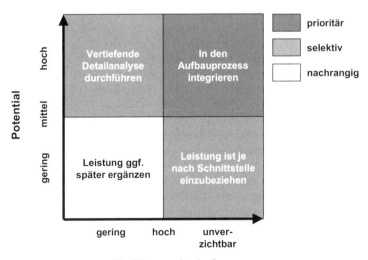

Abb. 3.16. Portfolio-Matrix zur Auswahl und Priorisierung der zu untersuchenden Teilleistungen

Der Einführungsbedarf im Sinne des Beziehungsgefüges der Teilleistung ist je nach Beziehung als unverzichtbar, hoch oder gering einzustufen und ggf. zu einem späteren Zeitpunkt erforderlich. Die Gewichtung der Leistungsauswahl erfolgt weiterhin nach den auf der Basis der Grundlagenermittlung gewonnenen Ergebnisse und dem eingeschätzten Potenzial. Das Potenzial der Teilleistung ist eher hoch, mittel oder gering einzustufen.

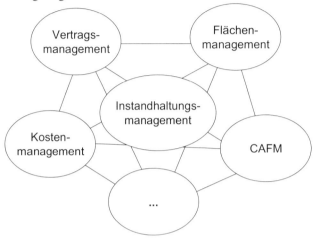

Abb. 3.17. Leistungsbeziehungen am Beispiel der Teilleistung Instandhaltungsmanagement

Teilleistungen, die in dieser Auswahl als prioritär eingestuft werden sind unbedingt in den weiteren Aufbauprozess zu integrieren und in der Folge sowohl der Detailanalyse, als auch der Fachexpertise zu unterziehen. Selektive Leistungen sind bei hohem Potenzial zunächst nur im Detail zu analysieren. Ihre Aufarbeitung kann auch zu einem späteren Zeitpunkt durchgeführt werden. Weiterhin können Leistungen selektiv sein, deren Potenzial zwar gering, aber aufgrund ihrer direkten Abhängigkeit und Beziehung zu anderen Teilleistungen mit in den Einführungsprozess aufgenommen werden müssen. Letzteres kann (Abb. 3.17) beispielsweise im Vertragsmanagement vorkommen, in welchem die Potenziale nur gering einzustufen sind, die Leistung jedoch im Zusammenhang mit einem Instandhaltungsmanagement unmittelbar mit eingeführt werden muss.

Fortschreibung der Informationstechnologie und Bestandsdaten

Das Ziel der Fortschreibung liegt nicht in der Erstellung einer umfassenden Lösung, sondern vielmehr in der Ableitung des Handlungsbedarfes. D.h. es ist zu klären, welche Rolle der Themenbereich Informationstechnologie und Bestandsdaten im gesamten Reorganisationsprozess erhält und unter welchen Rahmenbedingungen die in Teilschritt 3 folgenden Fachexpertise abzuleiten ist. Die betroffenen Teilleistungen sind insbesondere das Computerunterstützte Facility Management, Zeichnungsmanagement/CAD sowie Flächenmanagement.

Die Rahmenbedingungen können als Entwurf einer ersten Systemvision unter Berücksichtigung des Gesamtmodells und der vorhandenen Basistechnologien abgebildet werden. Die in Abb. 3.18 schematisiert dargestellte Systemlandschaft zeigt die einzelnen zu integrierenden Fachkomponenten sowie eine mögliche Verbindung. Diese werden im Beispiel durch ein computerunterstütztes Facility Management (CAFM) und eine kaufmännische Software zusammengeführt.[39] Sie ist ein erstes Ergebnis, das auf Grundlage der in der Grundlagenermittlung aufgezeigten Schwächen entstanden ist.

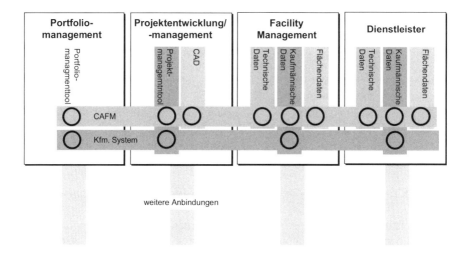

Abb. 3.18. Schematische Darstellung einer möglichen Systemlandschaft[40]

Das Detailraster in Abb. 3.19 zeigt die für die Bewirtschaftung der Liegenschaften notwendigen Informationsgruppen. In der Tiefe sind diese Gruppen nach z.B. technischen Einbauten weiter differenziert sowie die eigentlichen Informationen hinterlegt. Mit der Bewertung der Informationen, die i.d.R. als Stichprobe durchgeführt wird, zeigt sich einerseits ob die Daten in ihrer Quantität vorliegen und andererseits ob eine Qualität gegeben ist, die den zukünftigen Anforderungen genügt. Im Beispiel zeigt sich, dass die quantitativen Angaben mit der stichprobenartigen Erhebung nicht übereinstimmen. Weiterhin sind wesentliche Informationen nicht oder nur unzureichend erfasst. Ein Ergebnis kann es daher sein, eine Vervollständigung der Bestandsdaten durch eine Aufnahme herbeizuführen.

---

[39] Projektabhängig kann diese Zusammenführung mit einer Lösung oder mehreren Systemkomponenten realisiert werden.

[40] Kamlah O, Schöne LB (2001) Entwicklung einer integrierenden IT-Vision für komplexe Immobilienunternehmen. Vortrag zur Strategieentwicklung. Nicht veröffentlicht.

			Informationsgruppe	erfasst	Qualität	Erläuterungen
	A1		Allgemeine Daten			
	A2		Personal			
Infrastruktur	I1		Geländeteile			
	I2		Bauliche Anlagen			
	I3		Gebäudeflächen			
	I4		Raumflächen			
	I5		Oberflächen			
	I6		Information/Kommunikation			
	...					
Technik	T1		Gebäudetechnik			
	T2		Raumtechnik			
	T3		Einbauten/Inventar			
	T4		Anschlüsse			
	T5		Beleuchtung			
		T5.1	Deckeneinbauten			
		T5.2	Niedervolt-Anlagen			
			T5.2.1	*Bezeichnung*	+	+	
			T5.2.2	*Anzahl*	+	-	Anzahl nach Stichprobe unzuverlässig
			T5.2.3	*Typ / Best.Nr*	-		
			T5.2.4	*Hersteller*	+	+	
			T5.2.5	*Lieferant*	-		
			T5.2.6	*Leuchtmittel (Typ, Farbe, Watt)*	-		
			T5.2.7	*Versorgungstrafo (Typ, Watt)*	+	-	Modifikationen nicht erfasst
			T5.2.8	*Leuchtenzahl pro Trafo*	-		
			T5.2.9	*Anzahl Schaltkreise Raum*	-		
			T5.2.10	*Lichtsteuerung*	-		
			T5.2.11	*Versorgungsbereich (Verteiler)*	+	-	Modifikationen nicht erfasst
		T5.3	Vorschaltgeräte			
		T5.4	Schalter, Taster, Dimmer			
		T5.5	Sonstige			
	T6		Türen/Fenster			
	T7		Entsorgung			
	...					
Kosten	K1		Vermietung			
	K2		Nutzer			
	K3		Nutzungskosten			
	K4		Verträge			
	K5		Gebäudewerte			
	K6		Gebäudeverwertung			
	...					

Abb. 3.19. Auszug aus dem Detailraster für Bestandsdaten

Projektfortschreibung

Die Projektkosten und -termine werden mit der Leistungsauswahl in der Detailanalyse und folglich der Ermittlung der Einzelkosten im Übergang zur Fachexpertise fortgeschrieben. Die wesentlichen Merkmale sind einerseits die Soll-/Ist-
Vergleiche bereits erfolgter Leistungen, insbesondere des Teilschrittes Grundlagenermittlung sowie andererseits die detailliertere Gliederung der Teilleistungen,
die aufgrund ihrer Potenzialeinschätzung der Fachexpertise unterzogen werden.

In Abb. 3.20 (beispielhafter Projektstand Oktober) wurde das Projektbudget als Kostendeckel aufgenommen. Seine Überschreitung ist unverzüglich dem Auftraggeber zu berichten, zu begründen und Gegenmaßnahmen vorzulegen. Darüber hinaus sind die bereits abgeschlossenen Teilschritte Grundlagenermittlung sowie Detailanalyse mit ihren Ist-Kosten abgebildet. Die vormals als Fachexpertisen bezeichneten Leistungen des Teilschrittes 3 sind mit der Fortschreibung durch die ausgewählten Leistungen im Beispiel Teilleistung A und B ersetzt worden. Das aufgeführte Beispiel ist in der Umsetzungsphase des Teilschrittes 4 weiterhin mit den Controllingkosten dargestellt worden.

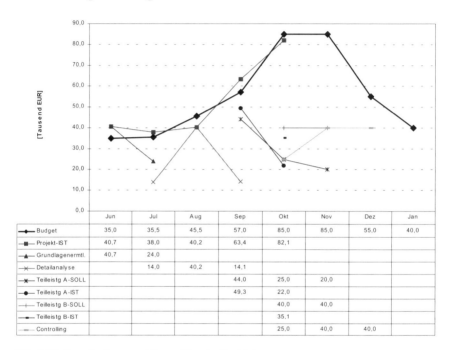

Abb. 3.20. Fortschreibung und Controlling der Projektkosten

In Abb. 3.21 sind mit der Fortschreibung die Gliederungspunkte der Teilschritte Reorganisation und CAFM hinzugefügt worden. Eine weitere Aufschlüsselung ist im Rahmen des Projektcontrollings und zu diesem Zeitpunkt nicht notwendig, da die vollständige Terminplanung nicht zentral geführt, sondern in den einzelnen Teams der Fachexpertisen erstellt wird. In den Gesamtprojektplan und seine Fortschreibung fließen folglich nur übergeordnete Termine sowie Meilensteine ein. Für die Erarbeitung und Ausgestaltung der einzelnen Teilleistungen im Sinne der Fachexpertise werden Projektteams gebildet. Dies führt (siehe Beispiel) zu einer mehrfach auftretenden Projektinitialisierung oder anderen gleichnamigen und -bedeutenden Leistungsbeschreibungen.

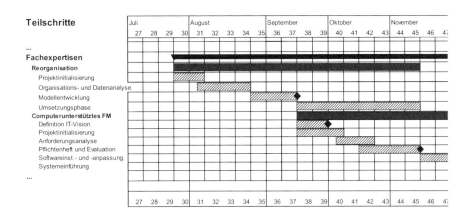

Abb. 3.21. Ausschnitt aus dem Projektterminplan (Fachexpertisen)

3.2.3 Teilschritt 3 – Fachexpertise

Der Fokus des Teilschrittes 3 Fachexpertise ist ausschließlich auf einzelne Teilleistungen gerichtet. Diese werden auch als solche möglichst losgelöst erarbeitet.
Die Einbindung der Teilleistungen in das Gesamtprojekt ist einerseits durch die
Vorgaben in Form des Anforderungskataloges und andererseits durch die Integration des Consultants[41] in diesem Teilschritt gewährleistet. Seine Aufgabe liegt hier
nicht in der Analyse und Lösungsfindung, sondern vielmehr in der Koordination,
Steuerung und Zusammenführung der Einzelaufträge.

Die Fachexpertise wird von Spezialisten, z.B. Fachplanern im Sinne des im
Teilschritt 2 Detailanalyse aufgestellten Anforderungskataloges erarbeitet. Die
fachliche Kompetenz kann im Teilschritt 3 so fach- und berufsspezifisch ausgebil-
det sein, dass die Fachexpertise nahezu ohne Unterstützung des Consultants oder
des Auftraggebers erbracht wird. Ein Beispiel ist z.B. die Teilleistung
Energiemanagement, in der hochspezialisierte Experten das Gebäude u.a. durch
energetische Simulationen oder Messungen untersuchen, Lösungen darstellen und
zur Entscheidung vorlegen. Andere Leistungen wie z.B. ein
Veranstaltungsmanagement, deren Kern mehr im Bereich der Organisation und
Prozesse liegt, können vollständig vom Consultant erbracht werden.

Die Teilschritte der Fachexpertise sind in den Kap. 6 ff dargestellt. Dies begründet sich zum einen aus den vorgenannten Bedingungen und zum anderen
durch die Möglichkeit der getrennten Optimierung und Anpassung der Teilleistung während der Nutzung. D.h. es ist auch eine separate Durchführung der Fachexpertise in einzelnen Teilleistungen denkbar.

---

[41] Im Sinne der Qualitätssicherung ist die Trennung der Kompetenzen zwischen Consulting
und Fachexpertise unbedingt einzuhalten.

3.2.4 Teilschritt 4 – Umsetzungscontrolling

Die Begleitung der Umsetzung ist abhängig von der Auswahl der Methode für den Einführungsprozess. Als mögliche Methoden zur Implementierung stehen die Direkt-, Parallel-, Probe- sowie Stufeneinführung zur Verfügung. In der Direkteinführung wird die bisherige Organisation zu einem festgelegten Termin in die künftige Struktur überführt. Mit der Paralleleinführung wird die neue Struktur in einem zeitlich definierten Parallelbetrieb zum bisherigen Liegenschaftsbetrieb eingeführt und sukzessive abgelöst. Bei der Probeeinführung wird die künftige Struktur in einer kleinen Organisationseinheit auf ihre Praxistauglichkeit probeweise getestet. Während des Übergangs kann die zukünftige Organisationsform noch verbessert und bestehende Fehler ausgeräumt werden. Eine möglichst reibungslose Implementierung ist dadurch gewährleistet. Voraussetzung hierfür ist, dass die isolierte Nutzung in einem Teilbereich möglich ist und das Ergebnis repräsentativ ausfällt. Die Stufeneinführung ist nur möglich, wenn sich die Prozessgestaltung der künftigen Struktur in selbständige Teilbereiche gliedern lässt. Hierdurch wird das Einführungsrisiko vermindert. Voraussetzung ist ein modularer Aufbau der zentralen und dezentralen Bereiche. In der Phase der Einführung sind folgende Leistungen zu erbringen:

- Beratende Begleitung (Coaching),
- Kontinuierliche Projektverfolgung anhand der Berichte der Teilprojekte,
- Analyse von Soll-Ist-Abweichungen und Erarbeitung von Handlungsempfehlungen und
- Unterstützung bei der Definition neuer und Steuerung bestehender Teilprojekte.

Mit Beginn der Umsetzung beginnt auch die Betriebsphase je nach gewählter Einführungsmethode unterschiedlich intensiv. D.h. nunmehr entscheidet sich die Qualität der geplanten Reorganisation in der Bewirtschaftungspraxis. Die Verantwortung für den erfolgreichen Auftakt liegt ausschließlich beim Projektteam. Erst mit der Abnahme geht die Verantwortung an die neue Organisationsform des Auftraggebers oder eine neue Unternehmung über. Ein weiterer Schwerpunkt der Inbetriebnahme des Managementsystems liegt in der Durchführung von Schulungen und Informationsveranstaltungen. Die Schulung der Mitarbeiter in der neuen Organisationsform sollte durch den integrierten Berater vorgenommen werden, der zum Zeitpunkt der Umsetzung/Einführung in der Rolle des Coachs und Moderators wiederzufinden ist. Durch Informations- und Schulungsveranstaltungen, Konferenzen, Rund- sowie Anschreiben, internen und externen Veröffentlichungen werden die aktuellen und zukünftigen Maßnahmen transparent dargestellt.

4 Projektentwicklung – Consulting während der Konzeption

Immobilien-Investitionsentscheidungen ziehen hohe und langfristige Kapitalbindungen für den Investor nach sich. Die finanziellen Konsequenzen aus dem eingegangenen Engagement sind i.d.R. außerordentlich hoch. Treten die erwarteten Erträge in ihrer Höhe nicht ein, so kann unter Umständen eine Endfinanzierung der Immobilie nicht im ausreichenden Maße dargestellt werden. Die damit verbundenen wirtschaftlichen Konsequenzen für Projektentwickler, Bauträger, Investoren und Banken sind gerade in den letzten Jahren durch Insolvenzen bedeutender Projektentwickler und durch Bankensanierungen der Öffentlichkeit bewusst geworden.

Ist erst einmal eine Bauentscheidung getroffen, die Planungs- und Bauarbeiten begonnen, sind nachträgliche Modifikationen an der Gesamtkonzeption nicht oder nur unter hohen zusätzlichen Investitionsaufwendungen möglich. Die optimale Bewirtschaftung und Gebäudeeffizienz durch ein Real Estate und Facility Management setzt folglich voraus, dass dieses bereits konzeptionell in die Projektentwicklung der Immobilie einbezogen wird. Die Flächeneffizienz wird maßgeblich durch den Anteil der vermietbaren Fläche an der Gesamtfläche bzw. deren Vermietbarkeit, die Drittverwendungsfähigkeit sowie Nutzungs- und Flächenflexibilität beeinflusst. Letztere kann z.B. bei einer erforderlichen Neutralplanung zur Gewährleistung der Nutzungsflexibilität gelten. Dabei sind die dadurch verursachten Mehrkosten bei den Erstinvestitionen den Einsparungen bei den Nutzungskosten sowie den Chancen im operativen Facility Management einander gegenüberzustellen.

Die Ausstattungs- und Serviceeffizienz wird durch das Kosten-Nutzen-Verhältnis der Gebäudeausstattung beziehungsweise Dienstleistungen geprägt. Aus den vorgenannten Einflüssen resultiert die Bewirtschaftungseffizienz, die sich in der zu prognostizierenden und später der realen Höhe der Bewirtschaftungskosten wiederspiegelt. Weiterhin ist die Aufgabe des strategischen Facility Managements darin zu sehen, dass frühzeitig alle bewirtschaftungsrelevanten Daten vom Planungsbeginn an nach logisch aufgebauten und für die Nutzungsphase verwendbaren Strukturen dokumentiert werden. Die interdisziplinäre Datendokumentation ab Planungsbeginn in z.B. einem Gebäude- und Raumbuch bzw. System vermeidet eine erneute Bestandsaufnahme nach der Übergabe bzw. Inbetriebnahme und gewährleistet damit die dauerhafte Verwendung aller bereits verwendeten Daten über die Gebäudefertigstellung hinaus.[42]

4.1 Geschäftsfeldentwicklung

Die Ausgangssituation eines Projektentwicklers für ein neues Projekt ist gleichbedeutend mit dem Startup eines neuen Unternehmens – einem Unternehmen auf Zeit. Für eine Unternehmensgründung verlangen die Investoren die Erstellung eines Businessplans. Diese Anforderung ist für jedes neue Projekt abzuleiten. Der nachfolgend dargestellte Businessplan gilt für jede Immobilie und ist entsprechend der projektspezifischen Rahmenbedingungen zu modifizieren.

1.	**Zusammenfassung**
2.	**Zieldefinition der Initiatoren**
3.	**Märkte**
4.	**Konkurrenzanalyse / Vergleichsprojekte**
5.	**Immobilienprodukt**
6.	**Marketingkonzept**
7.	**Realisierungskonzept**
8.	**Risikomanagementsystem**
9.	**Investitions- und Erlösplanung**

Abb. 4.1. Inhaltsübersicht des Businessplans Projektentwicklung

Die Erarbeitung des Businessplanes vollzieht sich in mehreren Schritten, die in einer Projektvorbereitungsphase erarbeitet werden. Da sich die einzelnen Kapitel wechselseitig beeinflussen, stellt sich die Bearbeitung als ein iterativer Prozess dar, an dessen Ende eine Grundsatzentscheidung zum Eintritt in die nächste Stufe der Projektrealisierung steht.

---

[42] Vgl. Löwen W (1997) Industrial Facility Management. Teile 1 bis 4, In: Der Betriebsleiter, Heft 3, 5, 6 und 9

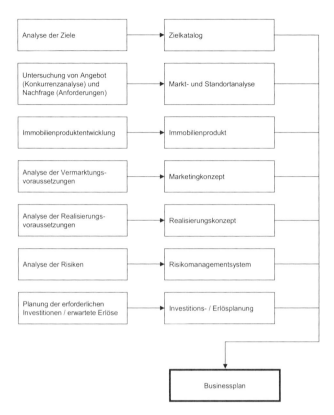

Abb. 4.2. Fachexpertise zur Geschäftsfeldentwicklung

4.1.1 Zielkatalog

Ähnlich wie bei einer Unternehmensgründung müssen zunächst die Zielvorgaben und die Randbedingungen betrachtet werden. Im dargestellten Businessplan ist das Produkt des Unternehmens ein Immobilienprodukt. Dieses Produkt beinhaltet die Formulierung eines Leitbildes, Entwicklung verschiedener Produktvarianten (Nutzungsmix) und die Aufdeckung der Nutzenaspekte für die Zielgruppen.

Je nach Projektentwickler und Randbedingungen sind die Kooperationsstrategien zu entwickeln und die Entwicklung von Konkurrenzprojekten zeitlich und inhaltlich zu berücksichtigen. Im Falle eines einzelnen Projektes ist der Zielkatalog im wesentlichen mit dem Nutzerbedarfsprogramm identisch (siehe Kapitel 4.4). Bei der Realisierung von mehreren Projekten unterschiedlicher Nutzungsausrichtung bis hin zu ganzen Stadtteilen gelten weitergehende Überlegungen.

4.1.2 Markt- und Standortanalyse

Die Zusammensetzung des Immobilienmarktes in seinen regionalen und überregionalen Zusammenhängen ist bei der Markt- und Standortanalyse zu bedenken. Dies gilt insbesondere für die realistische Einschätzung von Zukunftsszenarien. Je nach Immobilienart (Büroimmobilie, Wohnimmobilie etc.) definieren sich andere Parameter zur Einschätzung von Zukunftsszenarien. Dies gilt auch für die Prognose über künftige Trends in den Bedürfnissen und Wünschen der Investoren bzw. Nutzer. Folgende Fragestellungen sind zu klären:

Wie definieren sich die Anforderungen konkret und wie wird sich der Markt (Nachfrage) in den nächsten Jahren entwickeln? Bis zu welchem Zeithorizont können stabile Prognosen abgegeben werden, wie sind die politischen Randbedingungen im Projekt und dem gegebenen Umfeld zu bewerten?

Diese Betrachtung ist ohne die Einbeziehung von bestehenden Konkurrenzprojekten (Angebot) unvollständig. Welche Projekte entstehen als Konkurrenz in den entscheidenden Zeitfenstern? Welcher Nutzungsmix entsteht in den Konkurrenzprojekten in welcher Größenordnung und wie beeinträchtigt dieser den Markt (Mietzins)?

4.1.3 Immobilienprodukt

Bei den nachfolgend dargestellten Abläufen geht es um die Entwicklung eines Projektes, welches unter den analysierten Marktbedingungen den größten Erfolg bringen soll. Zunächst ist, ein Leitbild (Zieldefinition) zu entwerfen und daraus konkrete Alternativen / Szenarien abzuleiten. Es muss analysiert werden, welche Wertschöpfungspotenziale mit dem zu entwickelnden Grundstück realisiert werden können. Bei sehr großen Projekten, die innerhalb bestehender Stadtstrukturen implementiert werden, gilt es auch zu analysieren, welche Nutzenstiftung das Projekt für die Bevölkerung, Stadtteile und Region bringt. Eine ausschlaggebende Bedeutung für den Wertzuwachs hat die Qualität der Projektentwicklung im Hinblick auf die Nachhaltigkeit des Grundkonzeptes. Aus diesen vielfältigen Überlegungen wird eine Gesamtstrategie für das Immobilienprodukt formuliert und verbindlich verabschiedet.

4.1.4 Marketingkonzept

Die Ergebnisse der Markt- und Standortanalyse zeigen die Alleinstellungsmerkmale des Produktes auf und wie die Botschaften an die Zielgruppen herangetragen werden können. Die daraus zu formulierende Marketingstrategie erfordert eine Vielzahl von Einzelaktivitäten. Zum Zeitpunkt des Projektstarts sind, die dafür notwendigen Voraussetzungen in der Aufbauorganisation sowie die notwendigen Schritte zur Erstellung des Marketingkonzeptes zu verabschieden.

4.1.5 Realisierungskonzept

Das Realisierungskonzept beinhaltet nicht nur die Termin- und Ablaufplanung des Projektes, sondern auch je nach Größenordnung die Logistik des Gesamtprojektes. Des Weiteren sind die planungsrechtlichen Randbedingungen in die Realisierungsüberlegungen einzubeziehen. Der Investor muss sich organisatorisch auf die Abwicklung des Projektes einstellen und die erforderlichen Maßnahmen veranlassen.

4.1.6 Risikomanagement

Wie spektakuläre Fälle in der Vergangenheit zeigten, birgt eine Projektentwicklung Risiken. Der Begriff und die Bedeutung des Risikos gewinnt in Projekten allerdings immer mehr an Bedeutung – nicht zuletzt durch die Forderungen der finanzierenden Banken – ein aktives Risikomanagement in den Grundlagen der Projektabwicklung zu installieren. Dabei geht es um die Definition bestehender Risiken, der Bewertung erkannter Risiken auf Eintrittswahrscheinlichkeit und die Ableitung von aktiven Instrumenten zur Risikosteuerung und -minimierung.

4.1.7 Investitions- / Erlösplanung

Bei der Investitionsplanung wird ermittelt, welche Mittel für die Projektentwicklung erforderlich werden. Die Erlösplanung befasst sich mit den zu erwartenden Einnahmen durch die Projektentwicklung. In diesem Zusammenhang muss auch überlegt werden, welche Aktivitäten der Projektentwicklung bzw. tangierenden Maßnahmen eine Wertschöpfung auslösen.

4.2   Vorbereitung der Projektentwicklung

Alle nachstehend aufgeführten Aktivitäten der Projektentwicklung dienen der Vorbereitung der operativen Planung und Ausführung. Zur Umsetzung eines Projektes bedarf es organisatorischer Strukturen, die durch den Projektentwickler abzuleiten sind. Dies erfolgt in Linienfunktionen (bezogen auf die einzelnen Immobilienprodukte), als auch in erforderlichen Querschnittsfunktionen, um die übergreifenden Aspekte der Immobilienentwicklung abzudecken.

Die nachfolgend dargestellten Querschnittsfunktionen Koordination, Recht, Technik, Baulogistik, Architektur, Immobilienwirtschaft, Controlling, Vermarktung sowie Öffentlichkeitsarbeit werden bei Property-Companies entweder mit eigenem Personal oder auch unter Einbeziehung eines Dienstleisters wahrgenommen.

Die zu erbringenden Leistungen werden in Abb. 4.3 angesprochen und kommentiert.

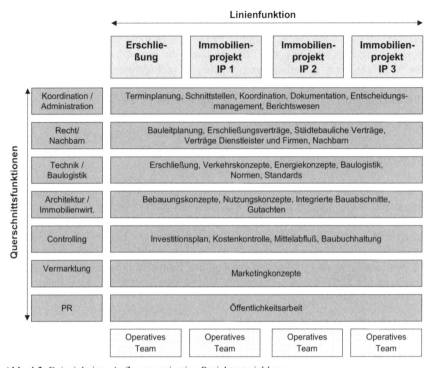

Abb. 4.3. Beispiel einer Aufbauorganisation Projektentwicklung

Koordination / Administration

Unabhängig von der gegebenen Linienfunktion ist eine Koordination zwischen den einzelnen Projekten erforderlich, damit das strategische Leitbild der Immobilienentwicklung, die verschiedenen Schnittstellen zwischen den Projekten eindeutig definiert und verträglich abgestimmt werden.

Des Weiteren sind projektübergreifende Entscheidungen zum Gesamtkonzept zu koordinieren und ein einheitliches Berichtswesen aufzubauen. Wesentlich für die effiziente Projektabwicklung ist eine an die Organisation angepasste Kommunikationsstruktur, in die alle Beteiligten hinreichend eingebunden sind. Damit alle wichtigen Informationen aktuell und jederzeit verfügbar sind, besteht die Notwendigkeit einer durchgängigen Ablagestruktur mit Hilfe der Integration eines DV-gestützten Informationsmanagements.

Ein zentrales Aufgabenfeld der Koordination ist die Schaffung einer zentralen Anlaufstelle, die in Person des Projektleiters installiert wird. Eine Projektabwicklung ist ohne eine zentrale Koordinationsstelle durch die innerhalb einer geschlossenen Projektorganisation unterschiedlichen Interessenlagen kaum durchzuführen und folglich Projektstörungen kaum zu vermeiden.

Recht / Nachbarn

Die aus dem rechtlichen Bereich resultierenden Aufgaben sind i.d.R. so umfassend, dass die Einbindung einer Rechtsberatung notwendig ist. In Ergänzung des interdisziplinären Teams hat sie die Aufgabe, alle erforderlichen Dienstleister- und Planerverträge in Abstimmung mit der Projektkoordination bzw. dem Investor zu erstellen. Darüber hinaus entstehen Aufgaben aus der Klärung der bauordnungs- sowie baugenehmigungsrelevanten Fragestellungen.

Technik / Baulogistik

Die Entwicklung eines neuen Areals erfordert eine Planungsbegleitung durch einen Verkehrsplaner, der in Abhängigkeit der bestehenden planungsrechtlichen Erfordernisse eine optimale Verkehrserschließung konzipiert und eine wesentliche Grundlage für eine erfolgreiche immobilienwirtschaftliche Konzeption darstellt.

Weiterhin besteht die Notwendigkeit einer geordneten, wirtschaftlichen Konzeption der Energieerschließung, die sich aus der Bewertung alternativer Planungen ergibt. Ein wesentlicher Aufgabenpunkt entsteht in der Entwicklung der gesamten Erschließung (Straßen, Wasser, Abwasser, Strom, Wärme, Kälte Telekommunikation) und evtl. Bauprovisorien. Ebenfalls muss die gesamte Logistik der Bauabwicklung konzipiert werden. Je nach Leitbild der Gesamtenwicklung ist es sinnvoll, Normen und Standards als Vorgabe für die Planung in einigen ausgewählten Bereichen zu verwenden, um die Umsetzung einer durchgängigen Lösung zu gewährleisten.

Architektur / Immobilienwirtschaft

Aufbauend auf den Vorgaben der planungsrechtlichen, städtebaulichen Randbedingungen müssen detaillierte Planungslösungen für das Gesamtareal entworfen und für Teilbereiche differenziert werden. Damit verbunden ist die Notwendigkeit einer strategischen Verhandlungsführung gegenüber den kommunalen Ansprechpartnern. Die Durchführung dieser Aufgabe benötigt sowohl städtebauliche, architektonische als auch planungsrechtliche Kompetenz.

Controlling

Jedes Projekt benötigt Investitionen und verursacht Kosten. Die Kostenstrukturen sind im Sinne der Abwicklung und Aktivitäten des Controllings, analog des Terminmanagements im Projektmanagement zusammenzuführen.

Vermarktung

Wie beim Businessplan dargelegt, ist ein Marketingkonzept zu entwerfen, das in der ersten Phase den Entwurf eines Anforderungsprofils für das zu erstellende Markt- und Standortgutachten und der Erarbeitung der Vorgehensweise zum Gewinnen der Marktdaten sowie der Fortschreibung des Datenbestandes enthält.

Öffentlichkeitsarbeit

Die Öffentlichkeitsarbeit hat einen ganz entscheidenden Einfluss auf den Erfolg eines Projektes. Dies bedarf der Notwendigkeit eindeutiger Festlegungen in der Aufbau- und Ablauforganisation sowie eines Kommunikationskonzeptes mit der Festlegung funktionsfähiger Schnittstellen zwischen den Projektbeteiligten. Weiterhin ist ein Frühwarnsystem einzurichten, das zeitnah auf notwendige Informationsbedürfnisse und -freigaben hinweist. Dazu gehört ein professionelles Monitoring der Lokal- und Fachpresse, eine überregionale Pressearbeit – in Abstimmung mit der übergreifenden Unternehmenskommunikation des Investors – und die zielgerichtete Konzeption und Organisation von Nachbarschaftsaktivitäten.

Anknüpfend an die Erläuterungen zur Geschäftsfeldentwicklung müssen in der Projektvorbereitungsphase die Voraussetzungen und Grundlagen für die Projektentwicklung geschaffen werden.

Dies gilt insbesondere für die erforderlichen Investitionskosten, die Abstimmung der Strukturen für die Kostenermittlung und voraussichtlichen Erlöse, die Fortschreibungsmechanismen, die Kostendaten und das damit einhergehenden Freigabeprocedere. Ebenso bedeutsam sind die angestrebten Terminziele, das immobilienwirtschaftlich angestrebte Leitbild bis hin zur Vorstellung über eine geeignete Marktauftrittsstrategie.

Eine Vielzahl von projektvorbereitenden Aufgaben liegen in den technischen Fragestellungen. Dies betrifft einerseits die optimale Anbindung des Areals an die Verkehrsadern und auch die Konzeption einer einwandfreien Logistik für die operative Abwicklung.

In Abb. 4.4 ist die Struktur der Aufgaben dargestellt, die nachfolgend erörtert wird.

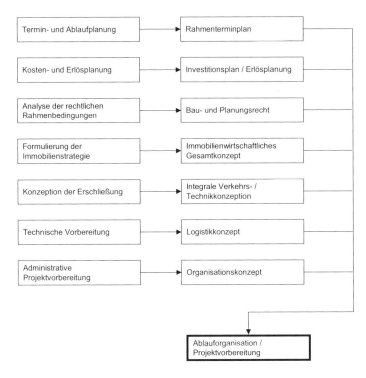

Abb. 4.4. Fachexpertise zur Vorbereitung der Projektentwicklung

4.2.1 Termin- und Ablaufplanung

Analog zur gezeigten Aufbauorganisation strukturiert sich der Rahmenterminplan in verschiedene Immobilienprojekte, die vorlaufenden Aktivitäten der Projektvorbereitung, das Bau- und Planungsrecht, die abhängigen Baumaßnahmen und den die aus der Öffentlichkeitsarbeit bzw. Marketing resultierenden Aufgabenstellungen. Die Systematik der weiteren Terminplanebenen ist in Abb. 4.5 zusammenfassend dargestellt.

Der Aufbau des Rahmenterminplans ist in der Anlaufphase zwingend erforderlich, um zunächst Projektstrukturen zu bilden und die Einzelvorgänge je Projekt formulieren zu können. Die Einzelvorgänge sind weiter zu differenzieren, abhängige Maßnahmen zu erkennen und übergreifende Vorgänge festzulegen, um eine verständliche, für weitere Projektbeteiligte nutzbare Abwicklungsstruktur zu erhalten. Auf Basis des Generalterminplanes werden von den Organisationseinheiten für die verschiedenen Teilprojekte weitere Steuerungsterminpläne aufgebaut. Die Strukturen müssen mit dem Rahmenterminplan kompatibel sein, um ständig den Soll-Ist-Vergleich im Hinblick auf wesentliche Vorgänge zu ermöglichen. Die städtebauliche Struktur der Entwicklungsmaßnahme ist in einzelne Abschnitte zu gliedern, die davon abhängig sind, welche Projektteile vom Investor in Eigenregie erstellt oder welche Grundstücke möglicherweise verkauft werden. Dieses Grobkonzept ist die Basis für Logistiküberlegungen, die einerseits für die Öffentlichkeitsarbeit und andererseits auch später zur Erlangung der Genehmigungen zwingend erforderlich sind.

Systematik der Terminplanebenen

Terminpläne	Ziele	Inhalte	Detaillierung	Ersteller
Ebene 1 Rahmenterminplan	• Darstellung der Projektziele in Abhängigkeit zur Projektdauer • Terminlicher Gesamtüberblick • Verbindliche Gesamtterminrahmenvorgabe	• Festlegung der Grundstruktur auf Basis der Immobilien Projekte (IP) bzw. Themenbereiche • Erfassen der wesentlichen Projektvorgänge • Rahmenterminvorgabe der wesentlichen Projektvorgänge	• Geringe Detaillierungstiefe • Maximal 50 übergeordnete Vorgänge entsprechend der Terminplanstruktur	PM
Ebene 2 Generalterminplan	• Höhere Informationsdichte • Sichtbarmachung von Abhängigkeiten • Festlegung von Meilensteinen	• Differenzierung des Gesamtterminplans • Gliederung der wesentlichen Projektvorgänge in Einzelvorgänge • Aufschlüsselung der Rahmenterminvorgaben in Einzelzeiträume • Erfassen von Einzelterminen für Meilensteine	• Höhere Detaillierungstiefe als Rahmenterminplan • Angabe von Abhängigkeiten • Aufnahme von Meilensteinen • Aufsplittung der übergeordneten Vorgänge in bis zu 150 Teilvorgänge	PM
Ebene 3 Steuerungsterminplan / Detailterminplan	• Integration der Projektbeteiligten in den Terminablauf	• Basis Generalterminplan • Erfassen der wesentlichen Veranlassungen durch Projektbeteiligte • Aufzeigen der Schnittstellen unter den Projektbeteiligten	• Höhere Detaillierungstiefe als Generalterminplan • Einfügen von Einzelterminen	PM/ Sonstige

Abb. 4.5. Systematik der Terminplanebenen

Der in Abb. 4.6 dargestellte, komprimierte Rahmenterminplan gliedert sich in verschiedene übergeordnete Vorgänge, die den Rahmen der nachfolgenden Erörterungen bilden.

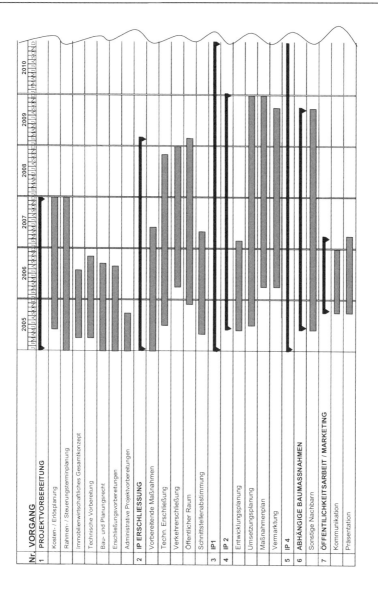

Abb. 4.6. Komprimierter Rahmenterminplan

4.2.2 Kosten- und Erlösplanung

In der Kosten- und Erlösplanung ist ein differenzierter Kostenrahmen für die einzelnen Projekte zu erstellen, die alle durchzuführenden Maßnahmen der Erschließung und die dafür notwendigen Planungen sowie die konzeptionellen Vorarbeiten im Bereich der Entwicklungsplanung beinhalten. Diese, in einem Investitionsplan zusammengefassten Einzelansätze, müssen entsprechend den vorgegebenen Anforderungen an die Anlagenbuchhaltung strukturiert werden. Ebenfalls sind die bestehenden Strukturen der Erlösplanung für Mieteinnahmen, Grundstücksverkäufe oder Verkäufe von selbst entwickelten und erstellten Bauvorhaben zu berücksichtigen.

Der mit der Investitionsplanung einhergehende Aufbau der Organisationsstrukturen ist auf die notwendige Kostenplanung und -kontrolle abzustimmen und muss den nachfolgend aufgeführten Szenarien gerecht werden:

- Jointventure-Vereinbarungen mit einem oder mehreren Partnern,
- Eigeninvestitionen,
- Verkauf von Grundstücksteilen,
- Gründung von Betreibergesellschaften für profitable Nutzungsarten (z.B. bei Parkhausprojekten),
- Centermanagementaktivitäten,
- Vermietung oder Verkauf von Immobilienprojekten,
- Geschlossene bzw. offene Immobilienfonds.

4.2.3 Immobilienwirtschaftliche Gesamtkonzeption

Die Formulierung eines immobilienwirtschaftlichen Gesamtkonzeptes für die Entwicklungsmaßnahme ist Voraussetzung zur Ableitung einer Vermarktungsstrategie und gliedert sich in die nachfolgend dargestellten Aktivitäten.

Angebots- und Nachfrageanalyse (Marktstudie)

Im Verlauf der Projektentwicklungsphase sind die Grundlageninformationen über den Immobilienmarkt zu erarbeiten, um für die zu treffenden Entscheidungen eine Grundlage zu haben. Im Rahmen der Projektvorbereitungsphase sind deshalb erste Grobanalysen der Immobilienentwicklung (Produktdefinition) unter den Rahmenbedingungen des Immobilienmarktes durchzuführen. Des Weiteren muss ein Anforderungsprofil und Leistungsbild für das zu erstellende Markt- und Standortgutachten erstellt werden.

Weitere Aktivitäten der Projektvorbereitungsphase:

- Vorschlag und Auswahl von Vergleichsobjekten, Entwurf einer methodischen Vorgehensweise zur Durchführung der Analyse, Definition von Bewertungsparametern, Bewertungskriterien, Ableitung von Entscheidungskriterien einschließlich Gewichtungsvorschlag / -analyse,
- Grundlagenermittlung zu vorhandenen Markterhebungen / Klärung des Bedarfes zur Betrachtung überregionaler Immobilienmärkte,
- Auswahl der Instrumente zur Pflege / Fortschreibung der Marktstudie.

Hinsichtlich der Marktstudie sind folgende Fragestellungen zu bearbeiten: Wie ist die momentane Marktsituation, wie wird die zukünftige Marktsituation sein? Welche Entwicklungstendenzen sind festzustellen? Welche Zielgruppen bestehen für das Projekt? Welche Konkurrenzprojekte sind im direkten und im weiteren Umfeld auszumachen? Welchen Einfluss werden diese auf das hier betrachtete Projekt haben. Welche Mieterlöse sind erzielbar, welche Szenarien und Einflussfaktoren sind prognostizierbar und für welchen Betrachtungszeitraum können solche Prognosen eine sichere Ausgangsbasis sein. Welche Projekte kommen zu welchem Zeitpunkt auf den Markt und welche Konkurrenzsituationen können für das eigene Projekt entstehen? Inwieweit werden die Mieterwartungen negativ beeinflusst?

Monitoring

Der Aufbau und die regelmäßige Durchführung des Monitorings beinhaltet die Analyse des Projektes in verschiedenen Teilsegmenten während des Projektablaufes. Hierbei wird analysiert, wie sich der Immobilienmarkt im Hinblick auf das zu realisierende Projekt entwickelt.

Die Konzeption des Monitorings beinhaltet u.a. die Instrumentarien zur Pflege und Fortschreibung der Marktstudie:

- Laufende Presseauswertung vor dem Hintergrund der definierten Wettbewerbsprojekte im zugrundegelegten Untersuchungsgebiet,
- Erhebung der relevanten Marktzahlen in Abgleich mit den definierten Immobilienprodukten,
- Analyse qualitativer und quantitativer Veränderungen der Nachfrage,
- Beobachtung von aktuellen Mietvertragsabschlüssen, Flächengesuchen,
- Laufende Aktualisierung der statistischen Daten,
- Beobachtungen im Projektumfeld,
- Beobachtungen der Mietzinsentwicklung,
- Analyse veränderter makroökonomischer Rahmenbedingungen.

Darüber hinaus ist festzulegen, in welchen Intervallen / Zyklen die Überprüfung und Fortschreibung der Marktbedingungen durchgeführt werden soll, um rechtzeitig veränderte Markt- und Rahmenbedingungen erkennen zu können. In diesem Zusammenhang sind die Variablen wie z. B. Vermietung, Angebotsstruktur, Preise, Nachfragestruktur, Imagefaktor wesentliche Betrachtungsgrößen.

Die Erkenntnisse aus dem Monitoring bilden eine wesentliche Grundlage für die Aktivitäten zur Festlegung der gesamten Entwicklungsstrategie und der Vermarktungskonzepte, die sowohl Voraussetzung für die Eigeninvestition als auch für die Ansprache von potenziellen Investoren sind. Da wirtschaftliche, politische und andere Ereignisse u.U. einen erheblichen Einfluss auf die Entwicklung am Immobilienmarkt haben, erzeugen diese auch veränderte Vorgaben für die Projektentwicklung und müssen entsprechend den Gegebenheiten kontinuierlich, im Sinne eines Soll-Ist-Vergleiches, fortgeschrieben werden.

4.2.4 Bau- und Planungsrecht

Die Bau- und Planungsrechtbetrachtung beinhaltet alle Aktivitäten, die zur Schaffung der bau- und planungsrechtlichen Voraussetzungen für die Realisierung der Gesamtmaßnahme erforderlich sind. Sowohl für das Gesamtprojekt als auch projektbezogen für Einzelprojekte sind Erschließungsverträge mit der Stadt abzuschließen, in denen die technischen und verkehrlichen Erschließungsmaßnahmen sowie deren Übertragung auf die Stadt geregelt werden. Die städtebaulichen Verträge sind in die Gesamtstrategie der Projektentwicklung – auch unter Zuschaltung rechtlicher Kompetenz – einzubinden.

4.2.5 Konzeption der Erschließung

Für die Planung und Realisierung der Erschließungsmaßnahmen wird ein eigenes interdisziplinäres Erschließungsteam gebildet, das alle Bereiche der technischen und verkehrlichen Erschließung sowie die Gestaltung des öffentlichen Raumes abdeckt. Wesentlich für die Leistungen des Teams Erschließung sind die Vorgaben aus der Entwicklungsplanung, der Verkehrskonzeption und der Immobilienproduktentwicklung (IP-Entwicklung). Bei einem hochtechnisierten Projekt (Flughafen) wird dieser Einfluss deutlich höher sein, als beispielsweise bei einem städtebaulichen Projekt.[43]

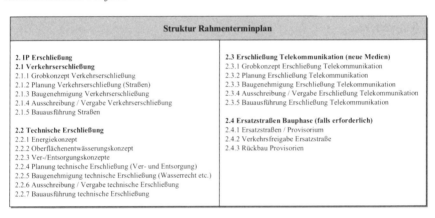

Abb. 4.7. Auszug aus dem Rahmenterminplan zum Immobilienprojekt Erschließung

Technische Erschließung

Die technische Erschließung umfasst u.a. die Medien Gas, Wasser, Wärme, Strom, Telekommunikation und Abwasser, wobei die Planung der hierzu notwendigen Anlagen bis auf die Telekommunikation und die Entwässerung möglicherweise durch einen Versorgungsträger durchgeführt und gegebenenfalls auch umgesetzt wird. In diesem Falle erfolgt durch das Erschließungsteam nur die Trassenkoordination.

---

[43] Vgl. Preuß N (1993) Der Flughafen München – eine Chance für Bayerns Infrastruktur. Vortrag zur Eröffnung der Ingenieur-Akademie Bayern (Günter-Scholz-Fortbildungswerk e.V.), Nürnberg

Verkehrserschließung

Die Planung, Ausschreibung und Realisierung der Verkehrserschließung umfasst neben den Verkehrsanlagen auch die Erschließungsstraßen sowie erforderliche Provisorien. Hierbei sind die Abhängigkeiten zu den evtl. geplanten Rampen der Einzelprojekte sowie mögliche Interimszustände für die Baulogistik zu berücksichtigen.

Öffentlicher Raum

Die Planung, Ausschreibung und Realisierung des öffentlichen Raumes beinhaltet alle Flächen des zu entwickelnden Bereiches zwischen den eigentlichen Straßen (Fahrbahnflächen) und den Grundstücksgrenzen bzw. den angrenzenden städtischen Flächen. Hier liegen ganz wesentliche Schnittstellen zur Entwicklungsplanung, den Interessen der Stadt bzw. den Planungsteams der Einzelprojekte.

Schnittstellenabstimmung

Zwischen Erschließungsteam und den Immobilienprojekten bestehen in der Regel diverse Schnittstellen wie z.B. :
- Öffentlicher Raum (Festlegung Planungsgrenzen, Abstimmung der Konzepte von Materialien bzw. von Qualitäten),
- Rampen (Lage der Rampen sowie Abstimmung der Rampendimensionen),
- Erschließung (Vorgabe von Anschlusspunkten und Anschlusswerten zur Medienerschließung/Abstimmung Erschließungsplanung),
- Logistik und Baustelleneinrichtungen (Flächenbedarf und Zeitraum, Transportmittel und Wege-/Logistikkonzept),
- Termine (Abstimmung der Ausführungstermine der einzelnen Bauabschnitte),
- Abstimmungserfordernis zur Stadt (Erschließungsvertrag, Logistikkonzept, Baugenehmigungen),
- Abstimmungen mit Nachbarn,
- Konkrete Schnittstellen zwischen den Planungsleistungen einzelner Beteiligter.

4.2.6 Technische Vorbereitung

Im Bereich der technischen Projektvorbereitung sei hier auszugsweise auf die Logistik- und Verkehrskonzeption hingewiesen. Die Erstellung, Abstimmung und Genehmigung eines Logistikkonzeptes ist erforderlich, um die Grundlagen für die Baugenehmigung zu schaffen, wobei die Rahmenbedingungen häufig in städtebaulichen Verträgen festgelegt sind. So fordert die Stadt i.d.R. eine schlüssige Strategie der Logistik mit dem Ziel, den die Anwohner belästigenden Verkehr durch Lastkraftwagen zugunsten umweltfreundlicher Verkehrsträger wie Schiene und Wasserstraße zu reduzieren.

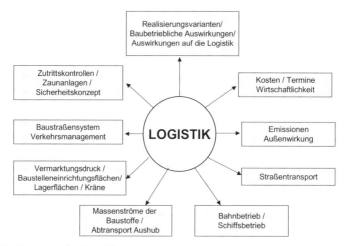

Abb. 4.8. Parameter der Logistik

Sowohl für die Einzelprojekte als auch für das Gesamtprojekt des Areals wird ein umfassendes Logistikkonzept (Abb. 4.8) erstellt, das die Ver- und Entsorgung regelt und die Konzeption der Abwicklung der Gesamtbaumaßnahme berücksichtigt. Die logistischen Abhängigkeiten, Anordnungen von Baustelleneinrichtungsflächen, Nutzung von Baustraßen, abschnittsweise zu realisierende Baumaßnahmen sind auf die Vermarktungsstrategie abzustimmen, um Behinderungen und folglich Mehrkosten zu vermeiden.

Die Erstellung und Abstimmung des Logistikkonzeptes erfolgt in verschiedenen Detaillierungsstufen, die mit den zuständigen Genehmigungsbehörden abgestimmt werden. Eine einwandfreie öffentliche Verkehrserschließung ist für den wirtschaftlichen Erfolg einer Projektentwicklung von grundlegender Bedeutung. Anderenfalls ist mit einer deutlich geringeren Besucherfrequenz zu rechnen, die wiederum die Annahmen der Grundstückserlöse bzw. Mieten negativ beeinflussen.

4.2.7 Administrative Projektvorbereitung

Großprojekte benötigen sowohl in der Linienfunktion des Projektentwicklers als auch auf der planungsseitigen Projektorganisation Regelungen, die in einem Organisationshandbuch niedergelegt werden. Die nachstehende Vorgangsdifferenzierung zeigt einen Querschnitt der notwendigen Aktivitäten zur Aufstellung solcher Regelungen:
- Entwicklung von Grobvorstellungen zur Aufbauorganisation (Linien- / Matrixmodell),
- Entwicklung von Handlungsfeldern in der Aufbauorganisation (Projektkoordination/Organisation, Technik, Wirtschaftlichkeit, Recht, Vermarktung),
- Ausdifferenzierung von eindeutigen Leistungen,

- Definition der Querschnitts- und Linienaufgaben,
- Aufbau einer Kommunikations- und Entscheidungsstruktur,
- Aufbau von Zuständigkeitsregelungen,
- Definition erforderlicher Personalkapazitäten der Projektentwicklung,
- Durchführung einer Bestandsaufnahme in den Detailabläufen der investorseitigen Ablaufbauorganisation/Ableitung von erforderlichen Ergänzungen bzw. Änderungen in Zusammenhang mit Partnerschaften bei Einzelprojektentwicklungen,
- Bestandsaufnahme in der Beauftragungssituation sowie im Planungsstand,
- Definition der einzelnen Immobilienprojekte und übergreifende Projekte,
- Ableitung von erforderlichen Aufgaben und Prozessen zur Projektentwicklung mit Darstellung der Aufgaben, Zuständigkeiten, Abhängigkeiten.

Die einzelnen Aktivitäten erfordern phasenweise unterschiedliche Personalkapazitäten, die in einer Ressourcenplanung des Projektentwicklers abzuschätzen sind. Die Personalplanung ist frühzeitig einzuleiten, um über ausreichend Zeit zur Personaldisposition oder zur Auswahl geeigneter Dienstleister zu verfügen.

In Abb. 4.9 ist die Entwicklung des Personalbedarfes auf Basis einer phasenweisen Betrachtung dargestellt.

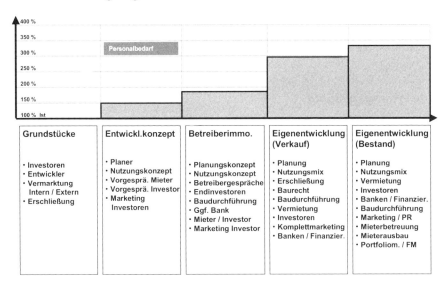

Abb. 4.9. Personaleinsatzplanung eines Projektentwicklers

4.3 Immobilienproduktentwicklung

Für die Entwicklungsplanung der Immobilienprodukte (IP) kann, wie bei der Erschließung, ein interdisziplinäres Team gebildet werden, das neben der Immobilienwirtschaft und der Gestaltung auch die soziologischen, marketingorientierten, städtebaulichen bzw. architektonischen und nutzungsrelevanten Aspekte abdeckt. Die vorliegenden Ergebnisse dieser Teamarbeit bilden die Grundlage sowohl für die Vermarktung als auch für die Erschließung und baurechtlichen Verhandlungen mit der Stadt, sofern Abweichungen vom Bebauungsplan ins Auge gefasst werden.

<table>
<tr><td colspan="2" style="text-align:center">Struktur Rahmenterminplan</td></tr>
<tr><td>

5. Immobilienprodukt (IP)
5.1 Entwicklungsplanung
5.1.1 Vorkonzept
5.1.2 Abschluss Entwicklungsplanung
5.1.3 Abschlusspräsentation
5.1.4 Abstimmung Entwicklungsplanung
5.1.5 Entscheid Entwicklungsplanung

5.2 Umsetzungsplanung
5.2.1 Aktuelle Markt- und Standortbetrachtung
5.2.2 Produkt- / Nutzungsdefinition
5.2.3 Abstimmung Realisierungsabschnitte
5.2.4 Gestaltungsplanung
5.2.5 Auswahl / Beauftragung Stadtmarketing
5.2.6 Definition / Abstimmung Investorenvorgaben

</td><td>

5.3 Maßnahmenplan
5.3.1 Maßnahmenkatalog erstellen
5.3.2 Zeitplanung
5.3.3 Zielformulierung

5.4 Vermarktung
5.4.1 Vermarktungsstrategie
5.4.2 Alternativuntersuchung Eigeninvestition
5.4.3 Abstimmung / Entscheid Vermarktungskonzept
5.4.4 Auswahl Vermarktungspartner
5.4.5 Investorensuche und -auswahl
5.4.6 Abschluss Grundstückskaufverträge

</td></tr>
</table>

Abb. 4.10. Auszug aus dem Rahmenterminplan zur Immobilienproduktentwicklung

Entwicklungsplanung

Die Entwicklungsplanung ist eine außerordentlich interdisziplinäre Aufgabe. Sie beinhaltet im Kern den wesentlichen Anteil der Elemente des im Kapitel 4.1 beschriebenen Businessplans. In dieser Phase muss aus der gegebenen Projektidee das Leitbild der Projektentwicklung konkretisiert, in verschiedene Bereiche strukturiert und detailliert werden. Die in diesen differenzierten Themenbildern liegenden Chancen, Risiken, Alternativen und damit einhergehenden Fragestellungen sind zu konkretisiert und zu entscheiden.

Umsetzungsplanung

Die Umsetzungsplanung wird mit der Abstimmung und Festlegung der Realisierungsabschnitte vorerst abgeschlossen. Diese werden ggf. in den Verhandlungen mit der Kommune Eingang finden und Berücksichtigung in der Maßnahmeplanung sowie in den Vermarktungsaktivitäten finden.

Maßnahmenplanung

Die auf den Ergebnissen der Entwicklungsplanung aufsetzende und vom Investor durchzuführenden Maßnahmenplanungen dienen im wesentlichen der Vermarktungsvorbereitung. Sie umfassen neben dem Aufbau eines Stadt- bzw. Quartiers-

management auch ein Kunst- und Kulturkonzept. Abgeschlossen wird die Maßnahmenplanung durch deren Umsetzung, die durch Wettbewerbe zu bestimmten
Einzelobjekten sowie durch Öffentlichkeitsarbeit, Bürgerbeteiligungen begleitet
wird. Festzulegen ist in diesem Zusammenhang, wer für die Umsetzungen im Einzelfall verantwortlich ist, wie diese ausgestaltet werden bzw. ablaufen und wer die
gesamten Aktivitäten koordiniert.

Vermarktung

Aufbauend auf den Ergebnissen der Entwicklungsplanung und unterstützt von der
Umsetzung der Maßnahmenplanung wird die Vermarktung über die Zieldefinition
der Strategie, die Entwicklung einer Konzeption und die Auswahl der Vermark-
tungspartner vorbereitet. Daneben werden Vermarktungsunterlagen mit Vorgaben
für potenzielle Investoren bzw. Zielgruppen erstellt, an die sich die Investoren-
auswahl, mit den Verhandlungen bis hin zum Abschluss von Grundstückskaufver-
trägen anschließen.

Wie bereits im Kapitel Projektaufbauorganisation angesprochen, können für die
einzelnen Immobilienprojekte Teams gebildet werden, die temporär die Aufgaben
der Projektentwicklung für die einzelnen Immobilienprojekte wahrnehmen.

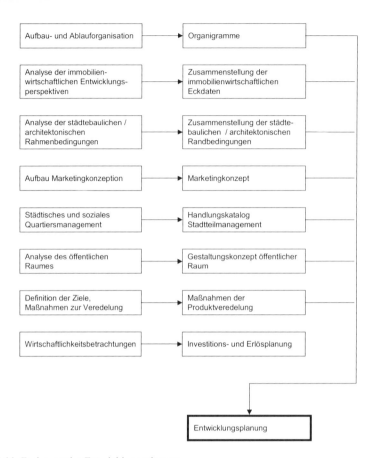

Abb. 4.11. Fachexpertise Entwicklungsplanung

4.3.1 Aufbau- und Ablauforganisation

Je nach Komplexität, Größe und Vielschichtigkeit sollte ein interdisziplinäres Team zusammengestellt werden, dessen Mitglieder aus unterschiedlichen Fachbereichen kommen. Diese Vorgehensweise gewährleistet einen fachlich breiten Entwicklungsansatz, um die im Gesamtprojekt vorhandenen Potenziale auszuschöpfen (Abb. 4.12). Das Team der Immobilienproduktentwicklung ist in der Ebene der operativen Dienstleister angesiedelt und wird vom Investor bzw. Projektkoordinator gesteuert.

Das Team IP hat die Aufgabe, sich insbesondere mit dem Kernprodukt des zu entwickelnden Areals auseinander zusetzen. Das Arbeitsprogramm besteht im wesentlichen darin, sich mit dem Spannungsfeld der wirtschaftlichen, sozialen und städtebaulichen Problemfelder zu befassen. Hierbei sind insbesondere die The-

menfelder Städtebau, Architektur, Öffentlicher Raum, sozialverträgliche Nachbar-
schaften, funktionale Attraktivität, renditeorientierte Entwicklung und verkehrli-
che Erschließung bzw. Belastung zu analysieren. Die Entwicklung verschiedener
Szenarien ermöglicht die Optimierung des Immobilienproduktes sowie die eigenständige Positionierung am Markt.

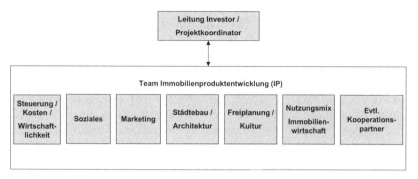

Abb. 4.12. Organigramm zur Immobilienproduktentwicklung

Hierzu sind neben den individuellen Bearbeitungen innerhalb der einzelnen
Themenfelder gemeinsame Teamsitzungen vorzusehen, in der ausgehend von der
Strukturierung der Vorgehensweise und der gewählten Methodik, eine Gesamt-
konzeption erarbeitet und abschließend präsentiert werden kann.

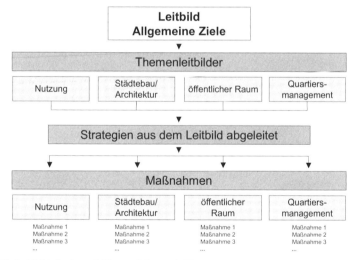

Abb. 4.13. Leitbild der Immobilienproduktentwicklung

Zunächst ist ein Leitbild mit den Themenfeldern Nutzung (aus immobilienwirtschaftlicher Sicht), Städtebau bzw. Architektur, öffentlicher Raum und Quartiersmanagement zu strukturieren. Aus diesem Strukturleitbild werden Strategien abgeleitet und Maßnahmen zur Umsetzung je Themenleitbild konkretisiert.

4.3.2 Immobilienwirtschaftliche Entwicklungsperspektiven

Eine Aussage über den immobilienwirtschaftlichen Erfolg einer Maßnahme setzt die Analyse einer Vielzahl von Parametern voraus, die die Angebots- und Nachfragestruktur von Immobilien beeinflussen. Einer dieser Parameter ist das voraussichtliche Baufertigstellungsvolumen in definierten Zeiträumen bzw. in geplanten Fertigstellungsjahren. Je nach Entwicklung und in welchen Zeitfenstern, z.B. Büroflächen, auf den Markt kommen, wird dies die erzielbaren Mietpreise beeinflussen.

Die Immobilienmärkte stehen in komplexen wechselseitigen Beziehungen mit anderen Märkten und Branchen. Die vielfältigen interdisziplinären Rahmenbedingungen erschweren eine einheitliche, durchgängige Betrachtungsweise aller Beteiligten. Im Kontext der hier besprochenen Vorgehensweise interessieren vor allem Entwicklungsprognosen, die sich nicht nur in Einzeldaten, sondern auch in der Integration der komplexen Zusammenhänge im Marktgeschehen darstellen müssen.

In Abb. 4.14 sind einige Zusammenhänge der Nachfrageindikatoren dargestellt. Zu den bedeutenden Nachfrageindikatoren zählt die Wirtschafts- und Branchenentwicklung. Eng damit verknüpft sind unternehmenspolitische Entscheidungen, die in engem Zusammenhang mit dem lokalen und regionalen Arbeitskräfteangebot stehen.

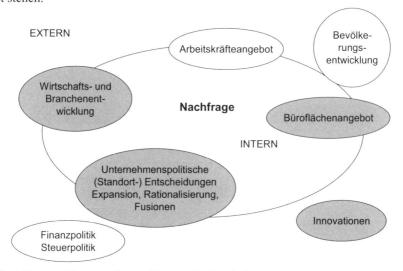

Abb. 4.14. Auswahl an Nachfrageindikatoren für Büroflächen

Dabei stehen die aufgezeigten Indikatoren in Wechselwirkung zueinander und müssen unterschiedlich gewichtet und variiert werden. Die den Immobilienmarkt beeinflussenden Steuerungsfaktoren sind regional unterschiedlich und beeinträchtigen die Prognoseparameter der Immobilienentwicklung. Durch die Globalisierung der Wirtschaft, den Abbau von Arbeitsplätzen im produzierenden Sektor, die Beschleunigung des technischen Fortschrittes sowie Rationalisierungsprozesse im Dienstleistungsbereich entstehen für europäische Wirtschaftszentren und Bal-

lungsräume neue Rahmenbedingungen, deren Auswirkungen auf das Immobilienprodukt zu bedenken sind.

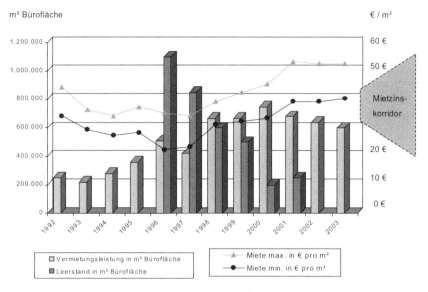

Abb. 4.15. Entwicklungskorridor eines Großprojektes[44]

In Abb. 4.15 sind die Verläufe der Vermietungsleistungen, des Leerstandes am
Beispiel einer Region dargestellt. Es ist ein zyklischer Verlauf des Bürovermie-
tungsmarktes festzustellen, der im langjährigen Verlauf stetiges Wachstum ver-
zeichnet. Die dargestellten Spitzenmieten repräsentieren einen prozentual sehr geringen Anteil (2 – 3 %) des Gesamtvermietungsvolumen und sind von der Lage,
dem Zustand, der Ausstattung, der Beziehbarkeit bzw. der architektonischen Gestaltung und dem Maß der baulichen Nutzungsmöglichkeit abhängig. Die durchzuführenden Analysen ermöglichen im Ergebnis die Einstufung des Projektes in einen „Entwicklungskorridor" des Mietzinses.

4.3.3 Städtebau-/Architekturbetrachtung

Der immobilienwirtschaftliche Erfolg eines Projektes ist untrennbar mit der Notwendigkeit verbunden, eine städtebauliche und architektonisch anspruchsvolle Architektur zu realisieren, die den Betrachter, Nutzer, Bewohner – letztlich alle Betroffenen – positiv anspricht. Nur dieses Ambiente wird zu dem gewünschten
Effekt einer hochfrequentierten Nutzung des neuen Quartiers führen.

Eine Aufgabe besteht auch darin, bereits gebaute Stadtquartiere mit dem geplanten Projekt auf Analogien in der grundsätzlichen Konzeption zu vergleichen.
In diesem Zusammenhang müssen die jeweils gegebenen Randbedingungen der

---

[44] Vgl. Allianz Dresdner Immobiliengruppe (2002) Neue Perspektiven. Marktreport

städtebaulichen Ideen, Vernetzung des neuen Projektes mit angrenzenden Stadtteilen, Straßenbereichen, Attraktionen und die Annahme durch die Bevölkerung analysiert werden.

Aus diesen Erkenntnissen werden die Lösungen auf den gegebenen Standort übertragen und wie die erforderliche Vernetzung mit den angrenzenden Stadtbereichen realisiert.

Der Vergleich von erfolgreichen Flaniermeilen (Abb. 4.16) zeigt auf, dass die Attraktivität und Besucherfrequenz nicht nur von der baulichen Anlage bzw. Randbebauung, sondern auch von der Vernetzung sowie Zuströmung durch die Seitenstraßen abhängt.

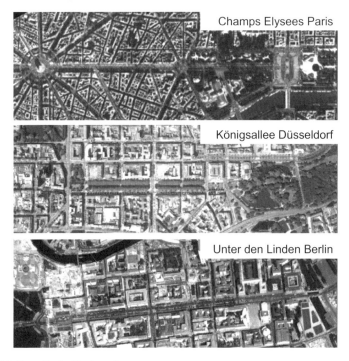

Abb. 4.16. Europäische Boulevards

Diese Vernetzung kann durch die städtebaulichen, architektonischen Überlegungen, aber auch durch punktuelle Grundrissgestaltungen, Strategien in der Verkehrsführung und Ausgestaltung von Highlights unterstützt werden. Ebenso sollten die strategischen Ziele von Nachbarbebauungen / -investoren einbezogen werden.

Des Weiteren besteht ein Zusammenhang zwischen der städtebaulichen Konzeption der Bebauung und den erreichbaren Benutzerfrequenzen in Form eines Spannungsbogens, den der Spaziergänger auf der Einkaufsstraße empfindet. Je mehr der Spannungsbogen (Abb. 4.17) abnimmt, desto „langweiliger" und – so die Befürchtung – „einkaufsunlustiger" der Besucher. Aus immobilienwirtschaftlicher Sicht ist es notwendig, ein zusätzliches „Highlight" an geeigneter Stelle der Anlage zu platzieren und den Spannungsbogen aus der Nulllinie anzuheben.

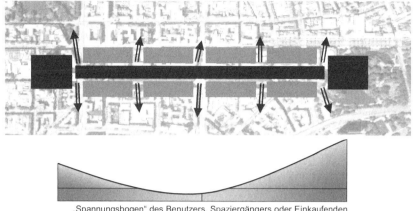

„Spannungsbogen" des Benutzers, Spaziergängers oder Einkaufenden
bei 2 baulichen oder nutzungsrelevanten „Höhepunkten"

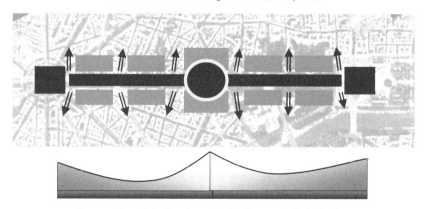

„Spannungsbogen" des Benutzers, Spaziergängers oder Einkaufenden
bei 3 baulichen oder nutzungsrelevanten „Höhepunkten"

Abb. 4.17. Vernetzungsproblematik und Spannungsbogen am Beispiel eines neuen Stadtquartiers

Neben diesen strategischen Fragestellungen muss die verkehrsplanerische Lösung detailliert untersucht werden. Es sind Ideen zu entwickeln, die die Straßenführung einerseits und die optimale Führung der Gebäudebauten andererseits berücksichtigen.

Tote Flächen, die insbesondere in Nachtzeiten problematische Nutzungsbereiche darstellen, sollten durch Ideen zur Ausgestaltung vermieden werden. Das gesamte Projekt muss städtebaulich visualisiert werden, um ein Gefühl für Proportionen, Verbindungen bzw. Vernetzungen zu angrenzenden Stadtvierteln zu erhalten und die Größen- und Höhenverhältnisse hinreichend einschätzen zu können. Ausgehend von einem genehmigten Bebauungsplan ist die geplante Bebauung im Hinblick auf die Vorgaben (worst case, best case, reality case) zu analysieren. Eventuell bestehende problematische Bebauungsteile, angrenzende Stadtbereiche sollten im Hinblick auf deren Integrationsmöglichkeit durchdacht werden.

Falls Änderungen des genehmigten Bebauungsplanes durch die Formulierung der Projektstrategie erforderlich werden, sollte diesbezüglich eine geeignete Argumentation aufgebaut werden. Da neue Projekte häufig negative Assoziationen bei unterschiedlichen Interessengruppen hervorrufen, sind städtebaulich bzw. architektonisch positive Argumentationen konzeptionell zu hinterlegen.

Die städtebaulichen bzw. architektonischen Lösungen sollten mit den Überlegungen der Freiraumgestaltung eng verknüpft werden, da diese Elemente, verbunden mit kulturellen sowie künstlerischen Gestaltungsfragen das positive Ambiente der Anlage ausschlaggebend beeinflussen.

Ein wesentlicher Aspekt der städtebaulichen bzw. architektonischen Aufgaben liegt in der Ausarbeitung von planerischen Lösungen zum gesamten Nutzungskonzept (Anordnung von Einkaufsflächen, Büros, Wohnungen, Entertainment).

Die Entwicklung von Vorstellungen zum Stellplatzangebot, in Abstimmung mit der Verkehrsplanung, Freiraumplanung und generellem Nutzungskonzept muss detailliert durchdacht werden. Zur Erstellung von Wirtschaftlichkeitsbetrachtungen bzw. Ertragswertszenarien sind Quantifizierungspläne für unterschiedliche Szenarien anzufertigen und die Grünflächenordnung zu integrieren. In Schnittdarstellungen muss die Höhenentwicklung und Anordnung im Verhältnis zur Nachbarbebauung erkennbar sein. Alle Betrachtungen sollten für den reality case und best case dargestellt sein.

Da sich die Planungsüberlegungen dieser Phase noch weit vor einer Vorplanung bewegt, in einer Phase in der es gilt, die Projektidee mit verschiedenen Alternativvisionen zu konkretisieren, sollten geeignete Projektvisualisierungen erstellt werden. Die Computervisualisierungen haben das Ziel, die Visionen der städtebaulichen Architektur darzustellen, kritische Punkte (Dunkelzonen etc.) zu erkennen und Lösungsvorschläge ableiten zu können.

4.3.4 Marketingkonzeption

Entscheidend für den Erfolg eines Projektes, besonders bei Großprojekten, ist die Image- bzw. Adressbildung und dadurch Schaffung einer breiten Akzeptanz des Projektes bei potenziellen Nutzern bzw. Investoren. Es muss herausgearbeitet werden, welche Zielgruppen durch das Projekt angesprochen und welche Alleinstellungsmerkmale das zu entwickelnde Projekt von anderen abhebt. Aus diesem Ansatz heraus müssen Marketingmaßnahmen abgeleitet werden.

Der Investor hat eine Reihe von Vermarktungsaktivitäten und Aufgaben der Öffentlichkeitsarbeit wahrzunehmen. Projektmanager werden zunehmend in Projektkonstellationen eingebunden, in der die Fragen der Vermarktung und Öffentlichkeitsarbeit im Projektgeschehen eine zunehmende Bedeutung haben.

Wie bereits bei der Erläuterung des Rahmenterminplans dargestellt, bedürfen die Vermarktungsaktivitäten und die damit verbundenen Maßnahmen der Öffentlichkeitsarbeit sorgfältig durchdachter Grundlagen und eine strategische Vorgehensweise. Aus der Analyse der Marktsituation müssen Marketingziele und konkrete Botschaften bzw. Leitbilder abgeleitet werden, die dann in Richtung der Zielgruppen kommuniziert werden müssen. Daraus leitet sich die Notwendigkeit zur Formulierung einer Marktstrategie ab, die eine weitergehende Produktdefinition und Ausdifferenzierung des Programms erforderlich macht (Abb. 4.18). Das Marketing ist dabei ein Mix von verschiedenen Aktivitäten, die im Hinblick auf die Realisierung sorgfältig durchdacht werden muss. Aus dem Marketingcontrolling ergeben sich eventuell notwendige Anpassungen im Modell.

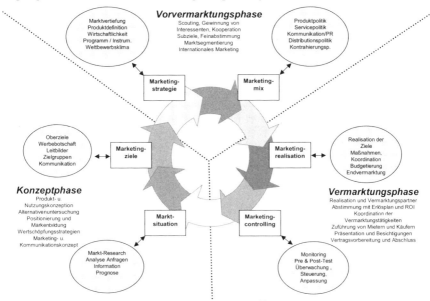

Abb. 4.18. Marketing im Rahmen der Projektentwicklung[45]

Die Projektpositionierung erfordert die Notwendigkeit, sich intensiv mit den bestehenden Kriterien bei den anzusprechenden Zielgruppen zu befassen. Zunächst wird das neu zu errichtende Quartier auf den gegebenen Status zum Image, die Adressbildung und die Akzeptanz bei den Interessengruppen hin analysiert. In einem weiteren Schritt werden Motive der Akteure im Einzelnen untersucht. Daraus wird ein Kommunikationskonzept, in das die Planungsgremien, Zielgruppen, Medien hinreichend eingebunden sind, abgeleitet. Aus diesen Erkenntnissen sind Vorstellungen zu einem Soll-Image bei der Positionierung (Unique Selling Proposition) zu entwickeln und Alleinstellungsmerkmale des Projektes abzuleiten, die dann entsprechende Profilierungsmöglichkeiten bieten. Das Projekt wird von den bestehenden Interessengruppen (Politik, Verwaltung, Investoren, Betreiber, Mieter, Medien, Nachbarn, Interessenvertreter etc.) homogen wahrgenommen, wenn folgende Maßnahmen getroffen werden. In diesem Zusammenhang sind geeignete Kommunikationsmaßnahmen (Logo, Corporate Design, elektronische Medien, In-

---

[45] Vgl. Haselbauer D (2001) Marketingstudie für eine Projektentwicklung. CBP, München

ternet, Außenbeschriftung, Leitsysteme, Gestaltungsraster und -richtlinien, Events, Veranstaltungen, Messebeteiligungen etc.) zu analysieren. Im Hinblick auf negative Assoziationen von Projektbeteiligten sollte ein aktives Beschwerdemanagement installiert werden. In der Betriebsphase ist dies durch Maßnahmen der Qualitätssicherung (Sicherheit, Sauberkeit, Service) zu unterstützen. Je nach Zielgruppenheterogenität ist über ein Quartiersmanagement nachzudenken, um die verschiedenen Interessenbeteiligten in einem zielorientierten Dialog zusammenzuführen.

Investoren

Botschaften / Zielgruppen	Zentrums-nähe	kritische Masse	Erweite-rungs-spielraum	Verfüg-barkeit	gute Rendite, Perfor-mance	Bestands-optimie-rung	inno-vatives Produkt	Nutzungs-mix, Diversi-fizierung	Service-angebot	Wert-steige-rungs-potential
Offene Fonds	XXX	XXX	XXX	XXX	XXX	XXX	XXX	XXX	X	XX
Bauträger / Entwickl.	XXX	XXX	XX	XXX	XXX	X	XXX	XX	X	XXX
Ausländ. Investoren	XXX	XXX	XX	XXX	XXX	XXX	XX	XX	XXX	XX
Versicherungen	XXX	XX	XX	XXX	XX	XXX	XX	XXX	XX	XXX
Private Anleger	XXX	XX	XX	XXX	XX	XX	XX	XX	XXX	XXX
Geschlossene Fonds	XXX	XX	XX	XXX	XXX	XXX	XXX	XXX	XX	XXX
Immobilien AG's	XXX	XX	XX	XXX	XXX	XX	XX	XX	XXX	XXX
Pensionskassen	XXX	XX	X	XX	XX	XXX	XX	XX	XXX	XX
Banken	XXX	XX	X	X	XX	X	XX	XX	XX	XXX
Eigennutzer	XXX	X	X	X	XX	X	X	X	XXX	XXX
Sonstige	XXX	XX	X	X	XX	X	XX	XX	XX	XX

Büro Nutzer

Botschaften / Zielgruppen	gute Lage, nähe City, Banken	Hochwert. Ausstat-tung	Flexibilität, Nach-nutzen	gute Verkehrs-er-schlie-ßung	Themati-sierung Internatio-nalität	Erlebnis-wert, Kultur, Grün	Versor-gung Infra-struktur	Integration Aufwer-tung	mod. Architekt. Urbanität	Adresse, Image
Banken, FinanzDL	XXX	XXX	XXX	XXX	X	X	XX	X	XX	XXX
IT und Telecom.	XX	XXX	XXX	XXX	XX	XX	XX	X	XX	XX
Beratungsges.	XXX	XXX	XXX	XXX	XX	XX	XX	X	XXX	XXX
Sonst. Dienstleister	XX	XX	XXX	XX	XX	XX	XX	XX	XX	X
Verwalt. Ind./Bauunt.	XX	XXX	XX	XXX	X	X	XX	X	X	XXX
Transport / Verkehr	XX	XX	XX	XXX	X	X	X	X	XX	XX
Medien / Werbung	XX	XXX	XXX	XXX	XXX	XXX	XXX	XX	XXX	XXX
Versicherungen	XXX	XXX	XXX	XXX	X	X	XX	X	XXX	XXX
Handel	XXX	XX	XXX	XXX	X	X	XX	XX	XX	XX
freie Berufe	XX	XX	XX	XXX	X	XX	XX	XX	XX	XX
Öff. Verwaltung	XX	XX	XX	XXX	X	XX	XX	XXX	X	X

Abb. 4.19. Botschaften- und Zielgruppenmatrix

Der Marketingfachmann hat des Weiteren die Aufgabe, die immobilienwirtschaftliche Konzeption, die darauf aufbauend formulierten städtebaulichen, architektonischen Ansätze, im Hinblick auf die Vermarktung bzw. Wertschöpfungsmöglichkeiten für den Grundstückseigentümer zu analysieren und Korrekturvorschläge einzubringen.

Ein weiterer wesentlicher Leistungspunkt besteht in der Konkretisierung von Marketinginstrumenten aus einem Mix in den Bereichen Produktpolitik (z.B. Lage, Einbindung, Dimension, Vermarktungsabschnitte, Architektur, Design), Servicepolitik (Beratung, Risikomanagement, Marktresearch, Garantien, Wertentwicklung), Preispolitik (Wertschöpfung, Ertragswerte, Nebenkosten), Distributionspolitik (Entwicklungskonzeption, Markteintritt, Verkaufskonzeption, Stellung Unternehmen im Markt) sowie Kommunikationspolitik (Markennahme, Corporate Identity, Werbung, Event Marketing).

Sinnvollerweise sollten bei Projekten mit längerer Laufzeit bzw. Anlaufphase ein zeitlich gestaffeltes Veranstaltungsprogramm entworfen werden, das verschiedene, aufeinander abgestimmte Programmbausteine in unterschiedlichen Foren und mit verschiedenen Beteiligten enthält.

Die in diesem Zusammenhang zu erfassendenden Aktivitäten sind durch eine Nutzwertanalyse zu bewerten, um Aufschluss über die Wirkung zu erhalten. Die damit einhergehende Formulierung von Botschaften für diese Zielgruppen schärft den Blick für die kritische Auseinandersetzung mit dem Projekt (Abb. 4.20) und den bestehenden Kriterien der Projektausrichtung.[46]

Die erfolgreiche Durchführung der Vermarktungsaktivitäten bedürfen innerhalb des Projektentwicklers besonderer Kommunikationsstrukturen, die sowohl den Informationseingang bzw. die Informationsbeschaffung als auch deren interne Verarbeitung sicherstellen. In diesem Zusammenhang ist es erforderlich festzulegen, wie eingehende Informationen innerhalb des Unternehmens verteilt, den einzelnen Stellen der Aufbauorganisation zugeordnet und im weiteren Informationsverarbeitungsprozess bewertet, weiterbearbeitet, entschieden und zu einer entsprechenden Aktion im Hinblick auf die Zielgruppen, zusammengeführt werden. Die in Abb. 4.20 aufgezeigte Kommunikationsstruktur ist sehr abstrakt, wobei grundsätzlich auch in der praktischen Durchführung eine klare Zuordnung von Themen und Funktionen in der Informationsbearbeitung und -beschaffung erforderlich ist.

Die Zuordnung der Themen und Funktionen sind notwendig, um zu definieren ist, welche Zielgruppe von welcher Stelle des Unternehmens angesprochen wird, damit auch die interne Verarbeitung der einzelnen Vorgänge zeitlich strukturiert und effektiv ablaufen kann. Es ist zwingend erforderlich, über die jeweiligen Projekte zielgerichtete und einheitliche Aussagen bzw. Informationen an die Ziel- und Interessengruppen zu übermitteln.

---

[46] Vgl. Haselbauer D (2001) Marketingstudie für eine Projektentwicklung. CBP, München

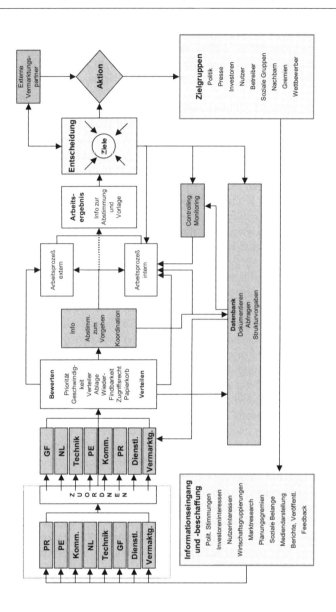

Abb. 4.20. Kommunikationsstruktur

4.3.5 Städtisches und soziales Quartiersmanagement

Die Leistungen im Themenfeld städtisches und soziales Quartiersmanagement beinhalten u.a. die Analyse eventueller Vermarktungsrisiken aus der Konzentration sozialer Problemfelder im angrenzenden Stadtbereich. Sie haben das Ziel, einen Handlungskatalog zur konkreten Durchführung eines Quartiersmanagements aufzubauen, um Vermarktungsrisiken kontrollieren zu können.

Das Quartiersmanagement setzt sich in seiner Form aus Strukturen und Aktivitäten zusammen, wie sie einerseits im Stadtteilmanagement der Städte (Marketing, Moderation und Mediation) oder lokaler ökonomischer Netze entwickelt oder beauftragt werden. Andererseits ist der das soziale Quartiersmanagement (Stadterneuerung, Sanierung, berufliche Qualifikation, Entwickeln von Arbeitsplätzen, Verwaltungsmodernisierung) seitens der Wohlfahrtsverbände, der sozialen und stadterneuerungspolitischen Abteilungen, zu beachten. Das Entwickeln eines Stadtteils, seine Vermarktung durch Events und Aktionen und der Ausgleich verschiedener, auf das Gebiet gerichteter Interessen (durch Moderation und Mediation), gehören ebenso dazu, wie die Integration des Stadtteils in ökonomische, soziale, kulturelle, städtebauliche, ökologische und regionale Netze. Das Quartiersmanagement begleitet somit Aufgaben der Marktakteure und der öffentlichen Hand. „Im zunehmenden Maße werden die Bewohner als Akteure eingebunden, verlieren also ihre Rolle als Betroffene staatlichen Handelns oder der Marktinteressen. Dazu müssen deren häufig versteckten und unterdrückten sozialen und kulturellen Werte erst entdeckt und unterstützt werden, damit die Menschen wieder aktiv in zivilgesellschaftlichen Strukturen agieren können ...".[47]

Eine Möglichkeit der Umsetzung besteht in der Einrichtung eines umfassenden sozialen Quartiersmanagements mit den Partnern Stadt, Gewerbetreibende (mit ökonomischen Netzwerken) und Bewohner, wobei folgende konkrete Aufgaben bestehen: Mitarbeit an einer Konzeption eines ganzheitlichen Quartiersmanagements für das Projekt in Form von Produktweiterentwicklungen, Vermarktung durch Aktionen und Events, Ausgleich der auf das Projekt und angrenzende Gebiete gerichteten Interessen durch Moderation und Mediation, sowie Integration des Projektes in seine umgebenden wirtschaftlichen, städtebaulichen, sozialen, ökologischen und kulturellen Bezüge. Zur Sicherstellung dieses sozialen Quartiersmanagements müssen eine Fülle von Kommunikationsgremien zu dessen Umsetzung geschaffen werden.

4.3.6 Analyse des öffentlichen Raumes

Alle Aktivitäten im Themenfeld öffentlicher Raum zielen darauf ab, mit dem Projekt ein Höchstmaß an stadträumlicher Integration und städtebaulicher Durchlässigkeit zu erreichen. Dabei geht es um die Entwicklung eines Gesamtrahmens für das landschaftliche Gestaltungskonzept, die geplanten Landschaftsbaumaßnahmen bis hin zum Aufzeigen der Verknüpfung des Quartiers mit öffentlichen Parks und Gärten sowie den Schnittstellen zur Straßenführung.

Die Erreichung einer höchstmöglichen Attraktivität des Nutzers beeinflusst ausschlaggebend die zu prognostizierende Besucherfrequenz und damit die Ertragswertszenarien für das Projekt. In diesem Zusammenhang sind viele Einzelaspekte interdisziplinär zwischen den Beteiligten zu untersuchen. Die Zentrenbildung innerhalb des Projektes ist zu analysieren, damit diese sinnvoll mit

---

[47] Dankschart J (2001) Technische Universität Wien, Institut für Stadt- und Regionalforschung

Elementen der Landschaftsplanung verbunden werden. Kleine Parkanlagen, Vor-
gärten etc. können somit Übergänge zu benachbarten Stadtquartieren bilden. Die
geplanten Landschaftsbaumaßnahmen (Bäume) sollten in Regelquerschnitten dargestellt werden, um die geplanten Proportionen aufzuzeigen. Dabei muss darauf
geachtet werden, dass die Anordnung der Verkehrsanlagen sowohl den Anforderungen des KFZ-Verkehrs gerecht werden und gleichzeitig Fußgängern, Radfah-
rern und Skatern einen sicheren und angenehmen Aufenthalt gewährleisten. Ebenso berücksichtigt werden muss der Anlieferverkehr zu Geschäften, Büros etc. Die
Verknüpfungspunkte zwischen Straßen, Schienen und evtl. gegebene Brückenunterführungen sind zu analysieren. Brückenunterführungen sollten nicht den Charakter von dunklen Problemzonen erhalten, sondern den Status von lichtdurchflu-
teten Verkehrsterminals erreichen. Einzelne Elemente der Straßenführung, z.B.
Mittelstreifen sollten im Hinblick auf sichere Querung durch Fußgänger durchdacht werden und auch im Hinblick auf die Oberflächengestaltung (Materialien,
Profilierung, Musterung) als Akzent aufgewertet werden.

Besonders akzentuierte Grundstücksflächen an den Sonnenseiten der Bebauung
sollten zur Ableitung von besonderen Nutzungskonzepten anregen (z. B. Treff-
punkt, Pausenort, Spielfläche), insbesondere im Hinblick auf die landschaftsplane-
rischer Gestaltung.

Um die Attraktivität für den Nutzer zu steigern, sind kommerzielle Nutzungen
(Restaurants, Biergärten, Straßencafes) in die Überlegungen einzubeziehen. In
diesem Zusammenhang sollten bereits in dieser Phase Konzeptanregungen zum
Parken von Fahrrädern, Kiosken, komfortable Sitzmöglichkeiten, Wartestationen
der öffentlichen Verkehrsmittel in Verknüpfung mit dem Landschaftsbau durchdacht werden. Eine anzufertigende Besonnungsstudie wird zu verschiedenen Jah-
reszeiten und Uhrzeiten (10.00, 13.00, 16.00, 19.00 Uhr) durchgeführt und die
Sonneneinstrahlung sowie erforderliche bzw. sinnvolle Winkelbildung in der Be-
bauungskonzeption aufgezeigt.

4.3.7 Maßnahmen der Produktveredelung

Eine wesentliche Aufgabe der Immobilienproduktentwicklung besteht in der Formulierung von Maßnahmen, um den Wert und die zu generierenden Erträge bei
der Vermarktung des Projektes zu erhöhen. In Abb. 4.21 sind die Ziele dieser Ver-
edelung und die Maßnahmen in Auszügen dargestellt.

Zu diesem Zweck werden verschiedene Szenarien aufgebaut. Diese haben als
Voraussetzung eine bestimmte Frequenz von Büromietern und Bewohnern als
Nutzer des Quartiers, die auch einen entsprechenden Umsatz in den Geschäften,
Büros und sonstigen Projektträgern erzeugen. Weitere Voraussetzung ist eine auf
diese Nutzungsstruktur ausgelegte Konzeption von Einzelhandel, Versorgung und
Dienstleistung. In Abhängigkeit der bestehenden Konkurrenzprojekte sind ebenfalls die Kriterien der Terminabwicklung anderer Konkurrenzprojekte von Bedeutung. Bezogen auf diese Annahmen ergeben sich entsprechende Mieteinnahmen
als Basis für Ertragswertbetrachtungen bzw. Residualwertberechnungen.

Veredelung Ziele

➤ Strukturelle Verbesserung des Umfeldes
➤ Nutzungsvielfalt
  - Attraktivität
  - Flächen für Frequenzbringer
  - Büronutzer und Wohnnutzer nicht ausschließlich als Erst-Frequenzbringer
➤ Positionierung am Markt
➤ Ausnutzung (Optimierung), Verdichtung

Veredelung Maßnahmenkatalog

➤ Städtebau / Architektur
➤ Öffentlicher Raum
➤ Marketing
  - Produkt
  - Baubühne
➤ Quartiersmanagement
➤ Nutzungen
  - Wirtschaftlichkeitsbetrachtungen
  - Optimierung der Produktpositionierung
  - Optimierung des Hotelbesatzes
  - Vermarktungskonzept (Investoren, Projektentwickler, Nutzer)

Ergebnisse der Veredelung
➤ Steigende Erträge ➤ Gewährleistung des nachhaltigen Erfolges ➤ Erleichterung der Vermarktung ➤ Frequenz (durch Nutzer und Besucher) ➤ Stellplätze

Abb. 4.21. Veredelungsprozess

Die in Abb. 4.22 dargestellten Szenarien basieren auf den vorher erläuterten Veredelungsmaßnahmen, wobei zusätzliche Flächengewinne auf Basis bestehender Bebauungspläne die Residualwerte positiv beeinflussen können.

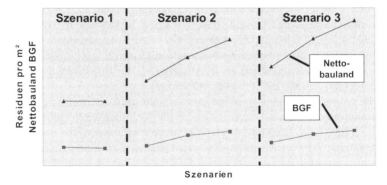

Abb. 4.22. Entwicklung der Residuen pro m² Nettobauland und BGF

4.4 Nutzerbedarfsprogramm

Das Nutzerbedarfsprogramm (NBP) bildet nach DIN 18205[48] den Übergang von der Projektentwicklung zum Projektmanagement, der Planung und Ausführung. Die Zielsetzung und Aufgabe des Nutzerbedarfsprogramms ist es, den (voraussichtlichen) Nutzerwillen in eindeutiger und erschöpfender Weise zu definieren und zu beschreiben. Mit dem NBP wird die „Messlatte der Projektziele" geschaffen, die projektbegleitend über alle Projektstufen hinweg verbindliche Auskunft darüber gibt, ob und inwieweit mit den Planungs- und Ausführungsergebnissen die Projekt- sowie Nutzerziele erfüllt werden.

Dies schließt die Bedarfsanforderungen im Hinblick auf Funktionen, Flächen und Raumbedarf, Ausstattungsprogramm sowie Kosten- und Terminrahmen ein. Mit der Verabschiedung des Nutzerbedarfsprogramms werden Grundsatzentscheidungen getroffen und damit neben den Investitionskosten, die Bewirtschaftungskosten der Immobilie, als auch die gleichermaßen bedeutsame Funktionalität im Sinne der Wertschöpfung als z.B. attraktiver, funktionaler Arbeitsplatz eines Verwaltungsgebäudes ausschlaggebend bestimmt. Daraus sind folgende Schlussfolgerungen zu ziehen:

1. Eine fehlerhafte Projektentwicklung und darauf aufbauende Planung des Gebäudes ist im Hinblick auf Funktionalität und Wirtschaftlichkeit meist irreparabel. Dies ändert sich auch nicht durch ein noch so optimales Gebäudemanagement.
2. Die zutreffende Abschätzung des Flächen- und Raumprogramms beinhaltet das größte Potenzial zur Beeinflussung der Investitions- und Folgekosten. Dies muss jedoch in verantwortungsvoller Vorausschau der übergeordneten Unternehmensentwicklung, der Mitarbeiterentwicklung und weiterer absehbarer Organisations- und Unternehmensstrukturveränderungen durchgeführt werden.
3. Die erfolgreiche Durchführung dieser Aufgabe bedarf der rechtzeitigen und systematischen Einbindung des Nutzers. Dies betrifft insbesondere die objektiv richtige Erfassung des Nutzerbedarfes und die unternehmensspezifisch unterschiedlichen Bewertungskriterien in Abstimmung der Interessenlagen zwischen Unternehmensleitung und Belegschaft (Nutzer).

Die Basis jeglicher Planung bildet eine gezielte Bedarfsermittlung. Nur wenn die Anforderungen, die ein Unternehmen an die Räumlichkeiten stellt, zuvor klar definiert worden sind, kann eine Immobilie geschaffen werden, die unter dem Gesichtspunkt der Wirtschaftlichkeit den betrieblichen Leistungserstellungsprozess nachhaltig unterstützt und gewährleistet. Dabei gestalten sich die Anforderungen an Immobilien je nach Unternehmung sehr unterschiedlich. Es muss daher die Aufbauorganisation, also Mitarbeiterzahl und Struktur, Arbeitsplatztypen und Kommunikationsströme ebenso analysiert werden wie die Gestaltung der Arbeits-

---

[48] DIN 18205 (1987) Bedarfsplanung im Bauwesen. Deutsches Institut für Normung e.V., Beuth-Verlag, Berlin

prozesse bzgl. Raum, Zeit, Betriebsmittel und Mitarbeiter (Ablauforganisation). Aus dieser Analyse ergibt sich das Nutzerbedarfsprogramm als nutzungsspezifische Immobilienkonzeption. Es ist damit das Ergebnis der vom künftigen Nutzer (möglichst) federführend erarbeiteten Bedarfsanforderungen im Hinblick auf Nutzung, Funktion, Flächen- und Raumbedarf, Gestaltung und Ausstattung, Budget, Nutzungskosten und Zeitrahmen.

Abb. 4.23. Fachexpertise zum Nutzerbedarfsprogramm

4.4.1 Definition der Projektziele

Zwingende Voraussetzung für die Entwicklung des NBP ist die Definition der Projektziele. Diese sind abhängig von der Art des jeweiligen Investors. Öffentliche Auftraggeber haben einen durch politische Abstimmungs- und Entscheidungsprozesse definierten Bedarf an öffentlichen Infrastrukturinvestitionen zu decken. Private Bauherren verfolgen nicht nur Bedarfsdeckungs-, sondern auch ideelle Ziele. Für gewerbliche Bauherren und Kapitalanlagegesellschaften stehen die Erwirtschaftung von attraktiven Renditen auf das eingesetzte Kapital und dessen nachhaltige Sicherung gegen Inflation im Vordergrund. Die einzelnen Teilziele beeinflussen sich gegenseitig und müssen vor dem Einstieg in die Planung in der Bedarfsfindungsphase konkretisiert werden. In dieser Phase werden die wesentlichen, konzeptionellen Fragen der Projektentwicklung zu entscheiden sein. Anschließend erfolgt der Umsetzungsprozess durch die zielorientierte Abwicklung der Planung.

4.4.2 Bedarfsplanung

Nach Definition der Projektziele sind die konkreten Bedarfsanforderungen des
künftigen Nutzers oder aus der vorhandenen Nutzungskonzeption zu entwickeln.
In jedem Fall geht es darum, einen unbefriedigenden Ist-Zustand zu verbessern
und einen erforderlichen oder wünschenswerten Soll-Zustand herbeizuführen. Dabei ist die künftige Entwicklung der nutzenden Organisationen zu prognostizieren,
um die Bedarfsdeckungserfordernisse für die Dauer der voraussichtlichen Nutzungsphase zu erkennen. Aus der Differenz zwischen künftigen Soll-
Anforderungen und derzeitiger Ist-Situation ergibt sich die Bedarfsformulierung.

Die Bedarfsplanung nach DIN 18205 bildet den eigentlichen Kern des NBP. Im
Rahmen der Definition der Aufgabenstellung muss geklärt werden, ob in die Bedarfsplanung eine Organisationsuntersuchung einbezogen werden soll mit der
Zielsetzung, mit dem Umzug in ein neues/anderes Gebäude auch eine neue, veränderte Aufbau- und Ablauforganisation im nutzenden Unternehmen zu realisieren. Ferner ist zu entscheiden, auf welche institutionellen Bereiche des Nutzers
sich die Bedarfsplanung erstrecken soll.

4.4.3 Organisations- und Strukturanalyse

Im Rahmen der Analyse der Aufbauorganisation im Unternehmen ist die Personalstruktur im Ist und im Soll für den gegenwärtigen Zeitpunkt sowie für die künftige Entwicklung zu untersuchen. Aus der Bestandsaufnahme der Nutzerstruktur
erhält man einen Überblick zum Umfang der erforderlichen Arbeitsplätze, die anschließend auf den Wachstumshorizont hochgerechnet werden müssen. Ebenfalls
festgelegt werden muss eine erforderliche Bewegungsreserve, damit das Gebäude
zum Zeitpunkt der Fertigstellung noch ausreichend dimensioniert ist. Ein Beispiel
einer Grobstrukturbetrachtung ist nachfolgend in Abb. 4.24 dargestellt.[49]

---

[49] Vgl. Donhauser B (1995) Grobstrukturbetrachtung einer Aufbauorganisation. Qualitätsmanagement Handbuch CBP. Nicht veröffentlicht.

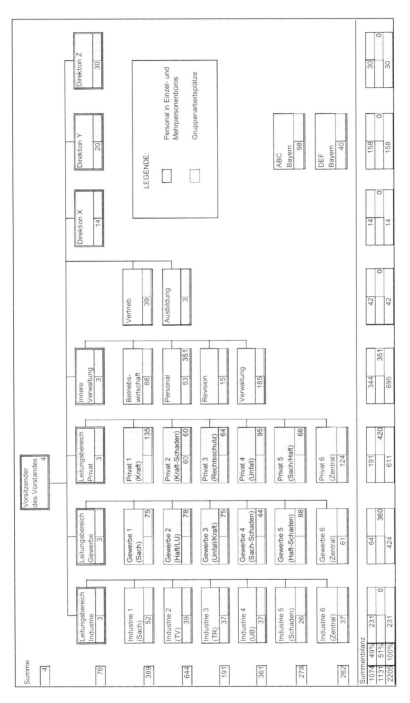

Abb. 4.24. Grobstrukturbetrachtung der Aufbauorganisation

Aus den bestehenden Vorgaben zur Aufbauorganisation wird die Nutzerstruktur im Ist-Stand erfasst. Ziel ist die Erfassung des Gesamtpersonals in verschiedenen Büroraumtypologien, um eine Summenbilanz der Büroarbeitsplätze zu ermitteln. Die Ableitung des Soll-Bedarfes für das neue Projekt (Abb. 4.25) bedarf der Festlegung eines Wachstumshorizontes. Aus der vorhandenen Raumstruktur werden die Motive und Begründungen für die Investitionsnotwendigkeit abgeleitet. Durch Mitarbeiterbefragungen werden Anregungen für die Gestaltung der Arbeitsplätze gewonnen.

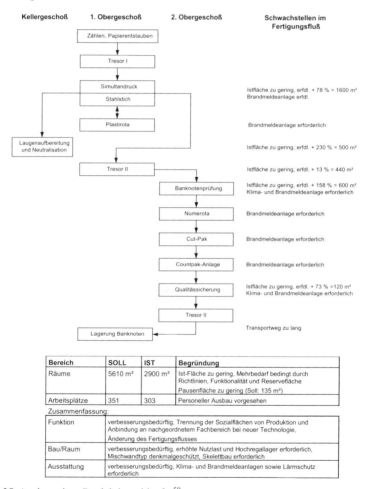

Bereich	SOLL	IST	Begründung
Räume	5610 m²	2900 m²	Ist-Fläche zu gering, Mehrbedarf bedingt durch Richtlinien, Funktionalität und Reservefläche Pausenfläche zu gering (Soll: 135 m²)
Arbeitsplätze	351	303	Personeller Ausbau vorgesehen

Zusammenfassung:

Funktion	verbesserungsbedürftig, Trennung der Sozialflächen von Produktion und Anbindung an nachgeordnetem Fachbereich bei neuer Technologie, Änderung des Fertigungsflusses
Bau/Raum	verbesserungsbedürftig, erhöhte Nutzlast und Hochregallager erforderlich, Mischwandtyp denkmalgeschützt, Skelettbau erforderlich
Ausstattung	verbesserungsbedürftig, Klima- und Brandmeldeanlagen sowie Lärmschutz erforderlich

Abb. 4.25. Analyse eines Produktionsablaufes[50]

---

[50] Müller WH (1994) Funktions-, Raum- und Ausstattungsprogramm - Wertmassstab für Qualität. In: Diederichs CJ (Hrsg) Bausteine der Projektsteuerung - Teil 1. DVP-Verlag, Wuppertal, S 42

Um eine Übersicht über die strukturelle Flächenaufteilung zu erhalten, werden die einzelnen Flächen geschossweise nach DIN 277 erfasst. In Abb. 4.26 ist die strukturelle Flächenaufteilung eines Verwaltungsgebäudes dargestellt. Hierin werden die einzelnen Flächenkategorien von der Gesamtgebäudefläche (BGF) über die Bruttogrundrissfläche jedes einzelnen Geschosses bis zu den Nutz-, Bürozusatzflächen sowie Sonder-, Verkehrs und Gebäudetechnikflächen im Obergeschoss (OG) aufgezeigt. Im Untergeschoss (UG) sind die Stellplatzflächen, Nutzflächen-Sonderräume sowie ebenfalls die Verkehrs und Gebäudetechnikflächen dargestellt.

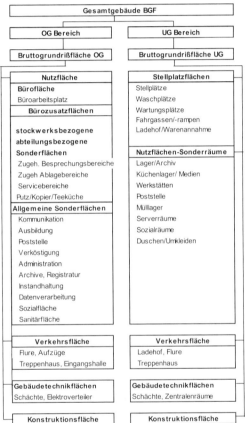

Abb. 4.26. IST-Flächenstruktur in der Organisationsplanung

Im Anschluss an den Soll-/Ist-Vergleich werden alternative Modelle der Ablauforganisation entwickelt und bewertet. Über die Einführung entscheidet der Nutzer. Die weitere Detaillierung erfolgt im Raum-, Funktions- und Ausstattungsprogramm der Flächenbedarfsermittlung.

4.4.4 Kommunikationsanalyse

Aus der Kommunikationsanalyse und deren Darstellung in einer Kommunikationsmatrix, die je nach Art und Umfang nicht als Grundleistung, sondern als Besondere Leistung zu erbringen sind, ergeben sich wichtige Hinweise zur Ablauforganisation, um zu einer Verbesserung der Arbeitsbeziehungen zwischen den einzelnen Gruppen zu gelangen.

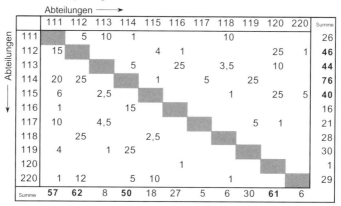

Abteilungen →	111	112	113	114	115	116	117	118	119	120	220	Summe
111		5	10	1				10				26
112	15				4	1			25	1		46
113				5		25		3,5	10			44
114	20	25			1		5		25			76
115	6		2,5					1	25		5	40
116	1			15								16
117	10		4,5						5	1		21
118		25			2,5							28
119	4		1	25								30
120						1						1
220	1	12		5	10				1			29
Summe	57	62	8	50	18	27	5	6	30	61	6	

Angaben der Abteilungen in Gesprächen pro Woche

Abb. 4.27. Kommunikationsmatrix[51]

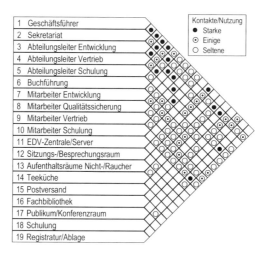

	Kontakte/Nutzung
1 Geschäftsführer	● Starke
2 Sekretariat	⊙ Einige
3 Abteilungsleiter Entwicklung	○ Seltene
4 Abteilungsleiter Vertrieb	
5 Abteilungsleiter Schulung	
6 Buchführung	
7 Mitarbeiter Entwicklung	
8 Mitarbeiter Qualitätssicherung	
9 Mitarbeiter Vertrieb	
10 Mitarbeiter Schulung	
11 EDV-Zentrale/Server	
12 Sitzungs-/Besprechungsraum	
13 Aufenthaltsräume Nicht-/Raucher	
14 Teeküche	
15 Postversand	
16 Fachbibliothek	
17 Publikum/Konferenzraum	
18 Schulung	
19 Registratur/Ablage	

Abb. 4.28. Kommunikationszuordnung

---

[51] Diederichs CJ (Hrsg) (1994) Bausteine der Projektsteuerung – Teil 1. DVP-Verlag, Wuppertal, S 48

Aus der quantitativen Zuordnung der Kommunikation in einer Matrix (Abb. 4.27) bzw. die qualitative Darstellung in der Kommunikationszuordnung (Abb. 4.28) werden die wichtigsten Verbindungen, ähnlich einer Verkehrszählung, deutlich. Diese Analyse ist für Hauptarbeitsflüsse mit Materialtransporten, telefonischer und persönlicher Kommunikation sowie für zusätzliche Aktentransporte gleichermaßen verwendbar. Die Ergebnisse zeigen in der Konsequenz, dass Abteilungen mit Material- oder Aktenzu- und -abgang sinnvoll zu verbinden sind.

4.4.5 Flächenbedarfsermittlung

Die Flächendefinition nach DIN 277 hat andere Aufbaukriterien als die in der Organisationsplanung oder die im Sprachgebrauch der Makler oder Finanzplaner Anwendung findet. Dort gebräuchliche Begriffe sind Hauptnutzflächen, Büroflächen, Sonderflächen, abteilungsnahe Sonderflächen, Mietflächen, Bruttogrundflächen oberirdisch bzw. unterirdisch oder Geschossflächen, um nur einige Stichworte zu nennen.

Nachdem der Büronutzflächenbedarf bereits wie vorstehend ermittelt wurde, muss im Anschluss daran der Bedarf von Sonderflächen in Abstimmung mit dem Nutzer bzw. Bauherrn - auch unter dem Aspekt von möglichen Organisationsveränderungen bzw. Verbesserungen - ermittelt werden. Die Dimensionierung der Sonderflächen, die einen nicht unwesentlichen Anteil an der Flächenwirtschaftlichkeit des Gesamtprojektes haben, muss durch einen ständigen Vergleich mit anderen Projekten oder auch durch die Diskussion von Synergiemöglichkeiten, z.B. integrierten Schulungs- und Konferenzflächen bzw. -räumen abgewogen werden. Gegebenenfalls sind auch Alternativkonzepte durch Zusammenfassung bestimmter Servicefunktionen in den Kernbereichen ins Auge zu fassen. Ebenfalls ist der ständige Fortschritt in der Anwendung neuer Technologien und Medien, die im Hinblick auf die Archivierung von Dokumentationsmaterial Möglichkeiten der Flächenminimierung beinhalten, zu berücksichtigen. Diese Überlegungen sind jedoch in sehr enger Abstimmung mit den Arbeitsprozessen und den gegebenen Mentalitäten der Mitarbeiter zu treffen. Die Ermittlung der Verkehrs-, Funktions- und Konstruktionsflächen erfolgt über Prozentsätze aus Vergleichsobjekten und spezifischen Erfahrungswerten. Die Abschätzung der Stellplatzerfordernisse erfolgt sowohl in konkreter Anzahl oder spezifischen Wert je nach Aussagekraft der Bauleitplanung.

Mit den nachfolgend beschriebenen Festlegungen können erste Hochrechnungen zum Flächenbedarf erstellt werden. Aus den festgestellten Funktionsgruppen der Aufbauorganisation und den erforderlichen Arbeitsplätzen ergibt sich zusammen mit den festgelegten Flächen der einzelnen Raumtypen eine Fläche je Funktion. Im Zusammenhang mit der Entscheidung über das Achsraster und der gewählten Raumtiefe ergibt sich die Ist-Fläche je Raum und gesamt, mit dem Endergebnis der voraussichtlichen Gesamtfläche (Abb. 4.29).[52]

---

[52] Vgl. Donhauser B (1995) Grobstrukturbetrachtung einer Aufbauorganisation. Qualitätsmanagement Handbuch CBP. Nicht veröffentlicht.

Funktionsgruppen	Anzahl Personen (1,00)	%	Fläche [m²] pro Funktion	%	Anzahl Personen Raumtyp	Anzahl Räume pro Raumtyp	Fläche [m²] Raum	1,35 Achsen / 5,00 Tiefe	Fläche Ist Raum [m²]	Fläche Ist Person [m²]	Fläche Gesamt [m²]	Hinweis	Achsen Gesamt	Achsen pro MA
Direktoren	5	0%	150	1%	5						166			
100% Einzelbüros					5	5	30	5	33,25	33,25	166	günstig	25	
Sekretariat	68	3%	781	3%	68						1.147			
56% Einzelbüros					38	38	12	3	19,75	19,75	751	günstig	114	
44% Doppelbüros					30	15	23	4	26,50	13,25	396	günstig	60	
Abteilungsleiter/Stellv. Dir.	34	2%	611	2%	34						900			
100% Einzelbüros					34	34	18	4	26,50	26,50	900	günstig	136	
Bereichsleiter, Prokurist	106	5%	1.906	8%	106						2.092			
100% Einzelbüros					106	106	18	3	19,75	19,75	2.092	günstig	318	
Gruppenleiter	91	4%	1.364	6%	91						1.796			
100% Einzelbüros					91	91	15	3	19,75	19,75	1.796	günstig	273	
0% Doppelbüros					0	0	0	0	0,00	0,00	0	günstig	0	
Sachbearbeiter	1.497	68%	15.715	64%	1.497						14.873			
0% Einzelbüros					0	0	0	0	0,00	0,00	0	günstig	0	
50% Doppelbüros					748	374	21	3	19,75	9,88	7.390	günstig	1.122	
50% 4 Personenraum					748	187	42	6	40,00	10,00	7.483	günstig	1.122	
Spezialisten	14	1%	168	1%	14						182			
100% Einzelbüros					14	14	12	2	13,00	13,00	182	günstig	28	
0% Doppelbüros					0	0	0	0	0,00	0,00	0	günstig	0	
Datentypistin	40	2%	400	2%	40						400			
0% Doppelbüros					40	0	0	0	0,00	0,00	0	günstig	0	
100% 4 Personenraum					40	10	40	6	40,00	10,00	400	günstig	60	
0% 8 Personenraum					0	0	0	0	0,00	0,00	0	günstig	0	
Azubis	286	13%	2.857	12%	286						2.851			
0% Einzelbüros					0	0	0	0	0,00	0,00	0	günstig	0	
0% Doppelbüros					0	0	0	0	0,00	0,00	0	günstig	0	
0% 4 Personenraum					0	0	0	0	0,00	0,00	0	günstig	0	
100% 8 Personenraum					286	36	80	12	80,50	10,01	2.851	Proportion !	429	
Hospitanten, Externe, Sonstige	65	3%	682	3%	65						641			
0% Einzelbüros					0	0	0	0	0,00	0,00	0	günstig	0	
100% Doppelbüros					65	32	21	3	19,75	9,88	641	günstig	97	
Summe														

Abb. 4.29. Hochrechnung zum Raum- und Flächenbedarf

Die Ermittlung beinhaltet die Möglichkeit, den Büroflächenbedarf für verschiedene Bürokonzepte und Wachstumskonzepte hochzurechnen. Das Ergebnis der Flächenbedarfsermittlung (Abb. 4.30) ist das Raum-, Flächen- und Ausstattungsprogramm. Es dient mit zunehmendem Reifegrad der betrieblichen Standortprüfung, der Zonenplanung im Rahmen eines Bebauungsplans, der Optimierung der Flächen- und Layoutkonzeption für den Gesamtbetrieb sowie der eigentlichen Raumprogrammplanung. Ein bewährtes Hilfsmittel zur Dokumentation der Anforderungen an die tragenden und nichttragenden Baukonstruktionen ist ein Gebäude- und Raumbuch. Ein Gebäude- und Raumbuch kann jedoch als Anlage zum NBP erstmals als Forderungskatalog aufgestellt, mit Abschluss der Vor-, Entwurfs- und Ausführungsplanung fortgeschrieben und mit Baufertigstellung als Bestandsgebäude- und -raumbuch abgeschlossen und an den Nutzer übergeben werden.

Nutzung	Büroraum	Labor	Klimaraum	Lager (Gefahrgut)	Schulungsräume
Bautechnische Vorgaben:					
Raumbedarf [qm]	> 200	> 30	> 30	> 50	> 30
Raumhöhe [m]	2,60	2,60	2,60	2,60	2,60
Bodenbeläge	Teppich	Kunststoff	Kunststoff	Estrich	Teppich
Bodenbelastung [KN/qm]	2,5	2,5	< 5	< 5	2,5
Beleuchtung [lux]	ca. 500	bis 1000	bis 1000	min. 120	min. 120
Heizung					
Lüftung					
Klima					
Elektro					
Medien:					
Druckluft					
Vakuum					
Gas					
Wasser					
Gebäudelogistik:					
vertikal					
horizontal					
Lärm Minimum					
Zuwege günstig					
Sicherheitsanforderungen					

Legende: ▨ ERFORDERLICH
▨ BEDINGT ERFORDERLICH
□ NICHT ERFORDERLICH

Abb. 4.30. Ausstattungsprogramm

4.4.6 Risikoabschätzung

In das Nutzerbedarfsprogramm ist eine Risikoabschätzung bestehender interner und externer Risiken hinsichtlich Eintritts- und Entdeckungswahrscheinlichkeit sowie Bedeutung aufzunehmen. Zu den internen Risiken zählen u.a. die Zuverlässigkeit der Marktrecherche, die Akzeptanz des Nutzungskonzeptes, die Zuverlässigkeit der Projektbeteiligten, die Attraktivität der Lage des Standortes und die finanzielle Leistungsfähigkeit. Den externen Risiken sind die Konjunktur- und Kreditzinsentwicklung, das Verhalten der Öffentlichkeit und die Genehmigungsfähigkeit zuzurechnen.

Im NBP ist zu beschreiben, wie den Risiken aus ungesicherter Genehmigungsfähigkeit zu begegnen ist, damit das Genehmigungsrisiko beherrschbar bleibt, z.B. durch frühzeitige Kontaktaufnahme mit den maßgeblichen in die verschiedenen

Genehmigungsverfahren involvierten Institutionen. Wichtiger Bestandteil des NBP ist die Abschätzung des Investitionsrahmens und der Folgekosten für das durch die Bedarfsplanung ermittelte Raum-, Funktions- und Ausstattungsprogramm.

4.5   Markt- und Standortanalyse

Die Markt-/Standortanalyse setzt sich mit der kurz- bis mittelfristigen Angebots- und Nachfragesituation bestimmter Nutzungsarten auseinander. Sie analysiert den Gesamt- und Teilmarkt mit Hilfe einer quantitativen und qualitativen Analyse. Die wesentlichen Nutzenpunkte sind:

- Quantitative Analyse und Prognose von Flächenangebot und Flächennachfrage
- Qualitative Analyse und Prognose der Nutzeranforderungen
- Analyse des Mikro- und Makrostandortes, z.B. des Straßenzuges bzw. der Region
- Reduktion des Entwicklungs-, Zeit-, Kosten-, Finanzierungs-, Baugrund- und Genehmigungsrisikos
- Bestimmung der Marktposition des bestehenden Nutzungskonzeptes
- Konsolidierung der Stärken und Vermeidung von Schwächen in der Projektkonzeption.

Die Bestandteile der Markt- und Standortanalyse sind die quantitative und qualitative Analyse, Wettbewerbs- sowie Risikoanalyse.

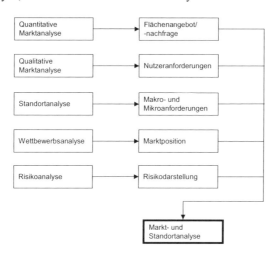

Abb. 4.31. Fachexpertise zur Markt- und Standortanalyse

4.5.1 Quantitative Marktanalyse

Die quantitative Marktanalyse ist darauf ausgerichtet, das Flächenangebot und die Flächennachfrage in Quadratmeterangaben auszuweisen. Dabei errechnet sich das mittelfristige Flächenangebot durch die Summe der Leerstandsflächen plus der im Bau befindlichen Flächen plus der Flächen genehmigter oder in der Planung befindlicher Projekte sowie dem Abzug von Flächenabgängen wegen Überalterung oder Nutzungsänderungen. Die Prognose der langfristigen Flächennachfrage (Abb. 4.32) ist u.a. abhängig von:

- Konjunkturentwicklung,
- Bevölkerungsstruktur und -entwicklung,
- Beschäftigungsstruktur und -entwicklung,
- Auslassung und Auftragssituation,
- Zukunftserwartung der Nutzer,
- Wirtschaftliche Entwicklung der Nutzer,
- Steuergesetzgebung oder -rechtsprechung und
- Finanzierungskonditionen und -möglichkeiten.

Trend	Quantitativer Flächenbedarf
Rationalisierungsbestrebungen	↓
„Lean Administration"	↘
Teamarbeit, verstärkte interne Kommunikation	→
Desksharing / non-territorialer Arbeitsplatz	↘
Outsourcing	↘
Verlagerungen in Niedriglohnländer	↘
Anforderungen an Corporate Identity, Representativität / Außenwirkung	→
Bedarfsanforderungen aus dem Hardwarebereich	→
Verringerung von Archivflächen	↘
Teleheimarbeit	↘
Satellitenbüros	→
Anforderungen an Konstruktion, gebäude- und Raumstrukturen	→
Rechtliche Rahmenbedingungen	↗
Etablierung neuer Wirtschaftszweige	↗

	Zellenbüro		Großraumbüro		Gruppenbüro		Kombibüro		Revibüro	
	heute	zukünftig	heute	zukünftig	heute	zukünftig	heute	zukünftig	heute	zukünftig
Unternehmensorientierte Dienstleister	70,8	29,2	0,0	0,0	4,2	0,0	37,5	58,3	12,5	45,8
Durchschnitt	80,7	37,6	5,1	6,6	11,7	12,7	26,4	43,1	11,2	40,6

Abb. 4.32. Tendenzen des langfristigen Flächenbedarfs im Bürosektor[53]

---

[53] Dresdner Bank (1999) Zukunftsorientierte Bürokonzepte. GIM, Frankfurt/Main S 112

Die Beschreibung kurzfristiger Trends und die Analyse der Flächennachfrage erfolgt mit Hilfe des Flächenabsatzes, d.h. es werden die innerhalb einer in der Regel einjährigen Periode getätigten Neuvermietungen von Bestands- und Neubauten betrachtet. Alternativ errechnet sich die Netto- Flächenabsorption aus dem verfügbaren Flächenangebot minus dem Leerstand am Ende des Analysezeitraumes. Es erfolgt eine Gegenüberstellung von Flächenangebot und Flächennachfrage:

- Ableitung der voraussichtlichen Dauer der Flächenabsorption (Hinweis auf potenzielle Vermarktungsdauer des Projektes)
- Korrektur der zu Grunde gelegten Marktpreise bei sich abzeichnenden Angebots- oder Nachfrageüberschüssen.

4.5.2 Qualitative Marktanalyse

Die qualitative Marktanalyse untermauert die im Rahmen der quantitativen Angebots- und Nachfrageanalyse getroffenen Aussagen mit qualitativen Kriterien.

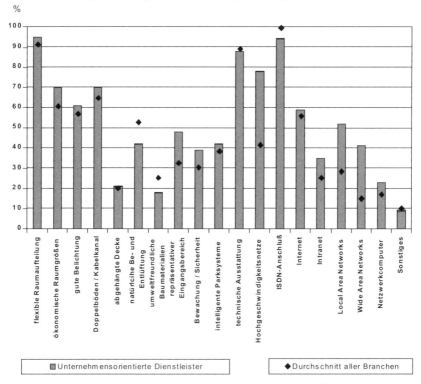

Abb. 4.33. Ausstattungsmerkmale unternehmensorientierter Dienstleister[54]

---

[54] Dresdner Bank (1999) Zukunftsorientierte Bürokonzepte. GIM, Frankfurt/Main S 110

Nachfolgend werden die typischen Fragestellungen im Rahmen der qualitativen Marktanalyse am Beispiel der Büro-Immobilienentwicklung aufgezeigt:
- Wie groß sind die nachgefragten Flächen?
- Wie viel Fläche wird dem einzelnen Mitarbeiter zur Verfügung gestellt?
- Welche Raumkonzeption wird bevorzugt?
- Welche technischen Einrichtungen (Abb. 4.33) werden vorausgesetzt und welche werden zusätzlich vergütet?
- Welche Dienstleistungen werden vorausgesetzt und welche werden zusätzlich vergütet?
- Wie viele Stellplätze werden benötigt?
- Welche Anforderungen werden an die Standortqualität gestellt?
- Welche Anforderungen werden an die Bauqualität und Architektur gestellt?

4.5.3 Standortanalyse

Die Standortanalyse untersucht die langfristig wirksamen Charakteristika des Makro- Mikrostandortes eines Immobilienprojektes. Der Makrostandort umfasst die Stadt oder den Ballungsraum während der Mikrostandort sich auf das Grundstück und dessen unmittelbares Umfeld bezieht. Der Makro- bzw. Mikrostandort werden mit Hilfe harter und weicher Standortfaktoren analysiert.

Harte Faktoren	**Weiche Faktoren (unternehmensbezogen)**
- Verkehrsanbindung	- Wirtschaftsklima Land
- Arbeitsmarkt	- Wirtschaftsklima Stadt
- Flächenmietkosten	- Image Betriebsstandort
- Lokale Abgaben	- Stadt/Regionsimage
- Flächenbüroangebot	- Karrieremöglichkeiten
- Branchenkontakte	
- Umweltschutzauflagen	**(personenbezogen)**
- Nähe Absatzmärkte	- Wohnen und Wohnumfeld
- Fördermittel am Ort	- Umweltqualität
- Nähe zu Lieferanten, Hochschulen/Forschung	- Schulen/Ausbildung
- Nähe zum Unternehmen	- Freizeitwert
	- Reiz der Region
	- Reiz der Stadt
	- Kultur

4.5.4 Wettbewerbsanalyse

Die Wettbewerbsanalyse integriert die Markt- und Standortanalyse sowie die Analyse des Nutzungskonzeptes mit dem Ziel, die relative Marktposition der projektierten Immobilie im Vergleich zu Konkurrenzimmobilien zu bestimmen. Der

Ausgangspunkt ist die Identifikation und Erfassung geeigneter Konkurrenzimmobilien, die ihrerseits eng mit der Untersuchung der Angebotssituation im Rahmen der Marktanalyse verbunden ist. Im nächsten Schritt sind die Kriterien zu bestimmen, anhand derer der Vergleich mit der Konkurrenz erfolgen soll.

Dabei handelt es sich in der Regel vor allem um die Mietkondition sowie Faktoren der Standort und Gebäudeattraktivität. Aus den Kriterien Gewichten und Erfüllungsgraden lässt sich schließlich ein Attraktivitätsindex (Rating) ableiten, mit dem sich die Wettbewerbsposition des initiierten Projektes bestimmen lässt. Aus dieser Bewertung kann der Projektentwickler wertvolle Rückschlüsse auf die Stärken und Schwächen seines Nutzungskonzeptes ableiten. Damit stellt die Wettbewerbsanalyse ein wichtiges Instrument im Rahmen der kontinuierlich erforderlichen Modifizierung des Nutzungskonzeptes dar, die auch die bestmögliche Anpassung an die Bedürfnisse der potenziellen Nutzer ausgerichtet ist und zugleich die weitestgehende Differenzierung von den Angeboten der Konkurrenz anstrebt.

4.5.5 Risikoanalyse

Die Aufgabe der Risikoanalyse ist es, die Entscheidungsbasis des Projektentwicklers durch die Identifizierung sowohl der beeinflussbaren, als auch der außerhalb des Einflusses liegenden Risikoaspekte zu verbessern.

Entwicklungsrisiko

Eine nicht marktkonforme Projektkonzeption im Sinne unzureichender Standort- und Nutzungsadäquanz führt zu Vermarktungsschwierigkeiten. Ein Prognoserisiko bedeutet, dass die prognostizierten Rahmenbedingungen, auf deren Grundlage die Entscheidung über die Durchführung der Projektentwicklung abgeleitet wurde, in der Wirklichkeit nicht eintreten.

Planungsrisiko

Die materiellen und immateriellen Vorleistungen des Projektentwicklers gehen verloren, sofern das Projekt aus wirtschaftlichen, technischen oder planungsrechtlichen Gründen nicht umsetzbar ist und demzufolge gestoppt wird. Eine Reduktion der Entwicklungs-, Prognose- und Planungsrisiken ist u.a. möglich durch die gewissenhafte Einschätzung eigener Fähigkeiten und Ressourcen, die Auswahl fachlich versierter und erfahrener Projektpartner, einer systematischen und umfassenden Analysetätigkeit (Feasability-Studie), die rechtzeitige Aufnahme der Projektvermarktung und durch die Bildung strategischer Allianzen.

Terminrisiko

Eine Überschreitung der geplanten Entwicklungs- und/oder Vermarktungsdauer führt aufgrund des in der Regel hohen Fremdkapitalanteils zu zusätzlichen Zinsbelastungen. Eine Überschreitung der geplanten Entwicklungs- und/oder Vermarktungsdauer führt unter Umständen auch dazu, dass sich die ehemals günstigen Rahmenbedingungen hinsichtlich der Nachfrage und Wettbewerbssituation verschlechtern (timing). Die Reduktion des Terminrisikos ist u.a. möglich durch:

- eine professionelle Projektorganisation (Zeit-, Terminplanung- und Kontrolle),
- eine regelmäßige Kommunikation mit sämtlichen Projektbeteiligten,
- die Auswahl fachlich versierter und erfahrener Projektpartner,
- die rechtzeitige Aufnahme der Projektvermarktung.

Genehmigungsrisiko

Ein Genehmigungsrisiko besteht in der Erteilung zusätzlicher Auflagen, welche die Wirtschaftlichkeit des Projektes in Frage stellen und durch langwierige Genehmigungsverfahren (Zeitrisiko) eine Verzögerung eintritt. Unter Umständen kann sogar eine Verweigerung der Baugenehmigung wegen Verstoßes gegen öffentlich rechtliche Interessen erlassen werden, insofern bei der Markt- und Standortanalyse die Rahmenbedingungen nicht vollständig erarbeitet und ausgewertet wurden. Eine Reduktion des Genehmigungsrisikos ist u.a. möglich durch:

- frühzeitige und regelmäßige Kommunikation mit den jeweiligen Genehmigungsbehörden und Vertretern beteiligter Dritter,
- Berücksichtigung öffentlicher Interessen bereits in der Projektkonzeptionsphase,
- Einholen eines Bauvorbescheides durch Stellen einer Bauvoranfrage,
- Zeitliche Koordinierung der Planung und Genehmigung sowie
- Aufbau eines positiven öffentlichen Images (Projekt und Projektentwickler) durch Öffentlichkeitsarbeit.

Finanzierungsrisiko

Ein existenzielles Risiko der Projektentwicklung kann durch die unzureichende Eigenkapitalausstattung des Projektentwicklungsunternehmens entstehen.

Zinsänderungsrisiko

Eine Reduktion des Finanzierungsrisikos ist u.a. möglich durch die Vermeidung finanzieller Engagements (z. B. Grundstückskauf) vor der endgültigen Entscheidung über die Projektdurchführung, eine Festzinsvereinbarung oder eine Risikoteilung durch Bildung strategischer Allianzen (z. B. Joint Venture Finanzierung).

Boden- und Baugrundrisiko

Ein Boden- und Baugrundrisiko besteht in Kontaminationen aus Altlasten und Sprengkörperfunden, Nutzungseinschränkungen oder Bauzeitverzögerung aus vorgefundenen Baudenkmählern. Weiterhin können Einschränkungen aus einer unzureichenden zulässigen Grundpressung bzw. Zusatzkosten aus erforderlichen Sondergründungen entstehen. Weitere Unvorhersehbarkeiten sind unerwartete hydrogeologische Verhältnisse mit der Erfordernis besonderer Auftriebssicherung und Abdichtungsmaßnahmen. Eine Reduktion des Boden- und Baugrundrisikos ist u.a. möglich durch eine umfangreiche Baugrunduntersuchung (Baugrundgutachten, Eillastenuntersuchungen, Altlastenverzeichnisse) und eine entsprechende Vertragsgestaltung beim Grundstückskauf (z. B. Kauf unter Aufschieben der Bedingungen).

Kostenrisiko

Die dargestellten Risikofaktoren (insbesondere die Palette der Baugrundrisiken, langwierige Genehmigungsverfahren, zusätzliche Auflagen, Bauzeitverzögerungen) wirken sich direkt auf die Kosten und damit letztlich auf den potenziellen Developergewinn aus. Eine Reduktion des Kostenrisikos ist u.a. möglich durch eine gezielte Kostenplanung und ein Kostenmanagement nach DIN 276, professionelle Vertragsgestaltung mit Planern und ausführenden Firmen sowie der Auswahl fachlich versierter und erfahrener Projektpartner.

4.6 Kaufmännische und technische Bestandsbewertung

Das Thema Immobilie ist durch persönliche Werturteile und (unternehmens-) politische Grundsatzentscheidungen geprägt, die objektive Tatbestände häufig übersehen lassen. Die Beurteilung des Immobilienbestandes wird jedoch weniger willkürlich, wenn mit einer vorgegebenen Bewertungsstruktur der Bestand transparent und quantitativ analysiert wird.

Die Bestandsbewertung dient mit der Überprüfung von u.a. Gesamtzustand, Gebäudetechnik, Funktionalität, Sicherheit Wirtschaftlichkeit und Wert als Entscheidungsgrundlage für Käufer/Investoren, Eigentümer und Verkäufer von Immobilien. Sie bildet die Basis zur kurz-, mittel- und langfristigen Planung der Kauf-/ Verkaufsstrategie, Entwicklungsmaßnahmen oder einer gezielten Instandhaltung. Sie ist nach z.B. dem Bauwerk, technischen Anlagen, Kommunikationssystemen, Inventar und bestehenden Dienstleistungen, auch unter Hinzuziehung eines Gutachters oder Sachverständigen[55], vorzunehmen. Neben dem monetären Wert ist auch eine Bewertung im Hinblick auf Sicherheit, Stand der Technik und Nutzen für die Immobilie mit Blick auf ein optimales Gebäudemanagement vorzunehmen.

Dabei spielen auch spätere Nutzungskosten der Dienstleistungen im Bereich Reinigung, Bewachung, Brandschutz etc. eine Rolle, die durch das frühzeitige Erkennen und Bewerten in ein Optimierungsprogramm einfließen können. In einem Bericht für den Auftraggeber / Nutzer sind die zu untersuchenden Bauteile, Anlagen und Dienstleistungen aufzuzeigen und in ihrer Bewertung darzustellen. Neben

---

[55] Hier ist zwischen öffentlich bestellten und vereidigten Sachverständigen und anderen zu unterscheiden, da die genannten Begriffe „Sachverständiger" und „Gutachter" rechtlich nicht geschützt sind.

der Beschreibung des Ist-Zustandes sind Konzepte zur Erhaltung bzw. Verbesserung zu erarbeiten. Hierzu sind Marktanalysen und Benchmarking-Prozesse zur Werterhaltung und Wertsteigerung durchzuführen, um einen definierten Soll-Zustand zu erreichen.

Der Nutzen der Bestandsbewertung lässt sich wie folgt darstellen:

- Schaffen von Transparenz hinsichtlich des Zustandes einer Bestandsimmobilie respektive des gesamten Immobilienportfolios,
- Darstellen von Risiken z.B. hinsichtlich der Lagequalität, Mängel der Bausubstanz,
- Vermeiden von Fehlinvestitionen bei Kauf- oder Sanierungsentscheidungen,
- Schützen vor schleichendem Wertverlust der Gebäudesubstanz,
- Ausgleichen von Informationsdefiziten sowie
- Optimieren der Vermarktung und Vermietbarkeit.

Die Vorgehensweise zur Durchführung einer Bestandsbewertung sowie ihrer Teilergebnisse ist in Abb. 4.34 vorgegeben.

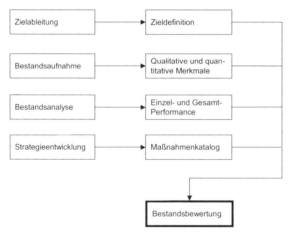

Abb. 4.34. Fachexpertise zur kaufmännischen und technischen Bestandsbewertung

Grenzen der Beurteilungsmethode

Sowohl bei den Nutzwerten als auch bei den Qualitätseigenschaften der Immobilien handelt es sich um Begriffe, die mit der Bestandsbewertung zwar klar umrissen, aber auf die wichtigsten Kriterien beschränkt werden. Die Themen Gesundheit, Energieeinsparung, Qualität und umweltgerechte Bauweise werden daher anhand von quantitativen, also messbaren, und qualitativen Kriterien bewertet. Die Bestandswertung darf deshalb nicht als fertiges Instrument verstanden werden. So wie vielfach die Nutzung und die damit zusammenhängenden Wertvorstellungen in ständigem Wandel begriffen sind, muss auch ein System zur Bewertung der

Immobilien laufend an neue Bedingungen und Zielvorstellungen angepasst werden.

4.6.1 Zieldefinition

In Abb. 4.35 sind die aus den baulichen, technischen und wirtschaftlichen Randbedingungen resultierenden Sichtweisen aufgezeigt. Aus Sicht des Investors oder Nutzers ist vorrangig zu klären, ob sich der Erwerb oder das Halten im Bestand einer bestimmten Immobilie für die vorgesehenen Zwecke bzw. der gesetzten Renditevorgaben lohnt. Die Lage, Infrastruktur, Verkehrsanbindung und das wirtschaftliche Umfeld sind mit den Anforderungen des Nutzers zu vergleichen. Das Objekt ist hinsichtlich seiner Architektur und Grundrisse zu begutachten und ggf. Umbaumaßnahmen in die Planung mit einzubeziehen. Darüber hinaus ist der bauliche und technische Zustand zu bewerten sowie die zukünftigen Investitionen in u.a. die Instandhaltung, Wartung und Pflege unabhängig von den Angaben des Anbieters einzuschätzen.

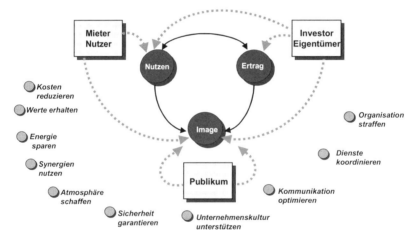

Abb. 4.35. Unterschiedliche Sichtweisen auf den Bestand

Für den Eigentümer ist von Interesse, wie sich der Nutzwert und die Funktionalität, z.B. durch Umstrukturierungen oder Instandsetzungsinvestitionen, erhöhen lassen, um eine Erhöhung des Mietpreisniveaus zu erreichen. Hierbei sind die Investitionen den voraussichtlichen Mietmehreinnahmen gegenüberzustellen.

Die Sicht des Verkäufers ist insbesondere auf die potenziellen Käuferkreise gerichtet. Mittels einer gezielten Ansprache von Investoren ist ein deutlich verkürzter Verkaufsprozess sowie ein optimaler Verkaufspreis zu erwarten. Darüber hinaus ist zu prüfen, ob sich durch Umnutzung, Sanierung oder eine Projektentwicklung eine wirtschaftliche Wertschöpfung erreichen lässt.

4.6.2 Aufnahme der qualitativen und quantitativen Beurteilungskriterien

Die Bewertungsmethode muss sich auf Merkmale und Kriterien ausrichten, die in der Bestandsdokumentation, z.B. in Plänen und Objektbeschreibungen, erkennbar sind. Während die Gebrauchswerte der Immobilien und ihres Umfeldes hinlänglich, auch in quantitativer Hinsicht, beurteilt werden können, fehlen für Gestaltungswerte entsprechende Hilfsmittel. Die Bestandsbewertung unterscheidet deshalb zwischen quantitativ ermittelten Gebrauchswerten und qualitativ erfassbaren Gestaltungswerten. Während die Gebrauchswerte nach den heute möglichen Mindestwerten, wie beispielsweise bei der Umweltbelastung durch minimale Schadstoffemissionen, ermittelt werden, beschränkt sich die Beurteilung von Gestaltungsmerkmalen auf die Deklaration und Darstellung geeigneter Planungs- und Hilfsmittel.

Nach diesem Ablauf und mit eingehenden Erläuterungen ist eine Vielzahl von Kriterien zu beurteilen, um die Qualitätseigenschaften einer Immobilie erfassen zu können. Auf diese Weise kommen Einzelurteile zustande, die nach Zuordnung zu übergeordneten Themenfeldern zu einem übersichtlich dargestellten Gesamturteil zusammen gefasst werden. Der so ermittelte Bestandswert kann zum Vergleich von einzelnen Immobilien bis zur Beurteilung ganzer Portfolios genutzt werden.

Die nachfolgend aufgezeigten Kriterien der Bestandsbewertung gelten in unterschiedlicher Ausprägung für alle Arten von Immobilien. Auch Fragen nach z.B. der Geschossflächenzahl, dem Gebäudeabstand oder der Ausprägung der Tragstruktur, die an sich in der Immobilie unveränderbar sind, können im Kontext einer möglichen Veräußerung eine zentrale Rolle spielen.

Nutzwert

Der Nutzwert einer Immobilie ist gemäß Abb. 4.35 zwischen Investoren- und Nutzersicht zu differenzieren, insgesamt jedoch ein Zusammenspiel von Ertrag, Image und Nutzen. Der Nutzwert eines Grundstückes ist nicht objektiv gegeben, sondern hängt vielmehr direkt von der Einschätzung des Nutzers ab.

Nutzungsqualität

Eine gute Bauqualität der Gebäudehülle ist u.a. die Voraussetzung zur Erreichung einer guten thermischen Behaglichkeit. Die Raumluftfeuchtigkeit und -temperatur als weiter bestimmende Größen stehen in engem Zusammenhang mit dem notwendigen Luftwechsel in einem Gebäude. Feuchtigkeit und Gerüche fallen in Räumen an und müssen mit einer gezielten Luftversorgung abgeführt werden.

Nutzungskosten

Die Nutzungskosten umfassen nach DIN 18960[56] alle in baulichen Anlagen und deren Grundstücken regelmäßig oder unregelmäßig wiederkehrenden Kosten von Beginn ihrer Nutzbarkeit bis zu ihrer Beseitigung.

Verkaufswert und Rendite

Der Verkaufswert (offener Marktwert[57]) einer Immobilie kann im Voraus letztendlich nur durch mehr oder weniger zutreffende Verkehrswertermittlungen eingeschätzt werden und ist immer abhängig von Angebot und Nachfrage. Zur Ermittlung des Verkehrswertes sowie der Renditen kommen unterschiedliche Verfahren zur Anwendung. Neben den in Deutschland im Vordergrund stehenden Vergleichs-, Sach- und Ertragswertverfahren nach WertV[58], gewinnen internationale Verfahren[59] wie die „direkte Vergleichswertmethode", die „Investment-Methode" (Term-and-Reversion, Term-and-Reversion mit Equivalent Yield, Hardcore- oder Layer), die „Discounted-Cash-Flow-Methode", die „Residualwertmethode" (traditionell und Cash-flow) sowie Gewinn-Methode" immer mehr an Bedeutung.

Bei der Ermittlung von (Vergleichs-) Renditen ist darauf zu achten, dass dies auf der gleichen Grundlage erfolgt, weil hier völlig unterschiedliche Definitionen vorhanden sind (Anfangsrendite, Durschnittsrendite etc.). Alternative Investitionen sind bei den selben Renditearten durchaus vergleichbar.

Gebäude und Architektur

Je mehr sich Mitarbeiter oder Kunden mit ihrem Arbeits- oder Dienstleistungsumfeld identifizieren, umso besser stellt sich der objektive Nutzwert dar. Das Wohlbefinden in und mit Immobilien ist letztendlich entscheidend für die Motivation am Arbeitsplatz bzw. die Orientierung am Kunden. Das planerische und architektonische Konzept für eine Immobilie muss u.a. auf eine ausgewogene Gebäude-, Raum-, und Umfeldgestaltung gerichtet werden.

Außenanlage

Die Flächen der Außenanlage können wesentliche Elemente für eine nachhaltige Attraktivität des Standortes darstellen, z.B. bei Unternehmen mit starkem repräsentativem Engagement und entsprechendem Publikumsverkehr.

---

[56] Vgl. Deutsches Institut für Normung e.V (1999) DIN 18960: Nutzungskosten im Hochbau. Beuth-Verlag, Berlin

[57] Definition nach der Royal Institution of Chartered Surveyors (RICS)

[58] WertV: Wertermittlungsverordnung: 2. Verordnung über Grundsätze für die Ermittlung der Verkehrswerte von Grundstücken

[59] Vgl. Jenyon B et al (1999) Internationale Bewertungsverfahren für das Investment in Immobilien, IZ Immobilien Zeitung Verlagsgesellschaft, Wiesbaden

Umwelt

Die Minimierung der Betriebsenergie für z.B. Heizung, Kühlung, Lüftung und Warmwasser ist ein wesentlicher Beitrag zur Reduktion der Umweltbelastung und kann gleichzeitig das Image einer Immobilie erhöhen. Mit einem guten Wärmeschutz und einer effizienten Wärmeaufbereitung kann der Energieaufwand mit einem guten Kosten-Nutzen-Verhältnis gesenkt werden. Bereits heute können erneuerbare Energien (z. B. Sonne, Erdwärme etc.) erfolgreich und wirtschaftlich eingesetzt werden.

Technik

Auch die Bedarfsanalyse und Abstimmung der einzelnen haustechnischen Anlagen (z.B. zur Wärmeerzeugung) bildet die unverzichtbare Grundlage für eine optimale Dimensionierung. Eine angepasste Auslegung führt zu einem optimierten Wirkungs- und Nutzungsgrad.

4.6.3 Auswertung der Immobilienperformance

Die Ergebnisse der Bestandsbewertung werden in Form der Einzelperformance sowie das Gesamtportfolio mit einem Performance-Ranking dargestellt. In Abb. 4.36 sind die bewerteten Kriterien und am Beispiel der Erreichbarkeit sowie technischen Ausstattung die Unterkriterien aufgezeigt.

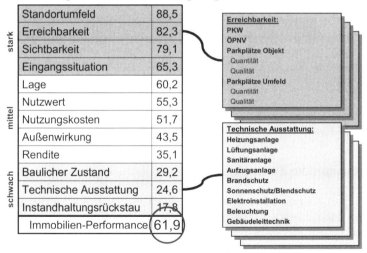

Abb. 4.36. Immobilien-Performance der Einzelimmobilie[60]

---

[60] Vgl. Behrends M, Schöne L (2002) Portfolioanalyse in der Einzelbewertung und Ableiten der Gesamt-Immobilienperformance, REAL I.S. Unternehmenspräsentation, München

Es wird deutlich, dass die analysierte Immobilie[61] im Sinne des Marktes und Standortes stark ausgeprägt ist. Im Mittelfeld sind u.a. die Kriterien Nutzungskosten und Rendite zu finden, die im dargestellten Beispiel in direktem Zusammenhang zur mangelnden technischen Ausstattung stehen. Der bauliche Zustand, die Gebäudetechnik sowie der Instandhaltungsrückstau sind die Verursacher für hohe Nutzungskosten durch z.B. einen überhöhten Energieverbrauch oder vermehrte Wartungs- und Instandsetzungsaktivitäten.

In der Betrachtung des gesamten Immobilienportfolios in Abb. 4.37 liegt das Objekt, aufgrund der teilweise deutlich schlechter bewerteten Objekte, im mittleren Bereich. D.h. ein Handlungsbedarf bzw. die detaillierte Betrachtung der Optimierungspotenziale sowie die Ableitung notwendiger Maßnahmen, ist zunächst bei den Beispielobjekten I und D abzuleiten bzw. durchzuführen.

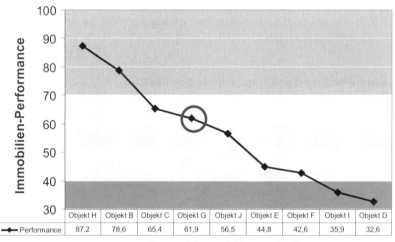

Abb. 4.37. Performance des Immobilienportfolios

4.6.4 Ableiten der Strategie

Mit dem Fall 1 ist die Abschöpfung des Nutzwertes bzw. der Rendite unter Beobachtung der zukünftigen Marktentwicklung und Erkennen des optimalen Ausstiegszeitpunktes oder neuer Entwicklungspotenziale gekennzeichnet.

Fall 3 kennzeichnet die Möglichkeit zur Realisierung eines Optimierungspotenzials in der Immobilie und trägt durch entsprechende Maßnahmen zur Maximierung der Renditen und des Nutzwertes durch z.B. die Senkung der Bewirtschaftungskosten und Optimierung der Flächenbereitstellung durch markt- und

---

[61] Unter Einbindung von Ergebnissen der Markt- und Standortanalyse.

nutzungsgerechte Entwicklungsmaßnahmen, z.B. im Sinne der Projektentwicklung bei.

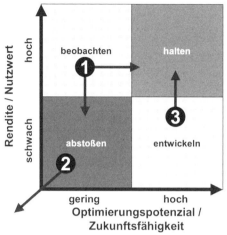

Abb. 4.38. Ableiten der Strategie mit Hilfe der Portfoliomatrix

Der Fall 2 stellt die Risikominimierung durch Verkauf ungeeigneter Immobilien und folglich Freisetzung von unrentabel gebundenem Eigen- und Fremdkapital dar.

4.7   Festlegung des Kostenrahmens

Eine Entscheidung über die Projektrealisierung auf Grundlage von falschen, wirtschaftlichen Randbedingungen kann Fehlinvestitionen in beträchtlichen Größenordnungen auslösen (Grunderwerb, Erschließungsmaßnahmen, verlorene Planungskosten, Anmietkosten etc.). Aus diesem Grunde kommt der Eingrenzung der erforderlichen Investitionskosten eine erhebliche Bedeutung zu.

Häufig liegen zum Zeitpunkt der Kostenrahmenermittlung noch keine planerischen Grundlagen vor. Trotzdem muss der Kostenrahmen die in den nachfolgenden Planungsphasen zu entwickelnden Gestaltungsvarianten abdecken. Die zu einem späteren Zeitpunkt der Planung (Vorplanung) zu entwickelnden Gestaltungsvarianten beeinflussen einerseits die geometrische Gebäudekonfiguration, aber auch die Detailgestaltung und Materialfestlegungen. Es ist deshalb häufig nicht möglich, bereits zu diesem Zeitpunkt bis in die Ebene von Leistungspaketen oder gar Leistungspositionen zu gliedern, da die dafür erforderlichen Planungsgrundlagen zu diesem Zeitpunkt noch nicht vorliegen.

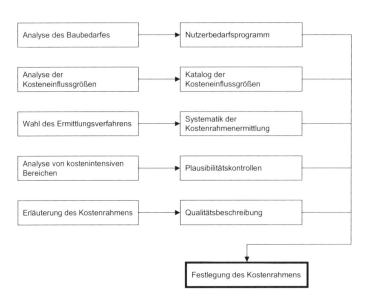

Abb. 4.39. Festlegung des Kostenrahmens

4.7.1 Analyse des Baubedarfs

Vor der Formulierung des Kostenrahmens muss der Bedarf im Hinblick auf die kostenrelevanten Randbedingungen analysiert werden. Die dafür notwendigen Grundlagen sind bereits im Nutzerbedarfsprogramm angesprochen worden (Kap. 4.4). Kostenrelevante Einflussparameter sind z. B.: Anzahl der Arbeitsplätze, differenziertes Flächenmodell (Sonderflächen), Definition der raumlufttechnisch zu behandelnden Flächen, Funktionsflächen, Abschätzung der Flächenverteilung der Nutz- und Funktionsflächen ober- und unterirdische Bereiche differenziert, Abklärung der Bebaubarkeit wie GFZ, GRZ, Baulinien, Traufhöhen, Grundwasserstände, Nachbarbebauung und Spartenrestriktionen, Stellplatzbedarf, Höhenentwicklung unter besonderer Berücksichtigung der Mischnutzung auf einer Ebene, Feuerwehrzufahrten, Tragraster, Abschätzung von Standardimmissionen (Lärm, Gerüche) und Ableitung von konkreten Maßnahmen (Schallschutzmaßnahmen, Lüftungsanlagen).

Die aufgeführten Kosteneinflussgrößen sind noch nicht vollständig aufgeführt, zeigen allerdings die Vielfältigkeit der Parameter auf. Der zu ermittelnde Kostenrahmen sollte grundsätzlich auf folgenden Grundlagen erstellt werden:

- Nutzerbedarfsprogramm
- Angaben zu Baugrund, Grundwasser, Nachbarbebauung
- Planerischer Lösungsversuch (erster Ansatz)
- Eigene Massenermittlung (Grobelemente)
- Eingrenzung der Qualitäten durch Beschreibung.

4.7.2 Analyse der Kosteneinflussgrößen

In Abb. 4.41 sind wesentliche Kosteneinflussgrößen dargestellt. Alle dort aufgeworfenen Fragestellungen müssen in kostenrelevanter Hinsicht bewertet werden. Die Bewertung läuft konkret darauf hinaus, dass bauliche Konsequenzen abgeleitet werden müssen (Beispiel: Schallimmissionen mit der Konsequenz: Anforderungen an Fassade, mechanische Be- und Entlüftung, Kühlfunktionen im Sommer etc.). Ein wesentlicher Teil dieser Fragestellung ist/muss beim Nutzerbedarfsprogramm bereits behandelt werden.

FLÄCHENMODELL
- oberirdische/unterirdische BGF
- Nutz-/Funktionsflächen, Sonderflächen, Bewegungsreserve
- Stellplatzflächen, Stellplatzgrößen
- Flächen je Nutzeinheiten (z. B. Arbeitsplätze)
- Funktionszusammenhänge mit Einfluß auf Flächenmodell

STANDORTFAKTOREN
- Sonderfunktionen (z. B. Rechenzentrum)
- Baurecht (GFZ, GRZ, Baulinien, Traufhöhen, Nachbarbebauungen)
- Sparten (Wasser, Abwasser, Gas, Strom, Fernwärme, Post, Verkehrserschließung)
- Baugrund (Tragfähigkeit, Bodenklassen)
- Grundwasser
- Immissionen (Lärm, Geruch, Schwingungen etc.)

BAUKÖRPER
- Höhenentwicklung (Hochhaus), Geschoßhöhen
- Anzahl erforderlicher Stockwerke, Gebäudetypologie
- Einbindung Baukörper in Baugrund/Grundwasser
- großvolumige Hallenbereiche

GEBÄUDETECHNIK
- Art und Umfang der raumlufttechnischen Behandlung (Geschoßhöhen) der verschiedenen Nutzungsbereiche
- energetisches Erschließungskonzept (z. B. BHKW etc.)
- erforderliche Geschoßhöhen, volumige Zentralen
- Küchentechnik
- Beleuchtungsqualität
- Schwachstromgewerke (Telefon, EDV-Verkabelung, Brandmeldung, Zugangskontrolle, Sicherheitssysteme
- Erfordernis Sprinklerung
- Förderanlagen (Anzahl, Förderlastzug, Ausstattungsqualität

TRAGKONSTRUKTION
- Baugrube (Bodenklasse, Baugrubenart- und tiefe, Grundwasser)
- Gründungskonzeption (Bodenplatte, Einzelfundamente etc.)
- Untergeschoß-Außenwand (Grundwasser)
- Gebäuderaster (Spannweite Tragkonstruktion, Stahlbedarf)
- Flexibilität (Deckensysteme)
- Dachkonstruktion (Dachtyp, begehbare Bereiche, Dachbegrünung etc.)

BAULICHER AUSBAU
- Fassade (Fassadentyp, Anteil Fassadenfläche, Verglasungsanteile)
- Trassenkonzepte Technik (Hohlraumboden/Doppelboden)
- Trennwände (Trennwandsystem, Forderungen an Flexibilität, Schallschutz)
- Bodenbeläge (Hauptnutzungsbereiche, repräsentative Bereiche)

AUSSENANLAGEN
- technische Ausrüstung (Abwasser, Wasser, ELT/ Beleuchtung)
- Art, Umfang, Qualität Landschaftskonzept

Abb. 4.40. Kosteneinflussfaktoren zum Zeitpunkt der Investitionsplanung

Die rechnerische Ermittlung eines qualifizierten Kostenrahmens ist nur dann möglich, wenn planerische Vorüberlegungen im Sinne einer geometrischen Baukörperstruktur durchgeführt werden. Diese Grundlagen können entweder über eine konzeptionelle Projektentwicklung oder einen Architektenwettbewerb gewonnen werden. Im anderen Falle ist nur eine Bewertung über Grobkennwerte möglich.

Die Verwendung von Kostenrichtwerten (m^2 BGF, m^3 BRI oder % von KGR-Anteilen) beinhaltet die Gefahr der Fehleinschätzungen, da zum Teil erhebliche Unterschiede durch die unterschiedliche Ausprägung der Kosteneinflussgrößen in die Bauwerkskosten festzustellen sind.

4.7.3 Systematik der Kostenrahmenermittlung

Eine Methode zur Eingrenzung der Investitionskosten besteht in der Ermittlung nach Grobelementen. Das Gebäude wird in Grobelemente analog der DIN 276 zerlegt und entsprechend bewertet. Dieses Verfahren baut auf der Vorstellung auf, die wesentlichen Elemente des Bauwerkes, also Baugrube, Gründungsflächen, Außenwandflächen, Innenwandflächen sowie Dachflächen konkret mit Massenvorgaben zu erfassen. Anschließend werden sie mit der Annahme eines bewerteten Preises für das Grobelement zur gesamten Kostenaussage zusammen geführt. Dies gilt analog für die betroffenen Gewerke der Technik, allerdings ohne die konkrete Massenbetrachtung, die in diesen Elementen nur auf Basis von Bruttorauminhalt/Bruttogrundrissfläche erfolgen kann.

Diese Ermittlungsart bietet den Vorteil, die geometrische Struktur des Baukörpers in die Rechnung mit einzuführen. Da die planerischen Grundlagen dafür erst in der Vorplanung entstehen, müssen die jeweiligen Kosteneinflussfaktoren sorgfältig gegeneinander abgewogen werden. Falls planerische Grundlagen in detaillierter Form vorliegen, bietet sich auch eine ausführungsorientierte Form der Kostenermittlung (Vergabeeinheiten) an. Diese hat den Vorteil, dass Daten aus gerade abgeschlossenen Projekten verwendet werden können, die in der Regel nur in dieser Form vorliegen.

Die Kostengliederung des Kostenrahmens sollte nach DIN 276 bzw. Vergabeeinheiten gewählt werden, damit eine Durchgängigkeit zur Kostenverfolgung gegeben ist. Bereits im Kostenrahmen sollte sichergestellt werden, dass die Gewerke Baugrubenarbeiten, Fassade mit Mengengerüsten bzw. Leistungspaketen kostenplanerisch hinterlegt sind. Bei erkennbaren Unsicherheiten sollten Ansätze für „Unvorhersehbares" definiert werden.

Die Schwierigkeit bei der Ermittlung des Kostenrahmens liegt darin, dass dieser auch noch die in der Planung stattfindenden Alternativbetrachtungen abdecken muss. Diese planerischen Varianten liegen sowohl im Bereich der geometrischen Gebäudekonfiguration, als auch in den Möglichkeiten unterschiedlicher Materialwahl begründet. So müssen beispielsweise die verschiedenen Alternativen der Fassadengestaltung und andere wesentlicher Komponenten der Technik und des Ausbaues im Kostenrahmen darstellbar sein.

Die Erstellung des Investitionsplanes erfolgt vor der eigentlichen Planung. Je nach Grundlage (Raum- und Funktionsprogramm, abgeschlossener Wettbewerb) wird man unterschiedlich an die Aufgabe herangehen müssen.

In der Fachliteratur / Rechtssprechung finden sich Angaben über den Grad der erreichbaren oder zu fordernden Genauigkeit von einzelnen Kostenermittlungsarten. Da die Kosten entsprechend dem Planungsfortschritt von Stufe zu Stufe genauer ermittelt werden, entwickelt sich die Schwankungsbreite im Hinblick auf die als letztes durchgeführte Kostenfeststellung „zu Null" hin. Der hier ermittelte Kostenrahmen, der vor der Kostenschätzung erstellt wird, kann mit einer Schwankungsbreite von 20 – 30 % definiert werden. Dies liegt einerseits in der zum gegebenen Zeitpunkt noch nicht mit hinreichender Sicherheit einzuschätzenden Mengenstrukturen der Planung, andererseits in der noch zu erwartenden Vielfalt der planerischen Abwicklung.

4.7.4 Plausibilitätskontrollen

Die Plausibilitätskontrollen erfolgen durch Vergleich der errechneten Werte (BGF, BRI etc.) mit anderen Objekten aus bestehenden Dokumentationsdatenbanken. Für kostenintensive Bereiche wie z. B. den Rohbau – falls nach Ausführungseinheiten gegliedert wird – sollten die wesentlichen Positionen (Beton, Stahl, Schalung) überschlägig hochgerechnet werden.

Eine wesentliche Unsicherheit bei Kostenrahmenermittlungen liegt darin begründet, dass Kosten meist nur über die Bruttogrundfläche bzw. Bruttorauminhalt dokumentiert ist. Wenn dieser Wert z. B. EUR / m² für ein neues Projekt übernommen wird, bleibt unberücksichtigt, dass sich z. B. bei Verwaltungsgebäuden der Aufwand für Untergeschossflächen zu Obergeschossflächen etwa 1:2-3 verhält. Bei oberirdischen Flächen gibt es ebenso ein entsprechendes Verhältnis zwischen Normalbüroflächen zu Sonderflächen (Konferenz, Casino).

Aus diesen Flächenzusammenhängen und noch weiteren Kenndaten lassen sich schnell Plausibilitätsrechungen generieren, z.B:

- Herausrechnen der Garagenkosten mit ca. 28 - 32 m² BGF pro Stellplatz (Kosteneinflussfaktoren: Baugrund, Grundwasser, Verbau, Nachbarbebauung etc.) und Bewerten mit spezifischen Werten
- Herausrechnen der untergeordneten Untergeschossflächen (Archiv, Lager) und Hochrechnung auf BGF
- Herausrechnen der Sonderflächenkosten
- Analyse ähnlicher, von den dokumentierten Kosten abweichender Kosteneinflussgrößen (z. B. Fassade, technische Ausstattung)
- Ermittlung eines bereinigten BGF-Wertes
- Errechnen der geplanten Stellplätze / geringerwertigen Unterschossflächen.

Eine weitere Methode zur Durchführung von Plausibilitätprüfungen liegt im Hinzuziehen von geeigneten Vergleichsprojekten, wobei die Kosten in der Regel erheblich schwanken.

Die Ursachen für diese gegebenen Bandbreiten liegen in erster Linie darin begründet, dass jedes Bauwerk eine Einzelfertigung ist, wo unterschiedliche Nutzeranforderungen und Einflüsse wirksam werden. Andererseits ist es zweifellos möglich, für Verwaltungsgebäude realistische Kostendaten zu benennen, wenn man gleichzeitig die vorhandenen Schwankungsbreiten definiert. Die Bandbreiten in den dargestellten Bauwerken sind hauptsächlich im Folgenden begründet:

- Die Individualität der einzelnen Entwürfe resultiert aus verschiedenen Flächenverhältnissen, die sich unterschiedlich z.B. auf das gegebene Verhältnis von Fassadenteilen je m² Basisfläche, Innenwandfläche und andere kostenintensive

Einzelmerkmale auswirken. Konkret bedeutet dies, dass beim Mengengerippe die kostenintensiven Einzelelemente bei den Entwürfen unterschiedlich stark voneinander abweichen.

- Die Ausführungsqualitäten, bezogen auf einzelne Elemente der Planung, wie z.B. abgehängte Decken, Fassaden, Trennwände, Türen, wirken sich je nach Mengengerüst und Qualitätsstandard unterschiedlich stark aus.
- Die Tiefgargenanteile, bezogen auf die Bruttogrundrissfläche sind unterschiedlich hoch.
- Die Geschosshöhenentwicklung und die Anzahl der Geschosse, bezogen auf die unterzubringende Bruttogrundrissfläche, sind unterschiedlich.
- Der Technisierungsgrad der Gebäude, der Klimatisierungsanteil, evtl. in den Kosten enthaltene Anteile für besonders kostenintensive Bereiche, z. B.: Rechenzentrumskonzeptionen, Trassenkonzepte im Hinblick auf Festlegung von Hohlraumboden / Doppelboden sind je Gebäude unterschiedlich ausgeprägt.
- Generelle Planungsqualitäten durch die Architekten sowie Fachplaner schlagen sich in den festgestellten Kosten unterschiedlich nieder (Nachtragsverhalten, Behinderungstatbestände sowie Schadenersatzkosten etc.).
- Terminabläufe und korrespondierende Abwicklungserschwernisse.

4.7.5 Erläuterung des Kostenrahmens

Die Eingrenzung von Investitionskosten ist eng mit der Festlegung von Bauqualitäten verbunden. Dabei reicht die Festlegung eines einfachen, mittleren oder gehobenen Standards alleine nicht aus. Hierzu sollte elementweise ein Qualitätskatalog aufgebaut werden, der klare Aussagen beinhaltet. Der ermittelte und in seinen Randbedingungen erläuterte Kostenrahmen wird dann vom Investor freizugeben sein, um damit den Handlungsspielraum der weiteren Planungsphasen und die Beteiligten vorzugeben.

Die Aufgaben des Kostenmanagements liegen darin, diesen Kostenrahmen aktiv im Auge zu behalten und Veränderungen der Zielvorgaben kostenplanerisch zu erfassen, zu bewerten sowie rechtzeitig Anpassungsmaßnahmen auszulösen, um das Kostenziel trotz eintretender Störungen zu erreichen. Häufig wird vergessen, dass die Kostenentwicklung und deren Steuerung nicht herauszulösen ist aus den Aktivitäten eines umfassenden Managements in den Handlungsbereichen Organisation, Termine / Kapazitäten sowie Qualitäten / Quantitäten.

Das Herauslösen der Kosten- und Terminkontrolle aus dem Gesamtpaket der Projektsteuerung führt häufig nicht zur gewünschten Kosten- und Terminsicherheit, wenn die Projektmanagementaufgaben unzureichend wahrgenommen werden.

5 Projektmanagement – Consulting während der Planung und Realisierung

Die Belange des Real Estate und Facility Managements sind auch in der Phase der Planung und Realisierung zu beachten und umzusetzen. Die Ergebnisse der Detailanalyse sind im Organisations- und Projekthandbuch einzubringen sowie in den Verträgen entsprechende Lastenhefte zu integrieren. Insbesondere die Vorgaben zur Datenstrukturierung und der Datenformate müssen in den Verträgen der fachlich Beteiligten verifiziert werden, um eine nachträgliche Aufbereitung der Informationen mit einem erhöhten Zeit- und Kostenaufwand zu vermeiden. Weiterhin gilt es diese vertraglich vereinbarten Anforderungen im Projektverlauf abzufordern und spätestens bei der Übergabe / Übernahme bzw. der Inbetriebnahme / Nutzung der Immobilie die relevanten Daten lückenlos, aktuell und im definierten Dateiformat vorliegen zu haben.

Ein wesentlicher Aspekt der Projektabwicklung liegt im professionellen Umsetzen eines Entscheidungsmanagements mit dem Ziel, alle Entscheidungen zum richtigen Zeitpunkt mit Erfassung realistisch gewichteter Kriterien zu treffen. Die Erfüllung dieser Vorgabe bedarf eines systematischen Terminmanagements mit den erforderlichen Terminstrukturen, Steuerungs- und Kontrollmechanismen. Gleichermaßen bedarf die Erreichung einer zunehmenden Kostensicherheit im Projektablauf eines effektiven Kostenmanagements mit Kontroll- und Berichtsstrukturen, um bei Abweichungen vom Kostenziel rechtzeitig reagieren zu können.

Die Entwicklung des Internets führt zunehmend zu einem netzunterstützten Informationsmanagement mit dem Ziel, jederzeit aktuelle Informationen aller Projektbeteiligten verfügbar zu haben sowie einen effektiven Zugriff auf die Planungsdokumente zu ermöglichen. Die Projektmanagementaktivitäten müssen auch die Nutzerausstattung umschließen, dessen Anteil an einzubringender Bauleistung oftmals unterschätzt wird. Die erforderlichen Managementleistungen werden deshalb beschrieben. Die Zeit von der baulichen Fertigstellung des Bauwerkes bis zum Nutzungsbeginn ist mit einer Vielzahl von Aufgaben unterschiedlicher Beteiligter verbunden, die ebenfalls strukturiert werden müssen.

5.1 Organisationshandbuch

Die aufbau- und ablauforganisatorischen Regelungen eines Projektes werden als Leistung des Projektsteuerers in Form eines Organisationshandbuches zusammengefasst. Die dort enthaltenen Festlegungen berühren damit zwangsläufig auch die Leistungen mit der Zielsetzung einer Real Estate und Facility Management-Konzeption. Die Gliederung und Struktur eines Organisationshandbuches ist in Abb. 5.2 dargestellt. Die Bearbeitung des Organisationshandbuches gliedert sich in mehrere Teilschritte, die in der Fachexpertise Organisationshandbuch (Abb. 5.1) zusammengefasst sind.

In dem projektspezifisch zu erstellenden Organisationshandbuch werden wesentliche Sachverhalte der Aufbau- und Ablauforganisation geregelt, die nachfolgend kurz beschrieben sind. Die äußere Form und der Umfang des Organisationshandbuches sollte sich auf das Nötigste beschränken.

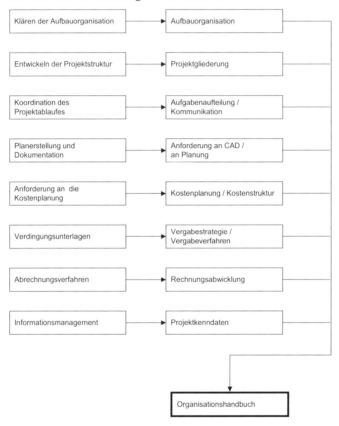

Abb. 5.1. Fachexpertise Organisationshandbuch

5.1.1 Klären der Aufbauorganisation

Alle Projektbeteiligten müssen in einem Organigramm eindeutig erfasst werden (Teil 01: Projektorganisation). Diese Festlegungen sind auch für die Durchführung des Entscheidungsmanagements (Kap. 5.2) ausschlaggebend. Ebenfalls bedeutsam sind Definitionen zum internen Entscheidungsablauf und zu evtl. bestehenden Wertgrenzen bzw. Kompetenzen einzelner Projektbeteiligter.

5.1.2 Entwickeln der Projektstruktur

Das Projekt ist rechtzeitig in seine Komponenten zu gliedern (Teil 02: Projekt-gliederung), damit vorab einheitliche Bezeichnungen festgelegt werden. Die Nichtregelung führt häufig zu Änderungen von Plandokumenten wegen zu später, einheitlicher Regelung. Zu beachten sind auch die Bezeichnungsnotwendigkeiten aus der Sichtweise des Nutzers (Gebäudebetriebes).

Folgende Frage sollten definiert werden: Sind innerhalb des Projektes mehrere Auftraggeber vorhanden? Welche Schnittstellen sind zu anderen Bauprojekten sowie Organisationsprojekten gegeben? Gibt es zu berücksichtigende Vorlaufpro-jekte, z. B. Umzugsprojekte, Vermietaufgaben, Instandsetzungsaufgaben? Welche Bauwerke, Anlagen sind zusätzlich zu integrieren? Denkbare Gliederungsebenen sind Projekt, Teilprojekte, Funktionen, Bauwerksteile, Baubereiche (Casino, Re-chenzentrum etc.), Ebenen etc.

5.1.3 Aufgabenaufteilung und Kommunikation

Unabhängig von der Tatsache, dass die HOAI die Aufgaben und Leistungen von Projektbeteiligten regelt, stellt sich der konkrete Ablauf in den Projekten, insbe-sondere auch im Bereich der Bauherrenstrukturen und den Schnittstellen zum Pro-jektmanagement immer projektspezifisch unterschiedlich dar.

Aus diesem Grunde sollten die Aufgaben der Projektbeteiligten im Verhältnis zueinander differenziert und phasenweise dargestellt werden (Teil 04: Koordinati-on des Projektablaufes). Dies betrifft auch die Schnittstellen der verschiedenen Planungsbeteiligten im Verhältnis zueinander und den Ablauf des Änderungsma-nagements. Auch die Einbindung von externen Beteiligten zum Facility Manage-ment ist davon betroffen.

Wie beim Entscheidungsmanagement angesprochen wird, ist die Kommunika-tionsstruktur innerhalb eines Projektes eine wesentliche Voraussetzung eines ef-fektiven Projektablaufes. Eine Projektabwicklung ohne differenzierte, durchgän-gige und verbindliche Kommunikationsstrukturen führt erfahrungsgemäß zu Problemen im Projektablauf. Dazu gehören ebenso Festlegungen zum Berichtswe-sen der Projektbeteiligten (Teil 05: Besprechungswesen / Berichtswesen / Schrift-verkehr).

Wie im Einzelnen im Kapitel 5.3 beschrieben wird, benötigt ein effektives und transparentes Terminmanagement Strukturen, die in Teil 06: Ablaufplanung und Terminkontrolle dargestellt sind. Dies betrifft insbesondere die Definition der Terminplanungebenen und die Festlegung, welcher Terminplan, von welchen Pro-jektbeteiligten, zu welchem Zeitpunkt erstellt werden muss. Ebenfalls dargelegt werden die Aufgaben und Prozeduren der Terminkontrolle.

Teil 01 Projektorganisation

- Darstellung Aufbauorganisation Gesamtprojekt und Zuständigkeitsregelung (Organigramm)
- bauherrninterne Entscheidungsebenen / Entscheidungsablauf / Wertgrenzen Entscheidungen

Teil 02 Projektgliederung

- Gliederung in Bauteile/Riegel/Spangen/Höfe

Teil 03 Adressenverzeichnis

- Projektbeteiligtenliste

Teil 04 Koordination des Projektablaufes

- Aufgaben und Kompetenzbeschreibungen der Projektbeteiligten
- HOAI-phasenbezogene Darstellung der Aufgaben der Projektbeteiligten
- Schnittstellendefinitionen/Abgrenzungskatalog der Planungsbeteiligten
- Ablauf von Projekt-/Planungsänderungen

Teil 05 Besprechungswesen / Berichtswesen / Schriftverkehr

Besprechungswesen Planung
- Regelung der Besprechungshierarchien (Planungs-Jour-fixe, PS Jour-fixe, Baukommission, Bauausschuß etc.)
- Regelung der Teilnehmer, Turnus, Gesprächsleitung, Protokollverfassung usw.)
Besprechungswesen Bauausführung
Berichtswesen
- Regelungen für Terminberichte A-V (inhaltec/zeitlicher Abstand/formale Anforderungen)
- Berichtswesen der Projektsteuerung (Situationsbericht, Prüfberichte zur Planung)
- Berichtswesen Bauleitung, Kostenberichte, Bautagebuch, Abnahmeniederschrift
Schriftverkehr
- mit Behörden
- mit Firmen

Teil 06 Ablaufplanung und Terminkontrolle

- Ebenen der Terminplanung
- Terminkontrolle
- Vorgaben zum Layout
- Terminberichte
- Abnahmeverfahren
- Ablauf Bemusterungen

Teil 07 Planerstellung und Dokumentation

- Vorgaben zur CAD-Planung
- Regelungen zum Datenaustausch
- Plankopf
- formale Anforderungen an Pläne (Formate etc.)
- Planumlauf (Organigramme)
- Planverteilung
- Plandokumentation

Teil 08 Kostenplanung

- Kostenermittlung in den einzelnen Leistungsphasen
- Aufbau der Kostenermittlungen
- Freigabe des Kostenrahmens für nächste Planungsphase
- Zusammenstellung der einzelnen Vergabeeinheiten
- Ablauf der Kostenkontrolle der Bauleitung
- formale/inhaltliche Anforderungen an den Kostenbericht
- Regelung des Auftrags-/Nachtragswesens
- Kostenkontrolle/Dokumentation
- Kostenrahmen für Folgekosten

Teil 09 Allgemeiner Teil der Verdingungsunterlagen

zu erstellende Vordrucke
- Aufforderung zur Angebotsabgabe
- Bewerbungsbedingungen
- Angebot
- besondere Vertragsbedingungen
- zusätzliche Vertragsbedingungen (evtl. Vorgaben zur CAD Planung)
- zusätzliche technische Vertragsbedingungen
- Bürgschaftsurkunde/Bietergemeinschaften/ Personal- und Geräteliste

Teil 10 Erstellung von Leistungsverzeichnissen

- Ablauf der LV-Erstellung
- Regelung der Durchführung/Mitwirkung/Zustimmung/Kenntnisnahme bei der Erstellung der LVs

Teil 11 Abwicklung des Vergabeverfahrens

- Wartungsverträge
- Nachtragsverfahren
- Formulare (Vergabevorschlag/Angebotsprüfung/ Nachtragsverfahren)
- Vergabeablauf (Ausgabe der Verdingungsunterlagen bei Vergabe des Auftrages)

Teil 12 Abrechnungsverfahren

- Rechnungslauf bis zur Zahlungsanweisung
- Rechnungsregistratur
- Rechnungslauf Planerrechnungen/Rechnungen für Bau- und Lieferaufträge
- formale Anforderungen an Rechnungen

Teil 13 Informationsmanagement

Abb. 5.2. Festlegungen des Organisationshandbuches

5.1.4 Anforderungen an CAD / Planung

Die Anforderungen des Bauherrn oder Nutzers an die Planerstellung sowie Dokumentation hat eine wesentliche Bedeutung für das Facility Management (Teil
07: Planerstellung und Dokumentation). Deshalb werden an dieser Stelle die diesbezüglichen Randbedingungen für alle Projektbeteiligten unter Einschluss der ausführenden Firmen definiert. In aller Regel wird dieser Handbuchteil kontinuierlich
fortgeschrieben, da sich die diesbezüglichen Anforderungen planungsbegleitend
definieren.

5.1.5 Kostenplanung und -struktur

Sowohl die Ablaufprozesse der Kostenplanung, die Aufgaben der verschiedenen
Projektbeteiligten und die Definition der Detaillierungsstruktur werden an dieser
Stelle festgelegt (Teil 08: Kostenplanung). Dies betrifft ebenso den Aufbau und
die Struktur zur Ermittlung der Nutzungskosten. Des Weiteren werden die Anforderungen an das Kostenberichtswesen definiert.

5.1.6 Vergabestrategie / Vergabeverfahren

Die Verdingungsunterlagen strukturieren sich in eine Vielzahl von einzelnen
Komponenten und müssen projekt- und bauherrenspezifisch rechtzeitig abgestimmt werden (Teil 09: Allgemeiner Teil der Verdingungsunterlagen). Dazu sollte eine geeignete Rechtsberatung hinzugezogen werden. Auch im Hinblick auf das
Facility Management gibt es eine ganze Reihe an Festlegungen zu Dokument-
ationslieferungen ausführender Firmen, die rechtzeitig abgestimmt werden müssen.
  In den Ablauf der LV-Erstellung sind eine Reihe von Projektbeteiligten zu integrieren (Teil 10: Erstellung von Leistungsverzeichnissen). Die einzelnen Ansprechpartner, insbesondere auch die Stellen innerhalb der Bauherrenorganisation,
sind deshalb an dieser Stelle zu definieren, damit nicht durch verspätete Reaktion
einer übersehenen Zuständigkeit der Gesamtablauf verzögert wird.
  Die Abwicklung des Vergabeablaufes und die zu beteiligenden Projektbeteiligten sind von Projekt zu Projekt unterschiedlich (Teil 11: Abwicklung des Vergabeverfahrens). Die Einzelprozesse des Vergabeablaufes und die Einbindung der
verschiedenen Beteiligten, insbesondere bauherrenseitige Zuständigkeiten, werden
eindeutig geregelt.

5.1.7 Rechnungsabwicklung

Es muss im Einzelnen definiert werden, wie die Rechnungen die verschiedenen
Zuständigkeiten der Projektorganisation durchlaufen (Teil 12: Abrechnungsverfahren). Dies betrifft Honorarrechnungen, Bau- und Lieferaufträge, Lichtpaus-

rechnungen. Zur organisatorischen Regelung werden Rechnungsdatenblätter sowie Flussdiagramme für die unterschiedlichen Rechnungstypen erstellt und zur verbindlichen Bearbeitung vorgegeben.

5.1.8 Informationsmanagement

Unter diesem Kapitel wird die Organisation des Informationsmanagements, die Zugangsvoraussetzungen und die EDV-relevanten Vorgaben zur Hard- und Software beschrieben. Neben den Funktionalitäten des Systems werden auch die Einzelheiten des Sicherheitskonzeptes beschrieben.

5.2 Entscheidungsmanagement

In allen Phasen des Planens und Realisierens eines Projektes finden Entscheidungsprozesse statt. Die effektive und sichere Herbeiführung notwendiger Entscheidungen erfordert bestimmte Voraussetzungen in der Projektaufbau- und -ablauforganisation.[62] Dem Projektmanager bzw. Facility Manager obliegt dabei die Aufgabe, rechtzeitig Entscheidungsbedarf zu erkennen, Entscheidungsvorbereitungen zu veranlassen bzw. durchzuführen. Diese Aufgabenstellung erfordert in der Praxis umfassendes Wissen in Planung, Bau, Gebäudebetrieb und wirft in der konkreten Anwendung folgende Fragestellungen auf:

- Welche Entscheidung muss im Sinne des weiteren, ungestörten Projektablaufes getroffen werden?
- Wann muss diese Entscheidung getroffen werden?
- Welche Priorität hat die Entscheidung?
- Wer ist im Falle der verzögerten Entscheidung davon behindert?
- Wer ist verantwortlich für die Vorbereitung der Entscheidung?
- Wer ist zur Entscheidungsvorbereitung alles einzubinden?
- Von wem (in welcher Ebene) wird die Entscheidung getroffen?
- Welche Alternativen gibt es zu den erforderlichen Entscheidungssachverhalten?
- Welche Entscheidungskriterien gibt es?
- Welche Entscheidungskriterien sind für die relevanten Entscheidungträger maßgebend und wie gewichten sich diese im Verhältnis zueinander?

Die Komplexität der Fragestellungen erhöht sich zusätzlich, da die Zusammenhänge zwischen Entscheidungssachverhalt, Terminsituation und bauherrenseitig bestehenden Entscheidungskompetenzen projektindividuell stark unterschiedlich ausgeprägt sind. Der Projektmanager wird dabei auch die Belange des Facility Managements berücksichtigen müssen. Dies betrifft einerseits das rechtzeitige Erkennen von funktionsbedingten Entscheidungen und andererseits das Einbringen der relevanten Kriterien in den Entscheidungsprozess.

---

[62] Vgl. Preuß N (1998) Entscheidungsprozesse im Projektmanagement von Hochbauten. DVP-Verlag, Wuppertal

Ausgehend von der Grundsatzentscheidung, ein Projekt zu realisieren, werden in den Planungs- und Ausführungsphasen Entscheidungen zu treffen sein, die mit zunehmendem Projektfortschritt detaillierter werden. Der Zeitpunkt zum Treffen der jeweiligen Entscheidung stellt sich je Projekt unterschiedlich dar. Er ist abhängig von der Art der zu treffenden Entscheidung, des Planungsablaufes, der Projektaufbau- und -ablauforganisation und der vorliegenden Terminsituation. Aufwendige Änderungsursachen begründen sich häufig im zu späten Erkennen von Entscheidungsbedarf. Ebenso unwirtschaftlich ist das Revidieren von bereits getroffenen und in Planung oder Bau bereits realisierten Entscheidungen mit der Folge von Kosten- und Terminkonsequenzen.

Der strukturelle Ablauf der Fachexpertise wird in Abb. 5.3 beschrieben.

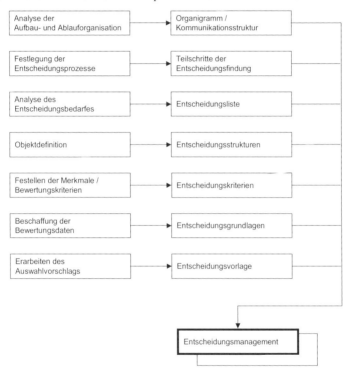

Abb. 5.3. Fachexpertise zum Entscheidungsmanagement

5.2.1 Analyse der Aufbau- und Ablauforganisation

Der Zeitbedarf für die Vorbereitung von Entscheidungen ist abhängig von der Wichtigkeit der Entscheidung, der Anzahl der zu untersuchenden Alternativen und der einzubindenden Entscheidungsträger. Der Bauherr in seiner obersten Ebene (Geschäftsleitung) hat insbesondere die wesentlichen Entscheidungen, die Grundsatzentscheidungen zu treffen und delegiert die Entscheidungskompetenz für einzelne Planungskonzepte und Details häufig in die nächste Ebene der Projektorganisation.

Die Top-Ebene des Projektes, in der Regel vertreten durch eine Geschäftsleitung oder Vorstand, wird operativ durch den Projektleiter vertreten, der projektbezogen eine Entscheidungskompetenz hat. Dieser lässt sich häufig von einer stabsstellenorientierten Projektsteuerung unterstützen, die wiederum die Aufgabe hat, die Entscheidungen über die Planungsbeteiligten zielorientiert vorzubereiten. Dafür muss bei diesem Wissen verfügbar sein, um die verschiedenen Prioritäten in den Entscheidungsstrukturen richtig einschätzen zu können.

Eine Gliederung von Entscheidungstypen / -spezifikationen ist in Abb. 5.4 dargestellt. Ähnlich wie bei Investitionsentscheidungen sind die größten Einwirkungsmöglichkeiten auf die Höhe der Nutzungskosten zu Beginn gegeben. Insofern liegen eine Vielzahl von diesbezüglichen Entscheidungen in der Planungsphase bis zum Entwurf. Ausschlaggebend beeinflusst werden die Nutzungskosten und hier insbesondere die Reinigungskosten durch die Materialauswahl. Deshalb muss sich der Fachmann für Facility Management auch in die Wahl der Materialkomponenten einbringen, sofern diese nicht bereits im Nutzerbedarfsprogramm vorgegeben sind.

Entscheidungstypen	Entscheidungsspezifikation
Grundsatzentscheidung	Gestaltungsrelevanz
Konzeptentscheidung	Funktionsrelevanz
Konstruktions- / Systementscheidung	Genehmigungsrelevanz
Technische Auswahlentscheidung	Vertragsrelevanz Bemusterungserfordernis
Ablaufentscheidung	
Organisatorische Entscheidung	

Abb. 5.4. Entscheidungstypen und -spezifikationen

Die Entscheidungen haben unterschiedliche Auswirkungen im Projektverlauf. Grundsatzentscheidungen beeinflussen das gesamte Projekt in den Bereichen Funktionalität, Qualität, Kosten. Darunter fallen z.b. die Entscheidung der Fassade, das Flächenprogramm oder auch die Klimatisierung und Belüftung, bei der neben den Kosten des Gesamtbauwerkes, die Höhenentwicklung des Gebäudes, die Behaglichkeit der Arbeitsplätze und die Konzeption der gesamten Technik angesprochen wird. Alle Entscheidungen haben Kostenrelevanz in Investitions- und Folgekosten – der Unterschied liegt in der Höhe, so dass dieses Kriterium nicht gesondert erfasst ist. Konzeptentscheidungen in der Planung haben einen wesentlichen Einfluss auf die Kosten und Funktionen des Bauwerkes und werden zu einem überwiegenden Anteil in der Phase der Vorplanung zu entscheiden sein. Konstruktions- und Systementscheidungen beinhalten Entscheidungen zu Konstruktionsprinzipien, zu Material, Fabrikat oder Typ, z.B. Entscheidungen über die Ausführung eines Abdichtungssystems gegen drückendes Wasser (weiße Wanne), Deckensysteme, Verbauarten etc.

Technische Auswahlentscheidungen resultieren aus der Verfeinerung des Planungsablaufes in einer Vielzahl von Fällen, insbesondere in der Phase der Ausführungsplanung. So ist die Entscheidung des Statikers, eine bestimmte Betongüte zu wählen, neben den Ergebnissen der statischen Berechnung auch noch von Fragen der Ausführungstechnik abhängig, die allerdings weniger in den Entscheidungsgremien des Bauherrn behandelt werden, sondern im Kompetenzbereich der Planer verbleiben. Ablaufentscheidungen müssen einerseits zu den zu Projektbeginn zu entscheidenden Rahmenterminen getroffen werden und dann laufend in den nachfolgend dargestellten, differenzierteren Ebenen der Terminplanung. Organisatorische Entscheidungen betreffen die Aufbau- und Ablauforganisation, Unternehmenseinsatzform, Berichtswesen und haben zum Teil den Charakter von Grundsatzentscheidungen.

Besondere Aufmerksamkeit der Projektbeteiligten finden die Entscheidungsprozesse mit Gestaltungs-, Funktions- und Genehmigungsrelevanz. Deshalb ist es wesentlich, rechtzeitig zu erkennen, wo Entscheidungen mit diesen Prioritäten liegen. Die Aufgabe des Projektmanagements und Facility Managements im Hinblick auf die oben dargestellten Zusammenhänge besteht darin, entstehenden Entscheidungsbedarf rechtzeitig zu erkennen und entsprechend den projektindividuellen Kompetenzen in der erforderlichen Ebene der Projektorganisation einzubringen. Grundvoraussetzung einer effektiven Projektabwicklung und damit auch der Gestaltung von Entscheidungsprozessen ist eine Kommunikationsstruktur, die alle Beteiligten hinreichend einbindet.

Sachverhalte, die im obersten Bauherrengremium zur Entscheidung gebracht werden müssen, sollten in ihrer Vorbereitung auch die darunter liegenden Projektebenen durchlaufen, um Missverständnisse und Irritationen zwischen den Ebenen zu vermeiden. In der praktischen Projektarbeit definieren sich drei Projektebenen, die im Hinblick auf zu treffende Entscheidungen synchronisiert werden müssen. In der Projektebene 1 werden Grundsatzentscheidungen und wesentliche Konzeptentscheidungen getroffen. Die Projektebene 2 trifft je nach zugewiesener Kompetenz die meisten Entscheidungen, wobei die Zuordnung projektindividuell stark schwankt. In der Projektebene 3 werden insbesondere technische Auswahlentscheidungen getroffen, die häufig aus der Verfeinerung des Planungsablaufes resultieren und auf Grundlage von bereits bestehenden, eindeutigen Planungsvorgaben keiner formalen Entscheidung der Projektebene 2 bedürfen. Das Projektmanagement hat dabei die Aufgabe, die Vorbereitung der einzelnen Entscheidungen über die Projektbeteiligten zu steuern.

Die Projektsteuerung muss dabei auch die für ein Facility Management maßgebenden Kriterien bei den Entscheidungsprozessen einbringen oder den gesondert eingeschalteten Sonderfachmann „Facility Management" zeitlich, inhaltlich integrieren.

Ähnlich wie bei Investitionsentscheidungen sind die größten Einwirkmöglichkeiten auf die Höhe der Nutzungskosten zu Beginn gegeben. Insofern liegen eine Vielzahl von diesbezüglichen Entscheidungen in der Planungsphase bis zum Entwurf vor. Ausschlaggebend beeinflusst werden die Nutzungskosten und hier insbesondere die Reinigungskosten durch die Materialauswahl. Deshalb muss sich der Facility Manager auch in der Wahl der Materialkomponenten einbringen, soweit diese nicht bereits im Nutzerbedarfsprogramm vorgegeben sind.

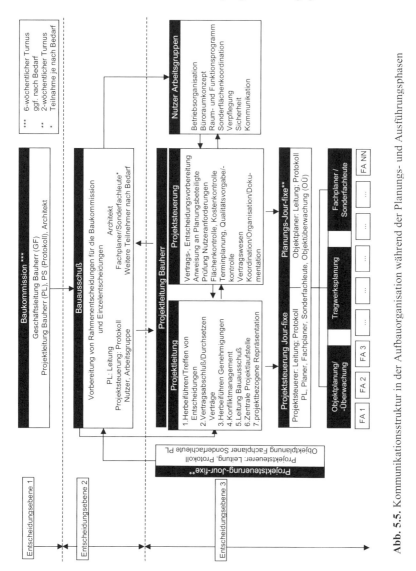

Abb. 5.5. Kommunikationsstruktur in der Aufbauorganisation während der Planungs- und Ausführungsphasen

5.2.2 Festlegung der Entscheidungsprozesse

Die aufbau- und ablauforganisatorischen Strukturen und damit auch die Entscheidungsprozesse sind von Projekt zu Projekt stark unterschiedlich. Dies kommt auch in der Struktur der Fachexpertise in Abb. 5.3 zum Ausdruck. Die Schritte der Analyse der Aufbau- und Ablauforganisation sind stark projektindividuell, ebenso die Analyse des Entscheidungsbedarfes, die wiederum sehr von den Terminstrukturen beeinflusst wird.

Der Entscheidungsprozess selbst gliedert sich dann in mehrere Teilschritte, die in Abb. 5.6 dargestellt sind.

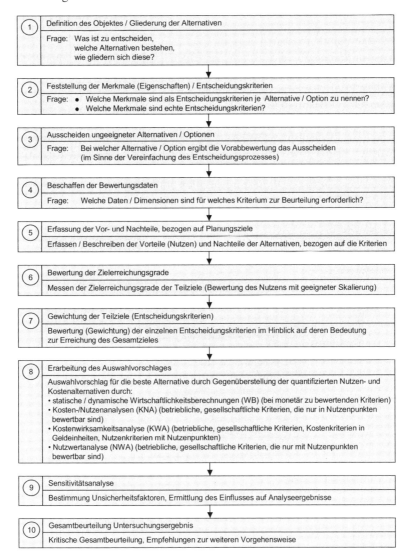

Abb. 5.6. Teilschritte zur Entscheidungsfindung

5.2.3 Analyse des Entscheidungsbedarfs

Wie einleitend dargestellt, besteht ein wesentlicher Schritt im Entscheidungsprozess darin, den Entscheidungsbedarf rechtzeitig zu erkennen. Zur Analyse des Entscheidungsbedarfs wurden im Rahmen einer gesonderten Untersuchung 15 Planungsbereiche definiert, denen konkrete Entscheidungssachverhalte zugeordnet wurden. Anschließend wurden je Entscheidung folgende Teilanalysen durchgeführt:

- Welcher Entscheidungstyp liegt vor?
- Welcher Planungsbereich ist von der fehlenden Entscheidung hauptsächlich betroffen bzw. hat die hauptsächlichen Folgeaktivitäten zu erbringen?
- Welche Priorität hat die Entscheidung?
- In welcher Planungsphase sollte die Entscheidung getroffen werden (Regelfall)?
- In welcher Planungsphase sollte die Entscheidung spätestens getroffen werden?
- Welcher Planungsbereich ist „verantwortlich" für das Abrufen der Entscheidung?
- In welcher Ebene der Projektorganisation soll / muss die Entscheidung getroffen werden?

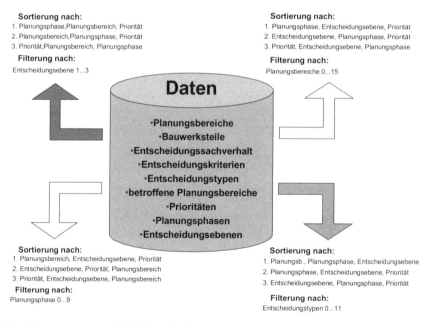

Abb. 5.7. Auswertungsmöglichkeiten der Datenstruktur

Die Entscheidungen können nach den in Abb. 5.7 aufgezeigten Kriterien sortiert und gefiltert werden. Die Abhängigkeiten zu betroffenen Planungsbereichen und die Definition des verantwortlichen Planungsbereiches enthalten bei einigen

Entscheidungssachverhalten projektindividuelle Einflüsse. Ebenso ist die Zuordnung von Entscheidungen zu den Ebenen der Projektorganisation immer wieder unterschiedlich. Die Methodik ermöglicht zu Projektbeginn eine projektindividuelle Übersicht über die zu treffenden Planungsentscheidungen. Die vorliegenden Projektmerkmale werden in Zusammenarbeit mit den Projektbeteiligten in projektindividuelle Entscheidungskriterien aufgeteilt, um die bei Großprojekten meist kollektiv zu treffenden Entscheidungen zielsicher vorbereiten und auch treffen zu können. In der Datenstruktur wurden eine Vielzahl von Entscheidungselementen sowie Einzelentscheidungssachverhalte erfasst, die nach verschiedenen Kriterien ausgewertet werden können.

Die Selektion von einzelnen Entscheidungen nach funktionalen Entscheidungsinhalten zeigt auch den Bezug zu den nutzungskostenrelevanten Entscheidungen auf.

Planungsphase / Entscheidungstyp	Projektentwicklung 0	Grundlagenermittlung 1	Vorplanung 2	Entwurfsplanung 3
4 Funktionale Entscheidungs-inhalte	Festlegung „Bewegungs-reserve" für Arbeitsplätze	Grobbelegungsplan auf Basis Raumprogramm	Werbekonzept	Möblierungskonzept
	Gebäudetypologie	Fahrradabstellplätze innerhalb/außerhalb des Gebäudes	Hauseigenes Reinigungs-personal / Outsourcing	Festlegung der Ausstat-tung für verschiedene Funktionsbereich
	Büroraumkonzept	Flächenentscheidungen des Raum- und Funktions-programms	Fremdvermietungsanteil (Erschließungsvorgaben)	Einrichtungspläne Nutzer
	Büroraumtiefe	Besprechungsraum-konzeption	Sicherheitskonzept inner-halb und außerhalb des Gebäudes (Grundsatzkonzept)	Möblierung (Abhängigkeiten technische Ausrüstung)
		Sonderflächen (Archive)	Geschosshöhen (Flexibilität)	Schrankwandsystem (Systemvorgaben)
		Stellplatzanzahl	Konzeption der Fassaden-befahranlage	Sonnenschutzkonzept (Funktionskonzept)
		Achsraster (Funktionsvor-gaben Hauptnutzung)	Konzept behinderten-gerechtes Bauen	Fremdvermietungsanteil (Standardvorgaben)
		Flexibilität (geregeltes Nutzungskonzept)	Fremdvermietungsanteil (Sicherheitsvorgaben)	Fassadengestaltung (Flexibilität)
		Vorgaben zur äußeren Er-schließung des Gebäudes	Tiefgaragenkonzept (Konstruktion)	Fassadengestaltung (Facility Management)
		EDV-Datenverteilerräume	Geschosshöhen (Erschließungskonzept	Geschosshöhen (Bauphysik)
		Kernnahe Sonderräume	Gebäudenomenklatur (Vorgaben Facility Mana-gement / Beschilderung)	Schallschutzanforderungen Bürotrennwände, -türen

Abb. 5.8. Auswertung von Entscheidungen je Planungsphase

Dieser durchgeführte Analyseprozess führt im Ergebnis zu einer Entscheidungsliste, in der die Entscheidungssachverhalte den einzelnen Entscheidungsebenen zeitlich zugeordnet sind. Die Struktur der Entscheidungsliste muss den jeweils gegebenen Anforderungen aus dem konkreten Projekt angepasst werden. So ist die rechtzeitige Durchführung von Bemusterungen zu den einzelnen Bereichen der Ausführungsplanung und das rechtzeitige Treffen der darin liegenden Entscheidungen eine wesentliche Voraussetzung für den reibungslosen Ablauf der Ausführungsplanung.

Häufig wird die Ausschreibung schlüsselfertig auf Basis des Entwurfes erstellt, mit dem Ziel der Pauschalierung und der Maßgabe, dass der Bauherr die Ausführungsplanung später selber beistellt. Er muss in diesem Falle seine Planer verpflichten, die Ausführungsplanung zeitgerecht auf den Grundlagen des Vertrages zu erstellen. In der Ausschreibung werden in der Regel bereits eine Reihe von Alternativen zu allen Bereichen abgefragt, die dann im Anschluss an die Vergabe und parallel zur Ausführungsplanung im Bereich des Bauherrn entschieden werden muss. Eine große Anzahl weiterer Entscheidungen wird im Rahmen der Bemusterung getroffen. Bereits im GU-Vertrag sind Hinweise zur Bemusterung hilfreich, damit die Grundlage für eindeutige Entscheidungen gegeben ist.

Entscheidungsliste Architekt							
Nr.	THEMA	Vorbereitung PLA		Bauherrn- ebene II		Bauherrn- ebene I		BEMERKUNG
		Soll	Ist	Soll	Ist	Soll	Ist	
1.1	Ausstattung Standardbüros	02.09.98	1.10.98	15.10.98	15.10.98	--	--	BH-AN v. 18.10.98
1.2	Energieversorgungskonzept	01.12.98	1.12.98	07.12.98	07.12.98	9.12.98	9.12.98	--
2.1	Lage Kundenzentrum	01.10.98	1.10.98	15.10.98	08.02.99	10.02.99	10.02.99	PS-AN Nr.0056
2.2	Fassadenkonzept	01.10.98	1.10.98	15.10.98	08.02.99	10.02.99	10.02.99	PS-AN Nr.0056
2.3	Lage Rechenzentrum	01.10.98	1.10.98	15.10.98	08.02.99	10.02.99	10.02.99	PS-AN Nr.0056
2.4	Trassenkonzepte TGA	01.10.98	1.10.98	15.10.98	08.02.99	10.02.99	10.02.99	PS-AN Nr.0056
2.5	Baurecht Süd	01.10.98	22.12.98	02.02.99		--	--	PS-AN Nr.0056
2.6	Bodenaufbau/Deckenkonzept	17.12.98	1.10.98	08.02.99	08.02.99	10.02.99	10.02.99	PS-AN Nr.0056

Abb. 5.9. Entscheidungsliste Architekt

Neben der Definition des zu bemusternden Gegenstandes ist die Zuständigkeit des Planers, das ausgeschriebene Fabrikat, eventuell bestehende Alternativen sowie die Bemusterungsnotwendigkeit angegeben. Je nach Größenordnung des Projektes wird man ein Musterhaus bzw. Musterräume einrichten, in denen man Materialien im Zusammenhang mit anderen Ausbaukomponenten und auch bauphysikalische Messungen vornehmen kann.

Weiterhin ist es notwendig, den Kreis der Bemusterungsteilnehmer sowie den betroffenen Planungsbereich und den erforderlichen Bemusterungstermin in Abhängigkeit des bestehenden Ausführungszeitraumes festzulegen. Technische Datenblätter zu den einzelnen Ausbaukomponenten geben eine weitere wichtige Bemusterungsgrundlage. Alle Informationen sind in Entscheidungslisten aufgeführt, die auszugsweise in Abb. 5.10 dargestellt ist.[63]

---

[63] Vgl. Preuß N (2001) Entscheidungsprozesse im Projektmanagement von Hochbauten bei verschiedenen Unternehmenseinsatzformen. In: Kapellmann, Vygen. Jahrbuch Baurecht

Bemusterungsgegenstand	Zuständig	Fabrikat ausgeschrieben	Alternative	Bemusterung notwendig ja/nein	Hand-muster	Muster-haus	Muster-fläche/-raum	NU abhängig	Gew	Bem-Term KW	Ausführ. Zeit-raum	Techn. Daten-blätter
1	2	3	4	5		6		7	8	9	10	11
1. BÜRORÄUME												
1.1 Standardbüroräume												
1.1.1 Teppich (Farbe, Muster)	Arch.	Qualität: 600-800 g		X	X		X		A	42-44	Dez 00	X
1.1.2 Teppichsockel	Arch.	Textil		X	X		X		A	42-44	Dez 00	X
1.1.3 Trennwand (Oberfläche, Farbe)	Arch.	VOKO		X	X		X		A	42-44	Nov 00	X
1.1.4 Türen (Beschläge, Zarge usw.)	Arch.	Ogro 8111, Simons		X	X	X			A	42-44	Nov 00	X
1.1.5 Türen (Furniermuster)	Arch.	Ahorn	ja?	X	X	X			A	42-44	Nov 00	X
1.1.6 Wandanstrich (Glasfasertapete)	Arch.			X			X		A	42-44	Nov 00	X
1.1.7 Deckenanstrich (auf Spachtelung)	Arch.			X			X		A	20-22	Okt 00	X
1.1.8 Sichtbetonstützen	Arch.	Muster Untergeschoße		X			X		R	Mai 00		
1.1.9 Wandakustikpaneel mit Luftauslass	Arch.		ja	X		X			A+T	Jun 00	Nov 00	X
1.1.10 Anschluss Glasschwert	Arch.	mit 1.1.3		X			X		F	Mai 00	Okt 00	
1.1.11 Fenstergriff	Arch.	FSB 3476		X	X				F	Mai 00	Okt 00	X
1.1.11 Fensterbank (bei Massivbrüstung)	Arch.			X	X				F	Mai 00	Okt 00	X
1.1.12 Blendschutz (Farbe)	Arch.	Krülland (Sonderanfert.)	ja	X	X	X			F	Mai 00	Dez 00	X
1.1.13 Sonnenschutz (Oberfläche)	Arch.	Krülland Horiso 100	ja	X	X	X			F	Mai 00	Dez 00	X
1.1.14 Mobile Trennwände	Arch.			X		X			A	42-44		X
1.1.15 Türbeschläge Fassade	Arch.	FSB 1023/62/04		X	X				F	Mai 00		X

Legende: A=Ausbau / T=TGA / A+T=Ausbau und TGA / R=Rohbau / F=Fassade / K=Küche / L=Leitsystem / M=Möbel-Einbauten / S=Sonderbauteile / Gew=Gewerke

Abb. 5.10. Entscheidungsliste Bemusterung

5.2.4 Objektdefinition

Nachdem der Entscheidungsbedarf geklärt ist, muss definiert werden, was konkret zu entscheiden ist. Optimale Lösungen ergeben sich immer im Vergleich zwischen verschiedenen Alternativen. Deshalb baut der gesamte Entscheidungsprozess auf dem Abwägen zwischen mehreren Alternativen auf, die formuliert und entsprechend gegliedert werden müssen. Dies wir am Beispiel der Fassade präzisiert.

Die Außenhaut eines Gebäudes bestimmt ausschlaggebend das Gesamterscheinungsbild eines Bauwerkes. Neben diesem für die Architektur wesentlichen Kriterium bestimmt die Fassade auch ausschlaggebend die Energiebilanz des Gesamtprojektes sowie die Kriterien der Behaglichkeit des Innenraumklimas. In der Abb. 5.11 sind die einzelnen Entscheidungssachverhalte den einzelnen Planungsphasen zugeordnet. Diese Darstellung wird von Projekt zu Projekt stark unterschiedlich sein.

Projektentwicklung / Grundlagenermittlung / Wettbewerb	Vorplanung	Entwurfsplanung	Ausführungs- planung	Firmenplanung / Bemusterung
• Ausbauraster, Stützen raster • Vorgaben aus Nachbar bebauung (Bebauungsplan): Verträglichkeit mit umgebender Bebauung / Gesamterscheinungsbild (filigran, mas siv, gestalterische Akzente) • Sonnenschutz / Putz balkone / Befahranla gen • Ableitung unterschiedli cher Fassadentypen • Vorgaben zur Bauphy sik / Brandschutz (Schallimissionen) • Speicherfähigkeit der Kon - struktion in Abhängig keit zur lufttechnischen Be hand - lung verschiedener Raumgruppen	• Festlegen von weiter zuverfol- genden Alter nativen / Ausschei den von Fassadenalterna- tiven • Feststellen der Merkmale (Eigenschaften der Fassadenoptionen / -alternativen) • Festlegung der wesentlichen Bewertungskriterien • Schaffen einer Datentabelle zur Bewertung • Abwägung der Vor- und Nachteile • Entscheidung und Differenzierung der Bewertungskriterien für den weiteren Projektablauf	• Planung und Bemu - sterung der in der Vorplanung ent- schiedenen Alternativen • Vertiefung der Analyse der Merkmale • Entscheidung über durchzuplanende Lösung für die Ausführungsplanung	• Lösung von kon- struktiven Einzel- punkten (z. B. Son- nenschutzintegration, Fensterbänke etc.) • fabrikatsneutrale Planung und Entscheidung über eine Vielzahl von material-/konstruktionsbedingten Einzelpunkten • Auswahl von Alternativen für die Ausschreibung	Entscheidungen über viele Einzelpunkte der Firmenplanung Beispiel aus einem Projekt: • Beschläge • Brüstungsverkleidung • Fenstergriffe • Fensterelemente • Podestvorderkanten (Treppenhausfenster) • Geländer, Gitter • Türdrücker • Jalousien • Karusseltüren/Wind - fanganlagen • Oberlichter • Paneele außen • Material Innenstützenverkleidung • Profile innen/außen • Pulverbeschichtung, Farbe • Rohrprofile Edelstahl • Lamellenprofil Lüftungs - auslässe • Sonnenschutzkasten Fassade • Ganzglasecken • Verglasung

Abb. 5.11. Fassadenrelevante Entscheidungen / Vorgehensweisen im Projektablauf

5.2.5 Entscheidungskriterien / Feststellung der Merkmale

Im Schritt 2 (Abb. 5.6) werden die Merkmale bzw. Bewertungskriterien festgelegt, die einer Entscheidung zugrunde gelegt werden sollen. Ein zentraler Abschnitt des Entscheidungsprozesses ist die Analyse von Zusammenhängen zwischen den Merkmalen und die Feststellung der entscheidungsrelevanten Kriterien. In der Unterscheidung, welches Merkmal nun tatsächlich ein echtes Entscheidungskriterium ist, liegt ein weiteres Auswahlproblem, für welches wiederum Kriterien benötigt werden.

Die dafür maßgebenden Gesichtspunkte liegen in dem am Entscheidungsprozeß beteiligten Menschen und deren Wunschvorstellungen, Motivationen, Grundsätzen, Forderungen oder auch Vorschriften bzw. zusammenfassend auch als dem „Wertesystem" zu beschreibenden Aussagebereich. In diesem sind Begriffe wie Werthaltungen, Intentionen, Maximen, Referenzen, Ziele, Zielsetzungen, Zielhierarchien und auch Zielsysteme beinhaltet.

BAUTEILE/OPTIONEN / AUSGEWÄHLTE VARIANTEN		Optische Wirkung	Lebensdauer	Pflege / Wartung	Umweltresistenz (Hagel, Abgase etc.)	Reparaturanfälligkeit	Selbstreinigungseffekt	Reinigungsmöglichkeiten	Energieverbrauch (bei Herstellung)	Entsorgung / Recycling	Genehmigungsfähigkeit	Bauphysikalische Behaglichkeit	Investitionskosten €/m²
Fenster	Alu pulverbeschichtet	++	++	+	+	++	+	+	0	+	+	+	404
	Alu eloxal E6EV1	+	++	+	+	++	+	+	0	+	+	+	393
	Kunststoff	-	+	0	+	0	0	+	+	0	+	0	312
Absturzsicherung	Edelstahl	++	++	+	++	++	+	+	+	+	+		25
	Alu	+	+	+	+	+	+	+	0	+	+		20
Verglasung	Wärmeschutz, 2-fach verglast	+	+	+	+	+	+	+	0	+	+	+	97
	Iso Normal, 2-fach verglast	+	+	+	+	+	+	+	0	+	+	+	61
Sonnenschutz	Jalousetten 60 mm	++	+	+	+	+	+	+	0	+	+	+	118
	Jalousetten 80 mm	+	+	+	+	+	+	+	0	+	+	+	118
	Jalousettenkasten/FS Edelstahl	++	+	+	++	++	+	+	+	+	+	+	133
	Jalousettenkasten/FS Alu	+	+	+	+	+	+	+	0	+	+	+	118
	Markise	++	0	0	0	-	--	-	+	-	+	+	256
	Sonnenschutzverglasung	-	+	+	+	+	+	+	0	+	-		
Brüstung	Putz	-	-	-	++	-	-	+	+	+	0	-	128
	Alublech pulverbeschichtet	+	++	+	+	++	+	+	0	+	+		265
	emailliertes Stahlblech	+	++	++	+	++	++	+	-	-	+	+	290
	Alublech eloxal	+	+	+	+	+	+	+	0	+	+		290
	emailliertes Glas weiß	+	++	++	++	++	++	+	-	0	+		290
	siebbedrucktes Glas	+	++	++	++	++	++	+	-	0	+		316
	Naturstein	-	+	0	0	0	0	+	+	+			
Geschlossene Fassadenfläche	Putz	-	-	-	++	-	-	+	+	+	0		128
	Alublech pulverbeschichtet	+	++	+	+	++	+	-	0	+	+		265
	emailliertes Stahlblech	+	++	++	++	++		+		-	+	+	290
	Naturstein										+		308

Legende: ++ = sehr gut   + = gut   0 = mittel   - = schlecht   -- = sehr schlecht

Abb. 5.12. Entscheidungskriterien für Bewertung Fassadenoptionen

In der Phase der Entscheidungsvorbereitung kommt es darauf an, innerhalb der bestehenden Zielsysteme bzw. Zielkriterien Merkmale auszuschalten, die vom Auswählenden für irrelevant gehalten werden, dann um die Sortierung und schrittweise Einengung der für relevant gehaltenen Entscheidungskriterien. Wenn die Entscheidungskriterien definiert sind, sollte im Schritt 3 (Abb. 5.6) darüber nachgedacht werden, welche Alternative im Sinne einer Vorabbewertung auszuscheiden ist.

Der Abwägungsvorgang selbst benötigt zur Bewertung eine Datenbasis. Bei monetären Kriterien liegt diese Basis vor, die dann in der Regel mit nichtmonetär zu bewertenden Kriterien beim Auswahlvorschlag berücksichtigt werden müssen. In Abb. 5.12 ist am Beispiel einer Fassade die Struktur der bauteilbezogenen Optionen einerseits und der Zuordnung zu Merkmalen bzw. Bewertungskriterien andererseits dargestellt. Die aufgezeigten Merkmale bzw. Bewertungskriterien sind in Verbindung mit weiteren Erläuterungen die Grundlage für Grundsatzentscheidungen bzw. Konzeptentscheidungen in der Vorplanung.

5.2.6 Beschaffen der Bewertungsdaten

Der Schritt 4 (Abb. 5.6) umfaßt die Beschaffung dieser Bewertungsdaten, anschließend erfolgt im Schritt 5 die Erfassung der Vor- und Nachteile der Alternativen, bezogen auf die Kriterien. Anschließend erfolgt die Bewertung der Teilziele mit einer geeigneten Skalierung (Schritt 6). Im Schritt 7 erfolgt die Gewichtung der einzelnen Entscheidungskriterien im Hinblick auf deren Bedeutung zur Erreichung des Gesamtzieles.

5.2.7 Erarbeitung des Auswahlvorschlages

Der Auswahlvorschlag wird unter Berücksichtigung der Entscheidungsart sowie der Kriterien mittels unterschiedlichen Verfahren erarbeitet, danach erfolgt die Sensitivitätsanalyse und kritische Gesamtbeurteilung mit der Empfehlung zur weiteren Vorgehensweise (Schritt 8 – 10, Abb. 5.6). Der Entscheidungsprozeß für einzelne Bauwerkselemente entwickelt sich über einen längeren Zeitabschnitt. So werden z.B. Grundsatzentscheidungen zur Fassade in der Vorplanung getroffen, die sich dann zu einem späteren Zeitpunkt in eine Vielzahl von Einzelentscheidungen bis hin zu Details der Bemusterung konkretisieren. Die Berücksichtigung dieser Grundsätze im Entscheidungsprozess erfordert eine durchgängige Systematik der Terminplanung als Vorgabe für alle Projektbeteiligten.

5.3 Terminmanagement

In der Projektentwicklungsphase eines Projektes wird neben den Investitionskosten auch der Terminrahmen eines Projektes festgelegt, da die Wirtschaftlichkeitsbetrachtungen einen zeitlichen Bezug benötigen.

Die Bedeutung dieser Aufgabe wird häufig unterschätzt. Ebenso wie bei den Investitionskosten gibt es auch hier das Dilemma des erstgenannten Termins. Ein einmal ins Auge gefasster Zeitpunkt für die Fertigstellung, auf den dann alle weiteren Schritte aufgebaut sind, lässt sich häufig nur mit schmerzhaften Folgen für alle Beteiligten revidieren. Gründe für häufige Fehleinschätzungen liegen sowohl in fehlerhaften Terminstrukturen als auch in der unzutreffenden Annahme für absolute Zeitdauern. Bereits in der Festlegung des Terminrahmens werden Entscheidungen zu verschiedenen Randbedingungen getroffen, die in Abb. 5.13 zusammengestellt sind.

Bauprogramm / Bauaufgabe	Grundstück	Planungskapazitäten
• R + F-Programm / Baubeschreibung • Flächenentwicklung • Kubaturentwicklung • BRI über 0 • BRI unter 0 • BRI unter 0 im GW • BRI gesamt • BGF • Kostenstrukturen	• Grundstückserwerb • Vorgaben Flächennutzungsplan, Bebauungsplan • Bestand auf Grundstück • Denkmalschutz • Räumungszeitraum abzubrechender Objekte • Umgebung der abzubrechenden Gebäude (empfindliche Bebauung, Nutzung) • Grundstückszufahrt • Bodengutachten • Grundwasserstand • Spartenverkauf • Nachbarschaftsverhältnisse	Planer: • Erfahrung, Qualifikation, Zuverlässigkeit • Mitarbeiterpotential • Plananzahl, CAD-Arbeitsplätze • Ablauf Planungsphasen (insbesondere Kapazitätserfordernisse aus der Ausführungsplanung
Ablaufentscheidungen	**Aufwandsdaten**	**Planungskapazitäten**
• Planungsvorlauf zur Ausführung • Ablaufentscheidung Unternehmenseinsatzform (Generalunternehmer/-übernehmer) • Struktur des gesamten Ablaufs (Anzahl Vorgänge) • Ausschreibungsgrundlage • Witterungssituation	• Planungsaufwand: - Zeiten für alle HOAI-Phasen - Ableiten von Kapazitäten • Ausführungsdauer: Grundstück baureif machen (Abbruch) - Baugrube - Rohbau - Ausbau - Technik Inbetriebnahme	• Bebauungsplanverfahren erforderlich? • Besondere Genehmigungsverfahren? (Gewerbeaufsicht, Denkmalpflege, Zweckentfremdung, Wasserrechtsverfahren, Spartenverlegung, Brandschutz) • Förderrechtliche Genehmigungsverfahren • Bauherreninterne Genehmigungsverfahren

Abb. 5.13. Entscheidungen über Annahmen zur Rahmenterminplanung

Ein zu kurz gewählter Terminrahmen für Planung und Bau führt auch zu negativen Beeinträchtigungen des Facility Managements. Zu kurze Zeiten für den erforderlichen Entscheidungsprozess im Planungsablauf, Nichtberücksichtigung der Folgekostenproblematik und Beeinträchtigungen der Qualität in Planung und Ausführung sind häufig die Folgen. Aus diesem Grunde hat das Terminmanagement eine ausschlaggebende Bedeutung auch für die Konzeption und Realisierung des Facility Management und wird ausführlich dargestellt. Der strukturelle Ablauf ist in Abb. 5.14 gezeigt.

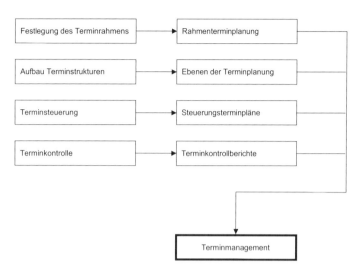

Abb. 5.14. Fachexpertise zum Terminmanagement

5.3.1 Festlegung des Terminrahmens

Zum Zeitpunkt der Projektentwicklung liegen für den zu erstellenden Rahmenterminplan noch nicht die Grundlagen vor, um analytisch die dargestellten Annahmen zu hinterlegen.

Da sich die Informationen über das Projekt zu diesem Zeitpunkt im wesentlichen auf das Nutzerbedarfsprogramm beschränken, liegen noch keine zuverlässigen Angaben vor, die eine Terminstrukturierung auf Basis von Gewerken / Leitpositionen ermöglichen. Je nach vorliegender Basis wird es gelingen, die Baugrube, den Rohbau, die Fassade, das Grobmodell des Ausbauablaufes sowie die wesentlichen Technikbereiche chronologisch einzuordnen und damit einen funktionsfähigen Gesamtablauf zu konzipieren. Mit diesem Ergebnis wird man Plausibilitätsbetrachtungen durchführen, um im Vergleich mit ausgeführten Projekten eine Machbarkeitsbestätigung zu erhalten.

In der Abb. 5.15 sind fünf Projekte im Hinblick auf unterschiedliche Laufzeiten analysiert. Die dabei verwendete Definition der Phasen ist in Abb. 5.16 dargestellt. Die Spreizung der absoluten Zeiten ist beachtlich und begründet sich in verschiedenen Randbedingungen der einzelnen Projekte.

Die Gründe für die verschiedenen Zeitdauern liegen einerseits in der unterschiedlichen Größenordnung, in strukturellen Fragen des Ablaufes und vielen anderen Randbedingungen begründet (Baugrube, Grundwasser, Gründungskonzeption, Anteil Gebäudetechnik in den Untergeschossen, Fassadengliederung, Gebäudegliederung, Anteil Untergeschosse, Unternehmenseinsatzform: Einzelunternehmer / Generalunternehmer, Logistik Baufeld, Anzahl aufzustellender Kräne, Witterungseinflüsse, Behinderungen während der Bauzeit, Erschütterungsempfindlichkeit Nachbarbauwerke, Änderungen im Programm während der Bauzeit, Abhängigkeit zu anderen Baumaßnahmen etc.).

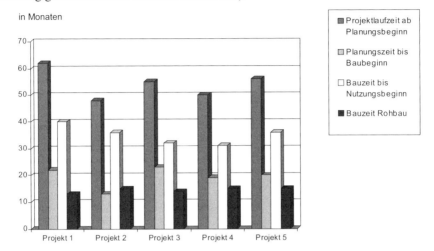

Abb. 5.15. Übersicht zu Projektlaufzeiten

Alle Randbedingungen müssen in der Bewertung der Bauzeit berücksichtigt werden. Die Planungszeit bis zum Baubeginn ist Maß für die erforderliche Vorlaufzeit der Planung. Häufig liegen dort auch die Probleme eines späteren Ablaufes, dass die vorauslaufenden Phasen entweder zu kurz oder sehr überschnitten (baubegleitend) bzw. komprimiert durchgeführt werden.

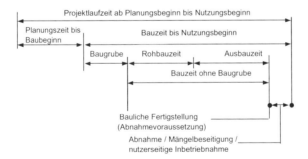

Abb. 5.16. Definitionen der Projektlaufzeiten

In der Abb. 5.17 ist die Baugeschwindigkeit in Bezug auf die Gesamtleistung der zu verbauenden Volumina (m^3 BRI) ablesbar. Die dargelegten Kubaturen belegen die Größe der Projekte. Es zeigt sich bei der Bauzeit bis Nutzungsbeginn eine Linearität im Verhältnis m^3 BRI / Bauzeit. Bei der Baugeschwindigkeit der Gesamtleistung ist diese Linearität nicht mehr gegeben.

Die Ermittlung der Rohbauzeit wird in erster Linie von den logistischen Voraussetzungen bestimmt. Es müssen ausreichende Möglichkeiten zum Aufstellen der Kräne gegeben sein, die je nach vorliegendem Einzelfall 15 – 25 Arbeitskräfte bedienen können. Mit der Anzahl von Kränen und den umzusetzenden Raumvolumina können somit Grenzwerte der Baugeschwindigkeit mit Zuhilfenahme von Produktionsfunktionen ermittelt werden.

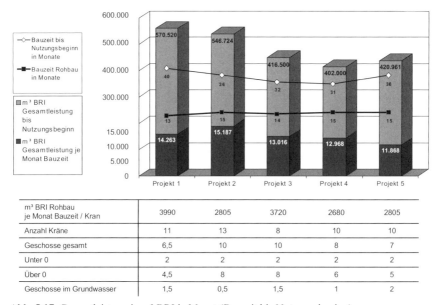

m³ BRI Rohbau je Monat Bauzeit / Kran	3990	2805	3720	2680	2805
Anzahl Kräne	11	13	8	10	10
Geschosse gesamt	6,5	10	10	8	7
Unter 0	2	2	2	2	2
Über 0	4,5	8	8	6	5
Geschosse im Grundwasser	1,5	0,5	1,5	1	2

Abb. 5.17. Gesamtleistung in m³ BRI je Monat (Bauzeit bis Nutzungsbeginn)

In diesen Funktionen gehen die Parameter Feststoffanteil (m³ Baustoff / m³ umbauter Raum), Schalungsanteil (m² Schalung / m³ Beton), Stundenaufwand Schal-, Beton-, Bewehrungsarbeiten, Baustelleneinrichtungsaufwand etc. entsprechend gewichtet ein und lassen den Gesamtstundenaufwand der Rohbauarbeiten ermitteln und damit Rückschlüsse auf den voraussichtlichen Verlauf der Arbeitskräftekapazitäten zu.

5.3.2 Aufbau der Terminstrukturen

Die Erreichung der aufgeführten Terminziele erfordert einerseits eine Systematik, andererseits aktive Vorgehensweisen zu unterschiedlichen Zeitpunkten bzw. Situationen.

In der Phase der Projektvorbereitung hat der Projektsteuerer die Aufgabe, einen Terminrahmen zu entwickeln, vorzuschlagen und festzulegen. Dieser ist nach Entscheidung durch den Bauherrn Vorgabe im Sinne des weiteren Handelns für alle Projektbeteiligten. Die Dauer von großen Projekten beträgt häufig mehr als 5 Jahre. Damit liegen zwischen Projektentwicklung und Nutzungsbeginn naturgemäß eine Fülle von Unwägbarkeiten, die zum Zeitpunkt der Formulierung des Termin-zieles nicht bekannt sein können. Häufig sind es Änderungen in den Programm-vorgaben, nicht rechtzeitig getroffene oder zurückgenommene Entscheidungen des Bauherrn oder auch Probleme im Genehmigungsverfahren, die zu Zeitverzöge-rungen führen.

Die Terminplanung muss diesen Tatsachen vorausschauend soweit wie möglich realistisch Rechnung tragen. Eine völlige Änderung der Programmgrundlagen wird in der Regel nicht zum Ursprungstermin erreichbar sein. In diesem Fall wird es darum gehen, das Änderungsmanagement so zu gestalten, dass eine möglichst kurze Verschiebung des Fertigstellungstermins eintritt. Das Auftreten kleinerer Änderungssachverhalte ist bis zu einem bestimmten Zeitpunkt normal, so dass die Aufgabe der Projektsteuerung darin liegt, das Terminziel durch aktive Ter-minsteuerung bzw. Änderungsmanagement doch noch zu erreichen.

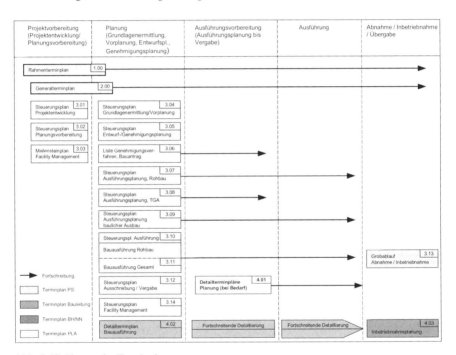

Abb. 5.18. Ebenen der Terminplanung

In Abb. 5.18 sind die Ebenen der Terminplanung dargestellt. In jeder der fünf dargestellten Projektphasen von der Projektvorbereitung bis zur Inbetriebnahme werden Terminpläne unterschiedlicher Struktur erstellt. In dem zu Projektbeginn vom Bauherr bzw. Projektmanager zu erstellenden Rahmenterminplan strukturiert sich der gesamte Projektablauf in die HOAI-Leistungsphasen bzw. Meilensteine Planung und Bau bis Übergabe, der auch die Vertragsgrundlage aller Planungsbe-teiligten wird.

Nr.	Terminplan Bezeichnung	Inhalt	Detaillierung	Ziel	Zeitpunkt Erstellung	Ersteller	Voraussetzungen zur Erstellung
1.00	Rahmenterminplan	Gesamtprojekt von Projektentwicklung bis Übergabe/Inbetriebnahme	HOAI-Leistungsphasen/ Meilensteine Planung und Bau bis Übergabe	Entscheidungsgrundlage für Terminrahmen/ Überblick Gesamtprojekt/ Vertragstermine Projektbeteiligte	vor Planungsbeginn/ spätestens zum Ende der Grundlagenermittlung	PS	Ergebnisse der Projektentwicklung/ Raum- und Funktionsprogramm/Flächen-, Kubaturgrößen bzw. Kostengrößen
2.00	Generalterminplan	Gesamtprojekt von Projektentwicklung bis Übergabe/Inbetriebnahme	Differenzierte Struktur des Rahmenterminplanes mit allen wesentlichen Vorgängen, Entscheidungen, Genehmigungen	Eingrenzung der wesentlichen Ecktermine für Planung und Ausführung/Entscheidungen	vor Planungsbeginn, falls von Ermittlungsgrundlagen her möglich	PS	Flächenentwicklung, geometrische Struktur, Geschoßhöhenentwicklung, Qualitäts-/Ausstattungsprogramm (Nutzerbedarfsprogramm)
3.00	Steuerungspläne	Einzelne Planungsphasen sowie Bauausführung	Projektspezifische Festlegung der auf dem kritischen Weg liegenden Planungs-/Ausführungsvorgänge	Strukturierung auf dem kritischen Weg liegender Vorgänge zur Terminkontrolle/-steuerung	Beginn/Ende der Planungsphase	PS	Generalterminplan/Kenntnis Planerkapazitäten
3.01	Steuerungsplan Projektentwicklung	Alle Vorgänge der Projektentwicklung	Alle Vorgänge der Projektentwicklung	Zeitgerechte Erbringung der Projektentwicklung	Beauftragung PS-Leistung	PS	Abstimmung Bauherr
3.02	Steuerungsplan Planungsvorbereitung	Alle Vorgänge der Planungsvorbereitung zum Beginn der Planung	Relevante Vorgänge der Planungsvorbereitung	Zeitgerechte Erbringung der Projektvorbereitung	Beauftragung PS-Leistung	PS	Abstimmung Bauherr
3.03	Steuerungsplan/Grundlagenermittlung/ Vorplanung	Alle wesentlichen Vorgänge/Entscheidungspunkte der Planung	Ecktermine des Planungsablaufes	Strukturierung Planungsvorgänge zur Terminkontrolle-steuerung	Mitte/Ende vorherige Planungsphase	PS	Generalterminplan/ Planerkapazitäten
3.04	Steuerungsplan Entwurfsplanung/ Genehmigungsplanung	Alle wesentlichen Vorgänge/Entscheidungspunkte der Planung	Ecktermine des Planungsablaufes	Strukturierung Planungsvorgänge zur Terminkontrolle-steuerung	Mitte/Ende Vorplanung	PS	Generalterminplan/Kenntnis Planerkapazitäten
3.05	Liste Genehmigungsverfahren	Alle wesentlichen Vorgänge der behördlichen Genehmigungen/ Komponenten der Bauantragsunterlagen	Elemente der genehmigungsrelevanten Vorgänge zur Verfolgung durch den Planer	termingerechte Genehmigung durch Behörde	nach Einreichung Bauantrag	PS	Kenntnis eingereichte Genehmigungsunterlagen
3.06	Steuerungsplan Ausführungsplanung Rohbau	Erstellung - Werk-/Schlitzplanung Rohbau - Schal-Bewehrungsplanung - Koordination	Ebenen/Planpakete	Zeitgerechte Erstellung und Koordination von Ausführungsplänen für den Rohbau	Mitte/Ende Phase Entwurfsplanung	PS	- Steuerungsplan Bauausführung (3.09) - Detailterminplan Bauausführung (4.02)
3.07	Steuerungsplan Ausführungsplanung TGA	Erstellung der Ausführungsplanung TGA	Einzelplanungsschritte für einzelne Planungsbereiche	Zeitgerechte Erstellung und Koordination von Ausführungsplänen für die technische Ausrüstung als Ausführungs-/Ausschreibungsgrundlage	Ende Phase Entwurfsplanung	PS	- Steuerungsplan Bauausführung Gesamt (3.10) - Steuerungsplan Ausschreibung/Vergabe (3.11)

Abb. 5.19. Definition der Terminplanebenen

Der Generalterminplan differenziert die wesentlichen Vorgänge und enthält auch die wesentlichen Freigaben und Genehmigungen der einzelnen Planungsphasen. Jede Planungsphase wird in einzelne Steuerungsterminpläne strukturiert. Jeweils integriert in diese Ablaufstruktur werden die wesentlichen Entscheidungen (Grundsatzentscheidungen), insbesondere in den Fällen, in denen das Nichttreffen bzw. das Verzögern der Entscheidung den weiteren Planungsablauf behindern würde.

Eine Vielzahl von Entscheidungen wird im Rahmen von Bemusterungen zu treffen sein, die in gesonderten Detailterminplänen oder Entscheidungslisten erfasst werden. Die einzelnen Planungsphasen (Grundlagenermittlung, Vorplanung, Entwurfsplanung, Ausführungsplanung) werden in einzelnen Steuerungsterminplänen strukturiert. Das Ziel dieser Terminpläne ist die Erfassung aller Beteiligten im Hinblick auf ihre Teilaufgaben sowie das rechtzeitige Erkennen von notwendigen Entscheidungssachverhalten.

5.3.3 Terminsteuerung

Die Erreichung des vereinbarten Terminzieles ist nur über eine effektive Terminkontrolle und -steuerung des Projektmanagers erreichbar. Grundlage dafür sind Steuerungsterminpläne. In diesen müssen die zwischen Projektstart und Nutzungsbeginn liegenden Aktivitäten der Projektentwicklung so aufgegliedert werden, dass alle auf dem kritischen Weg liegenden Aktivitäten und wesentlichen Aufgaben der Beteiligten in ein griffiges Terminraster integriert werden. Nur über diesen Weg ist es möglich, Kontrollen durchzuführen, Abweichungen frühzeitig zu erkennen und Gegensteuerungsmaßnamen einzuleiten.

Der Detaillierungsgrad der Steuerungspläne nimmt mit fortschreitender Planung zu. Kurz vor der Ausführung durch die ausführenden Firmen wird die Detaillierung z. B. für Rohbaupläne (Werkpläne, Schal- und Bewehrungsplan) in die Planpaketebene bzw. in Einzelfällen bis zum einzelnen Plan durchgeführt. Als stellvertretendes Beispiel für alle anderen Steuerungsterminpläne wird der für die Vorplanungsphase zu erstellende Ablaufplan beschrieben:

Steuerungsplan Vorplanung

Die Vorplanungsphase ist eine entscheidende Leistungsphase, da dort die Programmgrundlagen planerisch das erste Mal in konkreter Gestalt formuliert werden. Bei einem evtl. vorgeschalteten Wettbewerb gestaltet sich dies allerdings ein wenig anders. In diesem Fall wird das Wettbewerbsergebnis evtl. partiell überarbeitet. Daraus resultieren in der Regel eine Vielzahl von Koordinations- / Entscheidungspunkten, die je nach weiterem Terminablauf entweder innerhalb oder nach Abschluss der Vorplanungsphase entschieden werden müssen.

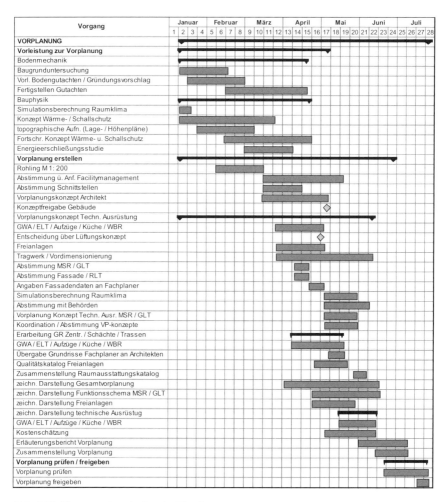

Abb. 5.20. Steuerungsterminplan der Vorplanung

Detaillierungsstruktur

In dem Steuerungsplan müssen alle wesentlichen Vorgänge und vor allem alle Beteiligten erfasst werden, damit diese zeitlich in das Planungsgeschehen verbindlich eingeordnet sind. Aufgenommen werden sollten auch vorlaufende Vorleistungen zur Vorplanung, damit sich im Entwicklungsprozess der Planung keine Behinderungssachverhalte für einzelne Planer ergeben. Zu Beginn der Planung sollte mit den Planungsbeteiligten abgestimmt werden, welche Alternativen näher zu untersuchen sind, damit der Entscheidungsprozess hinreichend vorstrukturiert werden kann. Es ist zu vermeiden, dass alle nur denkbaren Alternativen in gleicher Tiefe bis zum Abschluss der Vorplanungsphase diskutiert werden.

In diesem Fall wird die Entscheidungsfindung nicht rechtzeitig möglich sein. Falls sich zu Projektbeginn aus Termingründen das Erfordernis einer Ausschreibung auf Basis der Entwurfsplanung für den Rohbau ergeben hat, und diese Entscheidung mit Verabschiedung der Rahmenterminplanung getroffen wurde, ist bei Verzögerungen, z. B. wegen Änderungen, der Endtermin des Gebäudes nur noch über terminsteuernde Anpassungsmaßnahmen möglich. Zu Beginn der Vorplanung müssen ebenfalls die wesentlichen Entscheidungen der Projektentwicklung / Grundlagenermittlung getroffen werden, damit das Vorplanungskonzept später nicht wesentlich geändert werden muss. Des Weiteren sollte zu Beginn der Vorplanung durch den Projektmanager zusammen mit den Planungsbeteiligten überprüft werden, wann welche Entscheidungen in Anbetracht des geplanten Terminablaufes zu treffen sind.

Die Vorgänge der Zusammenstellung der Ergebnisunterlagen der Vorplanung, also die Integration der Fachplanerleistungen durch den Architekten werden häufig zeitlich zu kurz bemessen. Ebenfalls betrifft dies die Erstellung der Kostenschätzung unter Integration der Beiträge der Fachplaner, die einigen Abstimmungsbedarf enthalten. Der Prüfungs- und Freigabevorgang durch den Projektsteuerer bzw. Bauherrn sollte mit angemessenem Zeitrahmen als einzelner Vorgang im Terminplan aufgenommen werden.

Ablaufdauern, Kennwerte

Die Länge der Vorplanungsphase richtet sich nicht nur nach der Größe eines Projektes, wobei diese natürlich einen wesentlichen Ausschlag gibt. Aber auch kleinere Projekte bedürfen einer gewissen Reifezeit im Sinne der Planung, um die Programmgrundlagen sorgfältig in eine konkrete Planungsgestalt zu entwickeln. Bei Unsicherheiten im Nutzerbedarfsprogramm, z. B. auch bei Sanierungsmaßnahmen mit Problemen / Unwägbarkeiten aus dem Bestand, bei schwierigen Entscheidungsstrukturen bzw. Abstimmungserfordernissen bauherrnseitig bzw. planerseitig ergibt sich häufig zu spät die Erkenntnis, dass die Zeitansätze für die Vorplanung zu knapp bemessen waren.

In diesem Zusammenhang müssen die Fragen des erforderlichen Zeitansatzes in Abhängigkeit der planerseitigen Kapazitäten näher betrachtet werden. Als Mindestwerte für Projekte (mit definierten Programmgrundlagen) in der Größenordnung von 50 - 200 Mio. EUR Herstellkosten sollten 4-5 Monate nicht unterschritten werden. Einen Ausschlag für die Bemessung der Planungszeiten für Vorplanung / Entwurfsplanung gibt auch das Verhältnis von Vorplanungzeit zu Entwurfsplanungszeit. Es wird empfohlen, die Vorplanungsphase als gestaltungsreichste Planungsphase zeitlich ausreichend, ggf. auch länger als die Entwurfsplanungsphase anzusetzen. Dabei spielen auch die bauherrenseitig formulierten Anforderungen an die Lösung der Planungsaufgaben und die Entscheidungsfreudigkeit des Bauherrn eine gewisse Rolle bei der Bemessung.

Entscheidungen

In der Vorplanung werden die wesentlichen Grundlagen- und Konzeptentscheidungen des Projektes getroffen. Nach dem ersten Vorplanungskonzept des Architekten sollten die nutzungsrelevanten Fragestellungen vom Bauherrn noch einmal überprüft und abgeglichen werden, bevor die Fachplaner mit den Reinzeichnungen ihrer Konzepte in die Vorplanungsgrundrisse (1:200) beginnen.

Falls die Vorplanung zu einem späteren Zeitpunkt in Frage gestellt wird, ergeben sich aufwendige Änderungsaktivitäten der Architekten und Fachplaner. Entschieden werden müssen in dieser Phase wesentliche Fragen des Tragwerkskonzeptes, des Lüftungskonzeptes, der Logistik des Gesamtgebäudes sowie vielfältige Fragen des Ausstattungsprogramms in Abhängigkeit des Nutzerbedarfsprogramms, der vorgegebenen Qualitäten und des damit korrespondierenden Kostenrahmens.

5.3.4 Terminkontrollberichte

Die Terminkontrolle wird je nach Planungsphase unterschiedlich gestaltet. In der Vor- und Entwurfsplanung führt der Projektmanager die Terminkontrolle nahe am Geschehen der Planung in den regelmäßig stattfindenden Projektsteuerungsterminen und den Planergesprächen durch. Die Kontrolle der Termine orientiert sich am Detaillierungsgrad der jeweiligen Steuerungspläne, die vom Projektsteuerer im Hinblick auf die Terminkontrolle entsprechend strukturiert werden müssen.

In der Ausführungsplanungsphase wird der Prozess der Terminkontrolle intensiviert. In der Entwicklung der Ausführungsplanung für den Rohbau ist es notwendig, die Planungsbereiche genau zu strukturieren und aufeinander abzustimmen. Die Termine des Steuerungsterminplanes Ausführungsplanung Rohbau legen im einzelnen fest, wann die Planungspakete zu den einzelnen Bauteilen bzw. einzelnen Planungspaketen geliefert werden müssen.

Es wird durch die Terminkontrolle geprüft, ob die Pläne auf die Baustelle geliefert wurden, ob Verzug besteht und wenn, welchen Stand der Ausführung vor Ort zum Soll-Planliefertermin in dem jeweiligen Planfeld vorlag. Die Tiefe dieser Terminkontrolle durch den Projektsteuerer richtet sich nach den Randbedingungen des jeweiligen Projektes und dem Vertrag des Projektsteuerers. Die Kontrolle kann nicht jeden "einzelnen" Plan umfassen, sondern nur Stichprobencharakter haben. Bei fachlich Beteiligten, die die Unwahrheit über ihren Planungsstand sagen, oder fachlich völlig falsch einschätzen, gestaltet sich das Verfahren häufig sehr problematisch.

Da jeder verzögerte Plan in der Regel eine Behinderungsanzeige der bauausführenden Firmen auslöst, gewinnt diese Dokumentation und das Verfolgen der Planliefertermine eine besondere Bedeutung. Dieser Prozess muss sehr kontrolliert betrieben werden, da bei den ausführenden Firmen verspätet eintreffende Planunterlagen in aller Regel zu Behinderungstatbeständen mit entsprechenden Vergütungsansprüchen führen. In diesem Fall sind alle Projektbeteiligten gegenüber dem Bauherrn in der Verpflichtung, sich bzgl. der eingetretenen Schadensfolgen zu rechtfertigen. In diesem Zusammenhang gewinnt das Änderungsmanagement eine besondere Bedeutung.

Über die Ergebnisse der Terminkontrolle werden Berichte durch den Projektsteuerer erstellt, die je nach Phase des Projektes und Ebene der Berichterstattung unterschiedliche gestaltet werden.

5.4 Kostenmanagement

In Kapitel 4.7 wurden die Kriterien bei der Erstellung eines Kostenrahmens beschrieben. Nach Freigabe durch den Investor ist dieser der Ausgangspunkt für die weiteren Planungsphasen. Das Projektmanagement hat dabei die Aufgabe, durch aktive Kostenkontrolle bei erkannten Abweichungen kostensteuernde Maßnahmen auszulösen, um das genehmigte und vorgegebene Budget einzuhalten. Das dafür aufzubauende Kostenmanagement bedarf klarer Strukturvorgaben und Handlungsanweisungen für die verschiedenen Projektbeteiligten einschließlich Bauherr.

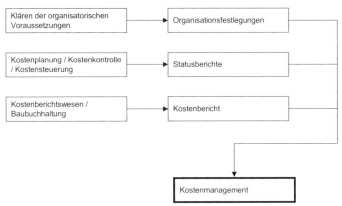

Abb. 5.21. Kostenmanagement

5.4.1 Klären der organisatorischen Voraussetzungen

Direkt nach Projektstart sind federführend durch den Projektmanager in Abstimmung mit dem Bauherrn eine Fülle von Einzelfestlegungen zur Abwicklung des Kostenmanagements zu entscheiden.

Bei der Kostenplanung sind dies die Gliederung in Bauteile / -abschnitte, die Detaillierungstiefe der Kostenermittlung selbst sowie die Strukturen für die Kostenkontrollberichte (Inhalte, Gliederung, Turnus). Das Verfahren zur Festlegung der Vergabestrategie (Vergabeeinheiten, Paketgrößen etc.) sollte ebenso festgelegt werden, wie Einzelheiten zu den Verdingungsunterlagen (Art der Leistungsbeschreibung, Gliederungstiefe und Schnittstellen des Leistungsverzeichnis zur Kostenplanung und -kontrolle). Für die Kostenkontrolle müssen die EDV-Tools und Schnittstellen der verschiedenen Beteiligten, die Detaillierungstiefe der Kostenberichte und die Ausschreibungsformate festgelegt werden.

Damit Zahlungen rechtzeitig erfolgen können, sollten die rechnungsprüfenden Stellen der Aufbauorganisation, die in diesem Zusammenhang bestehenden Kompetenzen, der Rechnungslauf für Rechnungen (Planer, Lichtpausen, Bau- und Lieferleistungen) geregelt werden. Klärungsbedarf besteht ebenso beim Genehmigungsverfahren für Auftragserteilungen, Nachträge etc. Die Klärung dieser Einzelsachverhalte findet Niederschlag im Organisationshandbuch.

5.4.2 Kostenplanung, -kontrolle und -steuerung

Jeder Planungsschritt eines Projektes ist mit einem zugeordneten Schritt der Kostenplanung verbunden. Weiterhin wird jede abgeschlossene Kostenplanungsphase, z. B. die Kostenschätzung und -berechnung auf Plausibilität zu prüfen sein. Dies betrifft insbesondere auch die Schnittstelle zwischen der Planung und Ausschreibung, an der nach Fertigstellung der Leistungsverzeichnisse überprüft werden sollte, ob der voraussichtliche Vergabewert mit den Vorgaben der Kostenplanung übereinstimmt.

Als Beispiel für eine Prüfung der Kostenplanung ist eine Checkliste in Abb. 5.22 dargestellt. Diese gliedert sich in Hinweise zur Investitionsplanung / Kostenschätzung / Kostenberechnung. Die Durchführung der Plausibilitätskontrollen bei der Erstellung der Investitionsplanung wurde im Kapitel 4.7 bereits beschrieben.

Bei der Kostenschätzung / Kostenberechnung richtet sich die Plausibilitätskontrolle auch nach der Detaillierungsstruktur der Kostenermittlung. Die Tiefe der durchzuführende Kostenermittlung sollte im Organisationshandbuch vorgegeben werden. Die Sollabläufe bei einer Kostenberechnung stellen sich folgendermaßen dar:

Kostenberechnung

Die Kostenberechnung ist vom Objektplaner unter Mitwirkung der jeweiligen Fachplaner in der HOAI-Leistungsphase 3 (Entwurfsplanung) zu erstellen.

Voraussetzung hierfür ist, dass die Entwurfsplanung in Bezug auf die zeichnerische Darstellung abgeschlossen ist und in Form von vermassten Planungsunterlagen (Maßstab gemäß vertraglicher Vereinbarung) vorliegt, auf Basis derer für alle vorkommenden Leistungspakte und Kostengruppe die jeweiligen Mengen ermittelt werden können. Darüber hinaus ist auch eine Zusammenarbeit der vom Planer vorgesehenen bzw. mit dem Bauherrn abgestimmten Qualitäten und Standards erforderlich, um die entsprechenden Kostenansätze festlegen zu können.

Die Erstellung der Kostenberechungen setzt sich dann im Wesentliche aus folgenden Tätigkeiten zusammen:

- Mengenermittlung nach Leistungsbereich / Leistungspaket und Kostengruppen
- Bestimmung der Kostenansätze
- Durchführung der Berechung mit Summenbildung für jede Kostengruppe

- Zuordnung nach Vergabeeinheiten

Die Mengen und Kostenansätze der einzelnen Leistungsbereiche / Leistungspakete und Kostengruppen müssen aus der Kostenberechnung ersichtlich sein, damit die jeweiligen Kosten nachvollziehbar und somit die Kostenberechnung überprüfbar ist.

Der Objektplaner erhält die Beiträge zur Kostenberechnung von allen beteiligten Fachplanern und stellt diese zu einer Gesamtkostenberechnung zusammen, wobei der jeweilige Planer bei jedem Kostenansatz ersichtlich sein sollte.

Zur Kostenberechung ist ein Erläuterungsbericht anzufertigen, in dem alle vorkommenden Leistungsbereiche / Leistungspakte und Kostengruppen hinsichtlich Ausführungsart, Standard etc- beschrieben sind, so dass die Grundlagen der jeweiligen Kostenansätze erkennbar sind. Diese Beschreibung muss alle Anforderungen an die gewählten Baustoffe, Materialien, Konstruktionen etc sowie die Angabe bauphysikalischer Kennwerte enthalten und entsprechend de Kostenberechnung in Kostengruppen gegliedert sein. Zur Veranschaulichung sind zudem Regeldetails (z. B. Fassade, Regelquerschnitt) beizulegen.

Weitere Teile des Erläuterungsberichtes sind die o.g. Mengenermittlungen nach Leistungsbereichen / Leistungspaketen und Kostengruppen sowie eine Auflistung der bei der Kostenberechnung verwendeten Pläne.

Darüber hinaus muss auch eine geschossweise Ermittlung der nachfolgend aufgeführten Flächen bzw. Rauminhalte, jeweils nach DIN 277, enthalten sein:

- BGF   Brutto-Grundfläche
- KGF   Konstruktions-Grundfläche
- NGF   Netto-Grundfläche
- NF   Nutzungsfläche in HNF und NNF (Hauptnutz- bzw. Nebennutzfläche)
- FF   Funktionsfläche
- VF   Verkehrsfläche
- BRI   Brutto Rauminhalt
- NRI   Netto-Rauminhalt

Kostenberechnung und Erläuterungsbericht sind dem Bauherrn sowohl in Papierform als auch auf EDV-Datenträger nach Maßgabe des Bauherrn zu übergeben. Mit der Freigabe der Kostenberechnung erhält der Planer eine verbindliche Kostenvorgabe, d. h. eine Kostenobergrenze für die nächste Planungsphase vorgegeben. Die Kostenberechnung ist mit der Kostenschätzung abzugleichen, Abweichungen sind zu erläutern.

Ansatzpunkte von Überprüfungen von Kostenermittlungen

Investitionsplanung / Kostenschätzungen	Kostenberechnungen
Flächen	**Rechnerische Kontrollen / Vorgaben**
m² BGF je Geschoß	≠ Detaillierungstiefe eingehalten?
m² BGF Untergeschosse/m² BGF Obergeschosse	≠ Pauschalangaben angemessen?
m² nicht bebaute Fläche	≠ Zuordnung der Leistungen zur Kostengruppe richtig?
m² Dachbegrünung	≠ Zusatzerläuterungen zur Qualität enthalten?
Rauminhalte	≠ Additionen, Multiplikationen, Überträge richtig? (Stichproben)
m³ BRI je Geschoß, Untergeschosse, Obergeschosse	≠ Falls Kostenvorgaben nicht eingehalten sind: Begründung bzw. Einsparungsmöglichkeiten aufzeigen
Mengen	**Mengen** — **Plausibilitätsprüfung Mengen**
m² Basisfläche	*Eigenermittlung für Vor-/Entwurfsplanung:* — m² Schalung/m³ Beton (Gründung, Wände, Stützen, Decken)
m² Außenwand unter Erdreich	m³ Bodenaushub — to Betonstahl/m³ Beton (Gründung, Wände, Stützen, Decken)
m² Außenwand über Erdreich	m² Verbau — m² Wandschalung/m Betonwand
m² Innenwand (Beton/GK/Sonstige/Gesamt)	m³ Fundamentbeton/Bodenplatte
m² Deckenflächen je Geschoß/Gesamt	m³ Deckenbeton/Dach — *Vergleichswerte:*
m² Dachfläche je Geschoß/Gesamt	m³ Wandbeton — m² Bodenbeläge (Summe) mit BGF/NGF
m³ Dachbegrünung	to Betonstahl (Angabe Tragwerksplaner) — m² Innenwandbekleidung (Summe aller Bekleidungen) mit Wandfläche
	m² Fassade — m² Deckenbekleidung (Summe) mit m² BGF bzw. NGF
	m² Sonnenschutz — m² Dachabdichtung mit m² Dachfläche
	m² abgehängte Decke — Anzahl Bürotüren/Anzahl Büroräume/Türbeschläge/Anzahl Türen
	m² Hohlraumboden
Qualitätsvorgaben: Prüfung der zugrunde liegenden Qualitäten / Ausführungsarten auf: Bauherrn-Vorgaben/Planung/Kostenvorgabe	
Preisansätze Grobelemente	**Preisansätze Kostenelemente** — **Vollständigkeitsprüfung / Sonstiges**
EUR/m² Basisflächen	- Überprüfung mit Literaturwerten — - Ansatz für Winterbau (Terminplan)
EUR/m² Außenwandflächen	- Überprüfung mit EP/Vergleichswerten aus anderen Angeboten/Projekten — - Ansatz für Baustelleneinrichtung (KGR 300)
EUR/m² Innenwandflächen	— - Ansätze der Fachplaner vollständig/richtig übernommen
EUR/m² Deckenflächen	— - Schnittstellen berücksichtigt (Überschneidungen)
EUR/m² Dachflächen	— - Ansätze für "Sonstiges" hinterfragen
EUR/m² BGF	— - Fehlen Leistungen/für alle Kostengruppen Ansätze vorhanden?
EUR/m³ BRI	

Abb. 5.22. Checkliste zur Überprüfung von Kostenschätzungen / Kostenberechnungen

Der Regelkreis bei der Kostensteuerung ist in Abb. 5.23 dargestellt. Die Kostenkontrolle umfasst dabei die Prüfung verschiedener Einzelergebnisse. Häufig werden Störungen durch verschiedene Umstände ausgelöst, die dann kostenplanerisch erfasst und im Hinblick auf Kompensationen an anderer Stelle des Kostengefüges untersucht werden müssen. In diesem Zusammenhang müssen verschiedene Grundlagen zur Durchführung einer Kostenkontrolle gegeben sein. Dies sind neben entsprechend aufbereiteten EDV-Systemen zur Führung der differenzierten Daten auch ein durchgehendes und in der Aufbau- und Ablauforganisation verankertes Änderungsmanagement[64], damit alle Änderungen in der Planung ihren kostenrelevanten Niederschlag finden.

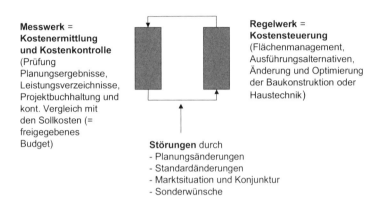

Abb. 5.23. Regelkreis der Kostensteuerung

Kostenberichtswesen / Baubuchhaltung

Eine wesentliche Voraussetzung für ein effektives Kostenmanagement ist ein klar definiertes Berichtswesen. In Abb. 5.24 sind die Ebenen des Berichtswesen dargestellt.

Für die oberste Bauherrenebene wird eine Zusammenfassung der Ergebnisse mit Beurteilung und Empfehlung zur Kostensteuerung erforderlich sein. Hier geht es auch insbesondere um Abweichungen des Kostenrahmens im letzten Berichtszeitraum und Gründe für eine evtl. erforderliche Aufstockung des Kostenrahmens.

---

[64] Vgl. Preuß N (1996) Änderungsmanagement in der Angebots- und Ausführungsphase, DVP-Tagung, Berlin

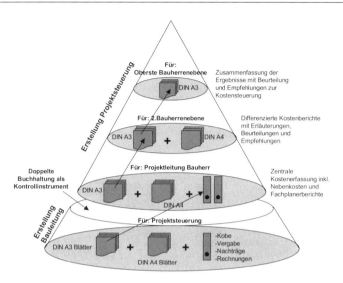

Abb. 5.24. Ebenen des Berichtswesens

Der Kostenbericht für die oberste Bauherrenebene strukturiert sich aus den Daten der detaillierten Buchhaltung. In Abb. 5.25 sind die dazu notwendigen Spaltendefinitionen dargestellt, um die in ständiger Bewegung befindlichen Kostendaten systematisch zu führen.

Projekt:	PROJEKTNAME												Datum:	18.07.2002
Thema:	KOSTENBERICHT Nr. 01 vom 15.03.2002		- alle Angaben in EUR netto oder brutto -										erstellt:	N.N.

Kostenberechnung und Fortschreibung							Aufträge			Hochrechnung		Abrechnung	
KOBE Ursprung	KOBE fortschr. genehmigt	Um-buchung	KOBE fortgeschr. genehmigt	Anmel-dungen KOBE	Sta-tus	Ust	Vergabe-summe	Nachträge beauftragt	Auftrags-wert	voraus-sichtliche +/-	voraus. Abrechn. Summe	Leistungs-stand	voraus. Über-/Unter-deckung
			=4+5+6						=11+12		=7 o.(13+14) o.16		=7-15
4	5	6	7	8	9	10	11	12	13	14	15	16	17

4.Spalte   KOBE analog der verabschiedeten Kostenberechnung aus der Entwurfsplanungsphase
5.Spalte   Durch den Bauherrn genehmigte Fortschreibungen der Kobe seit ihrem Ursprungsdatum
6.Spalte   Umschichtungen aufgrund von Leistungsverschiebungen, in Summe kostenneutral
7.Spalte   KOBE fortgeschrieben genehmigt (KOBE Ursprung + Fortschreibung genehmigt + Umschichtungen)
8.Spalte   Angemeldete Gelder für Fortschreibung der KOBE (Genehmigung erforderlich)
9.Spalte   Status, A = Auftrag vergeben, SR = schlußgerechnet, K = Wert aus KOBE
10.Spalte   Mehrwertsteuersatz des jeweiligen Auftrages
11.Spalte   Vergabewert netto oder brutto, ohne Nachträge
12.Spalte   Nachtragswert netto oder brutto, kumuliert über alle beauftragten Nachträge
13.Spalte   Summe aus Vergabe und Nachträgen
14.Spalte   Voraussichtliche Mehrungen / Minderungen des jeweiligen Auftrages
15.Spalte   Summe der Spalten 13 und 14, oder 7 (KOBE), wenn noch nicht beauftragt,
            oder 16 (Abrechnungsstand,) wenn schon schlußgerechnet
16.Spalte   Leistungsstand netto oder brutto
17.Spalte   voraussichtliche Über- / Unterdeckung

Abb. 5.25. Kostenbericht des Projektmanagements

Dieses Berichtswesen geht immer von einer vom Bauherrn feigegebenen Kostenrahmenvorgabe aus, hier in Spalte 4 als „Kostenberechung Ursprung" bezeichnet. Durch den Optimierungsprozess in der Planung und den damit verbundenen Entscheidungen ergeben sich in der Regel Abweichungen bzw. Fortschreibungen der Kostendaten durch positive / negative Veränderungen – bezogen auf das genehmigte Budget (Spalte 5). Durch Umschichtungen im Vergabeverfahren ergeben sich „kostenneutrale" Veränderungen, die in Spalte 5 erfasst werden. Des Weiteren werden im Berichtswesen voraussichtliche Änderungssachverhalte mit den wahrscheinlich entstehenden Prognosekosten integriert.

In der Beauftragungsphase sind die ständig in Veränderung befindlichen Auftragsdaten erfasst.. Die Spalte 14 beinhaltet voraussichtlich Mehrungen / Minderungen aus eingereichten Nachträgen ausführender Firmen, bereits geprüfte, aber noch nicht beauftragen Nachträge sowie Schätzungen über Auftragsmehrungen. Aus den gesamten Spalteninformationen wird dann eine Prognose und die voraussichtliche Über- / Unterdeckung ermittelt.

Die einzelnen Spalteninformationen bilden sich wiederum aus verschiedenen Systemelementen der Kostenkontrolle, die sich wie folgt aufbaut:
• Liste über offene / beauftragte Nachträge
• Rechnungsübersicht nach Vergabeeinheiten / Freigaben
• Zahlungsanweisungen mit Parametereintragungen
• Nachtragsübersicht (mit allen Strukurdaten)
• Anmeldungen KOBE / KOBE Fortschreibungen genehmigt
• Umschichtungen
• voraussichtliche Mehrungen / Minderungen
• geleistete Zahlungen
• Gegenforderungen / Einbehalte / Skonti

Die Grundstruktur dieser Baubuchhaltung sollte über ein abgesichertes System erfolgen und nicht mit einem von jedem Projektbearbeiter anders und frei zu gestaltenden Tabellenkalkulationsprogramm. Ein Teil der Kostenberichterstattung wird durch die Bauleitung erstellt, die einen auf das oben dargestellte Berichtswesen abgestimmten Kostenbericht zu definierten Zeitpunkten an die Projektsteuerung übergeben muss, die dann wiederum diese Daten auf Kompatibilität mit den eigenen Datenführungen abgleichen muss.

5.5   Informationsmanagement

Die Anzahl der Daten und Informationen, die in einem Projekt zur Planung und Realisierung verarbeitet werden, sind nahezu unbegrenzt. Um diese wirtschaftlich für die Ziele des Bauherrn einsetzen zu können, ist es erforderlich, nur die für die jeweilige Projektphase notwendigen Projektdaten und -informationen durch eine effiziente Informationslogistik für die Projektabwicklung bereitzustellen.

Neben den Leistungsbildern der Projektentwicklung, des Projektmanagements und des Facility Managements hat sich zunehmend das Leistungsbild des Informationsmanagements etabliert, das unter Zuhilfenahme der Informationstechnologie projektbegleitend die Aufgabe der zentralen Informationslogistik (Abb. 5.26) übernimmt. Im übertragenen Sinne bedeutet der Begriff Informationsmanagement, die Handhabung von Informationen, die durch die elektronische Verarbeitung im Sinne eines Informationssystems geleitet und organisiert werden.

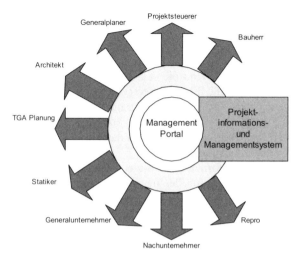

Abb. 5.26. Zentrale Informationslogistik durch ein Informationsmanagementsystem[65]

Die Teilleistung Informationsmanagement gliedert sich gemäß Abb. 5.27 in vier Teilschritte.

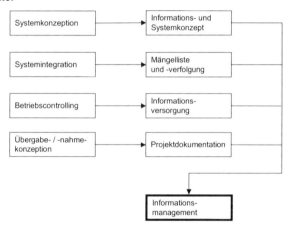

Abb. 5.27. Fachexpertise des Informationsmanagements

Das Ziel des Informationsmanagements und der Informationstechnologie ist die Informationsversorgung der am Projekt Beteiligten erheblich zu verbessern und den Daten- und Informationsaustausch zwischen den Projektbeteiligten zu beschleunigen. Der Nutzen des Informationsmanagements zeigt sich in einem strukturierten Informationsangebot, welches mit einem hohen Grad an Aktualität einen schnellen Überblick über das Projekt ermöglicht. Die Informationsprozesse wer-

---

[65] Vgl. Kiermeier C, Böck S (2002) Workflowoptimierung des Vergabeprozesses. Graduate School of Business Administration Zürich, Master Thesis

den durch das Informationssystem beschleunigt und zeitgleich dokumentiert. Durch die zentralisierte Datenhaltung wächst der Grad der Aktualität, was eine Zunahme der Informationsbedürfnisse der Projektbeteiligten nach sich zieht. Als indirekter Nutzen kann der höhere Informationsstand der Projektbeteiligten gesehen werden, die damit ihren Beitrag zielgerichtet in das Projekt einbringen können. Insgesamt verbessert sich die Informationskultur und der Ablauf nahezu aller Projektprozesse.

5.5.1 Systemvorbereitung

In der Vorbereitungsphase ist ein Konzept zur Einbindung der Projektbeteiligten zu erarbeiten und mit dem Bauherrn und Nutzer abzustimmen. Hierbei geht es um die vertragliche Festlegung von Zugriffsrechten und den Pflichten hinsichtlich formaler und inhaltlicher Anforderungen der zu liefernden Informationen der Projektbeteiligten.

Die frühzeitige Einbindung einer Reproanstalt dient der Möglichkeit, Reproaufträge direkt aus dem System auslösen zu können und vereinfacht erheblich die Vervielfältigung von Projektdokumenten. Die formalen und inhaltlichen Anforderungen müssen vertraglich fixiert werden, um die Verbindlichkeit des Umgangs mit dem System zu gewährleisten und die Akzeptanz des Systems sicherzustellen. Allein die Aufstellung eines Reglements führt dabei nicht zum gewünschten Erfolg. Die Erfahrungen der Vergangenheit haben gezeigt, dass in Projekten ohne vertragliche Festlegungen der Versand einzelner Dokumente am System vorbei erfolgte und der gewünschte Vorteil der Aktualität des Informationsangebots ausblieb.

In einer Matrix ist festzulegen, welche Projektbeteiligten auf welche Projektbereiche, Ordner bzw. Dokumente, Zugriff erhalten. Auch ist auszuschließen, dass ein Systemadministrator das Recht zum Öffnen vertraulicher Projektdokumente erhält. Die formalen Vorschriften dienen der Lesbarkeit und der einheitlichen Struktur des Informationsangebots im System, die während des Projektes und nach dem Projektabschluss dem Bauherrn bzw. Nutzer im Gebäudebetrieb bzw. Facility Management zu gute kommen. So werden beispielsweise die Dokumentenarten zu Beginn festgelegt, um eine Zuordnung und Kategorisierung treffen zu können. Diese dient der Auffindbarkeit von Dokumenten und einer klaren Zuordnung für die spätere Nutzung innerhalb des Facility Managements.

Für die Steuerung und die Kontrolle von Workflowprozessen ist das System an die im Projekt bereits bestehenden Abläufe insbesondere qualitativ anzupassen. Dazu dient eine Bestandsaufnahme der im Projekt vorhandenen Abläufe und eine Zusammenstellung aller projektbezogenen Prozesse. Von großer Bedeutung sind die Festlegungen und Regelungen zum CAD-Datenaustausch. Einer der Abstimmungspunkte ist z.B. die Festlegung der Planausschnitte, um zu gewährleisten, dass alle Planungsinhalte erfasst und die Überschneidungbereiche optimiert werden, siehe Abb. 5.28.

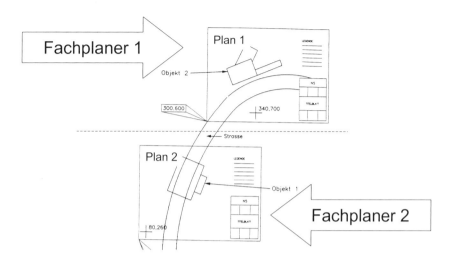

Abb. 5.28. Definition der Planausschnitte

Die Festlegungen und Regelungen zum CAD-Datenaustausch dienen einer einheitlichen und strukturierten CAD/CAFM-Planung und sind in Form eines CAD-Pflichtenheftes hinsichtlich der Layerstrukturen und der Bezeichnungssystematiken differenziert aufzuzeigen.

Um über die gesamte Projektlaufzeit eine den Projektbedingungen angemessene Datensicherheit zu gewährleisten, ist ein Sicherheitskonzept zu erarbeiten und auf das individuelle Sicherheitsbedürfnis des Bauherrn und des Projekts auszulegen. Das Konzept enthält eine vollständige Beschreibung zur Datensicherung und hat das Ziel alle Projektbeteiligten mit Definition der Berechtigungen sowie der Gruppenkonfiguration zu erfassen.

Weiterhin ist in der Systemvorbereitungsphase zu klären, wo die Datenhaltung örtlich erfolgen soll. Die Datenhaltung, die das Anmieten von Speicherplatz auf einer Serverfarm oder den Einkauf eines eigens für das Projekt vorzusehenden Servers oder die Nutzung von Speicherplatz beim Bauherrn oder eines Informationsmanagementanbieters bedeuten kann, ist mit dem Bauherrn abzustimmen und festzulegen.

Gerade im Hinblick auf eine spätere Nutzung der Informationen für ein Facility Management empfiehlt es sich oft mit Projektabschluss den Server und der darauf enthaltenen Daten dem Bauherrn zur Verfügung zu stellen. Damit wird eine optimale Anbindung des Systems an das Facility Management gewährleistet. Mit der Beschaffung der Hardware des zentralen Datenservers an einem geeigneten Standort, gilt es das Hardware-Betriebssystem zu installieren und die Systemsoftware einzurichten. Die zu installierende Software sollte die erforderlichen Viewer mit Beschreibung der wesentlichen Funktionen zu einer reduzierten Datenübertragung enthalten. Je nach Schwerpunkt des Projektcontrollings kann die Einrichtung einer Projekt-Webcam zur Visualisierung des Projektfortschritts sehr nützlich sein.

Sollte ein weitgehend papierloses Projekt gefordert werden, so ist die Bereitstellung von geeigneten Archivierungswerkzeugen (Hard- und Software) zur Ablage von Papierdokumenten in elektronischer Form bereitzustellen und entsprechende Kapazitäten für eine papierlose Abwicklung des Schriftverkehrs einzukalkulieren.

5.5.2 Systeminbetriebnahme

Alle für den Umgang mit dem System notwendigen Vorgaben sind mit den Beteiligten abzustimmen und in Form eines projektspezifischen Organisationshandbuchteils „Informationsmanagement" eindeutig festzuschreiben. Dazu gehören u.a. Dateinamenskonventionen, die auf den Bauherren und den Nutzer abgestimmt werden und deren interne Strukturen weitgehend berücksichtigen. Abb. 5.29 zeigt eine dafür mögliche Strukturierung der Dateinamenskonvention.

Projekt: Instandsetzung Bauwerk Nord			erstellt:
Thema: Strukturvorschrift Datei- bzw. Plannummersystem			Stand:

NUMMER	STRUKTUR	KURZBEZEICHNUNG	BESCHREIBUNG
1	STANDORT	A - Z	K = Krefeld
2	GEBÄUDETEIL	a - z	b = 60.Bau
3	HAUPTGEWERK	A - Z	E = Elektrotechnik
4	NEBENGEWERK	a - z	s = Starkstrom
5	PROJEKTPHASE	0 - 9	5 = Ausführungsplanung
6	DOKUMENTENART	A - Z	G = Grundriß / D = Detail
7	1. GESCHOSSKENNUNG	A - Z	A = Ansicht / U = Untergeschoß
8	2. GESCHOSSKENNUNG	1 - 100	3 = 3. Geschoß
9	PLANABSCHNITT	1 - 100	1 = 1ter Plan
10	INDEX	01 - 010	a = 1ter Index je Phase

BEISPIEL DATEINAME bzw. PLANNUMMER

K b E s 5 D U 3 1 01
1 2 3 4 5 6 7 8 9 10

Abb. 5.29. Beispiel für eine Dateinamenskonvention bzw. Plannummer

In der Phase der Systeminbetriebnahme ist eine allgemeingültige Ordnerstruktur mit den Beteiligten und dem Bauherrn bzw. Nutzer abzustimmen. Die Struktur ist im System abzubilden und entsprechend der festgelegten Zugriffsrechte für die einzelnen Beteiligten individuell freizuschalten. Abb. 5.30 zeigt ein entsprechendes Beispiel.

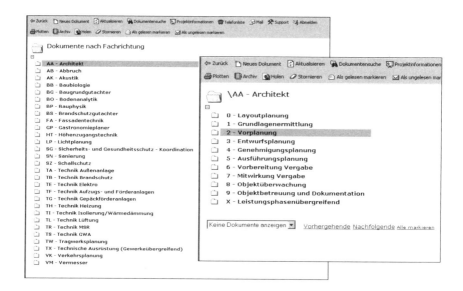

Abb. 5.30. Verzeichnis eines internetgestützten Planmanagementmoduls[66]

Um eine schnelle Erreichbarkeit jedes Beteiligten im Projekt zu ermöglichen und dies nicht nur per Telefon, sondern asynchron sich der Medien E-Mail, SMS, Fax oder dem konventionellen Brief bedienen zu können, wird eine Projektbeteiligtenliste mit den dafür erforderlichen Angaben erstellt und im System ständig aktuell vorgehalten.

Für die Einrichtung von Projektstandards und Standardprozessen des Plan- und Projektmanagements sind z.B. folgende Abläufe abzustimmen und festzulegen:

• projektbezogener Plan- und Dokumentenlauf
• projektbezogener Beauftragungs- und Rechnungslauf
• projektbezogener Änderungslauf, etc.

Zum Zeitpunkt der Inbetriebnahme des Systems müssen die für das Projekt erforderlichen Anforderungen seitens des Bauherrn bereits vorliegen, um alle projektbezogenen nutzer-/ auftraggeberseitigen Planungsvorgaben im System zu erfassen.

Im Bereich der Kosten zählen zu den projektbezogenen Vorgaben, der Kostenrahmen und die für die Kostenverfolgung notwendigen Kostenstrukturen. Im Handlungsbereich Termine zählen zu den wesentlichen Vorgaben die Darstellung von Rahmen- und Generalterminplänen und im weiteren Steuerungs-, Detail- und Vertragsterminpläne, die in den Projektbeteiligten gut strukturiert und aktuell zur Verfügung gestellt werden.

---

[66] Kiermeier C (2002) Auszug aus dem CBP-Projektinformationssystem ProDataS (Ausbau des Hamburger Flughafens, Großprojekt HAM 21), Projektpräsentation

In der Phase der Systeminbetriebnahme werden Schulungen für die Bedienung des Informationsmanagementsystems sowie projektspezifische Organisationsvorgaben durch Gruppenschulungen zur Einweisung der Projektteilnehmer vorgenommen.

Die vollständige Organisation und Durchführung von Workshops zur Anwenderbetreuung und zum Produktsupport obliegt dabei dem Informationsmanagement. Ergänzend werden Schulungsmaßnahmen im Bedarfsfall zur Erläuterung spezieller projektspezifischer Anwendungen durchgeführt sowie eine komplette Bedienungsanleitung erstellt, die alle in den Schulungen dargelegten Funktionen des Systems im Detail erläutert.

Hinsichtlich der Sicherheitsanforderungen bedeutet die Bereitstellung des Systems u.a., dass das im Sicherheitskonzept verabschiedete Verschlüsselungssystem zur Datenüberbertragung zwischen Nutzer und Datenserver in Betrieb genommen wird. Dazu sind folgende Schutzfunktionen und Schutzeinrichtungen der IT-Plattform obligatorisch vorzusehen:

- Schutz der IT-Plattform vor unberechtigtem Zugriff
- Schutz der IT-Plattform vor Einbruch
- Schutz der IT-Plattform vor Brandgefahr
- Schutz der IT-Plattform vor Unterbrechung der Stromversorgung
- Schutz der IT-Plattform vor Veränderungen der erforderlichen raumklimatischen Bedingungen
- Schutz der IT-Plattform vor Virenbefall
- Schutz der IT-Plattform vor Ausfall der Software
- Schutz der IT-Plattform vor Datenverlust

Für die Performance des Systems und die Bedienerfreundlichkeit der Plattform und vor allem für eine Gewährleistung eines schnellen Zugriffs gilt es die erforderlichen Hardwarekapazitäten und -voraussetzungen zu schaffen, um die zu erwartende Datenmenge technisch einwandfrei bewältigen zu können. Die Hardware ist über eine gespiegelte Datenhaltung so auszulegen, dass der Zugriff mit 24 Stunden pro Tag über die gesamte Projektlaufzeit sichergestellt werden kann. Falls erforderlich, ist ergänzend die Systemsoftware an benutzerspezifische Belange anzupassen.

5.5.3 Systembetrieb

Während des Systembetriebs erfolgt die Ergänzung und Fortschreibung des Organisationshandbuchteils „Informationsmanagement", falls sich zu den ursprünglichen Festlegungen vor Beginn des Projektes bzw. zur Inbetriebnahme des Systems, maßgebliche Änderungen ergeben haben. Die Ordnerstrukturen werden entsprechend dem Anwachsen der Datenmenge und der Datenvielfalt nach Bedarf fortgeschrieben.

Parallel dazu obliegt dem Informationsmanagement die Verpflichtung der stichprobenartigen Überprüfung der Einhaltung formaler und inhaltlicher Vorgaben des Bauherren bzw. Nutzers. Dieser Prüffunktion kommt eine besondere Be-

deutung zu, wenn der Bauherr am Ende des Projektes den vorhandenen Daten-
stamm in ein nutzerspezifisches Facility Management überführen möchte.

In der Phase des Systembetriebs erfolgt die Dokumentation des Planungsfortschritts an Hand der Aufzeichnungen des Serverprotokolls. Jede Planbewegung,
Planneueinstellung, Lese- und Schreibzugriff wird vom System registriert und
kann zu Auswertungen hinsichtlich der Dokumentation und der Prüfung des erforderlichen Planungsfortschrittes herangezogen werden.

Um einen aussagefähigen Soll-/ Ist-Vergleich zu den erforderlichen Planungs-
ständen zu erhalten, muss der Soll-Zustand vorab definiert und dem Ist-Zustand
gegenübergestellt werden. Es ist einerseits erforderlich, den Soll-Zustand in eine
für das System messbare Paketierung zu gliedern und andererseits sicherzustellen,
dass diese Paketierung der Gebäudestruktur und der Vorgehensweise in der Planung entspricht. Nur unter Berücksichtigung beider Randbedingungen kann die
Dokumentation und das Controlling des Planungsfortschritts gewährleistet werden.

Im laufenden Betrieb ist erfahrungsgemäß zu erwarten, dass die zu Beginn
festgelegten Standards nicht konsequent eingehalten werden. Erfolgt keine regelmäßige Überprüfung des Systems hinsichtlich der Einhaltung der formalen und
ablauftechnischen Festlegungen, steigt die Fehlerhäufigkeit des Systems bei den
erzeugten Auswertungen und die Akzeptanz des Systems vermindert sich zunehmend. Die Überwachung von Projektstandards und Standardprozessen sollte daher
regelmäßig erfolgen und bei Abweichungen vertraglich geahndet werden. Empfehlenswert ist die Anmahnung von Verstößen in den turnusmäßig stattfinden Pro-
jektbesprechungen mit Schilderung der Konsequenzen hinsichtlich des Erfolgs des
Projekts.

Ein Teil des Leistungsbildes Informationsmanagement ist die Informationslogistik, d.h. die bedarfsgerechte Bereitstellung der wesentlichen Projektinformationen. Bedarfsgerecht heißt, dem Bedarf der Projektphase angepasst. Zu den Routi-
neaufgaben gehören die Aktualisierung wesentlicher Projektinformationen bei
Änderungen der Aufbau- und Ablauforganisation, die auch Bestandteile des Organisationshandbuches sind. Hierzu gehören u.a. die Projektbeteiligtenliste, Projekt-
organigramme, Regelablaufschemata, Festlegungen der Zuständigkeiten, etc..

Dies umschließt auch die Reduzierung der Informationsmenge, falls Informationen nicht mehr benötigt werden. Eine bedarfsabhängige Reduktion der Inhalte ist
daher aus Gründen der Übersichtlichkeit und Transparenz sowie der Steigerung
der Effizienz, der Projektprozesse erforderlich.

Ebenfalls können die aktuellen Kosten des Projekts im Informationssystem abgebildet werden. Das Informationssystem bietet die Möglichkeit, die Ergebnisse
der Kostenkontrolle, d.h. des Soll-Ist-Vergleichs, der prognostizierten Kostenab-
weichungen gegenüber dem Kostenrahmen und den damit verbundenen Kompen-
sationsmaßnahmen aktuell aufzuzeigen. Das Berichtswesen reduziert sich im Falle
einer sorgsamen Informationslogistik von turnusmäßigen Berichten auf aktuelle
Projektinformationen, die jederzeit abgerufen werden können.

Sinngemäß stellt sich bei gleicher Vorgehensweise wie im Handlungsbereich
Kosten, der Vorteil aktueller Projektinformationen im Handlungsbereich Termine
ein. Die Darstellung des Terminstatus, der Terminkontrolle mit Soll-Ist-Vergleich

und dem Abruf aktueller Informationen zum Stand der Arbeiten in Planung und Ausführung trägt wesentlich zu einer schnellen Beurteilung der Projektsituation und zu einer Erhöhung der Entscheidungs- und Handlungsfähigkeit des Bauherrn bei.

Im System kann auf Wunsch eine Webcam integriert werden, die zur Visualisierung des Projektfortschritts beiträgt und Hilfestellung zur Beurteilung der vorliegenden Terminberichte bietet. So lassen sich Projektfortschritt und der Stand des Projekts in der Ausführung, besonders der Gewerke Baugrube, Rohbau und Fassade gut visualisieren. In Kombination mit dem Berichtswesen lassen sich die getroffenen Entscheidungen mit Auswirkungen auf den terminlichen Ablauf dokumentieren. Insgesamt entsteht damit ein inhaltlich umfängliches Gesamtbild des Projektablaufs bei gleichzeitiger Reduktion der Informationsmenge.

Unerlässlich für einen reibungslosen Ablauf und eine schnelle Beseitigung auftretender Problemstellungen im Umgang mit dem Informationssystem ist die Bereitstellung einer zentralen Servicestelle zu den üblichen Geschäftszeiten. Sie sollte durch kompetentes und erfahrenes Personal besetzt sein und eine Reaktionszeit von maximal einer Stunde bei auftretenden Schwierigkeiten sicherstellen.

Schulungen der Projektteilnehmer über den Umgang bei Systemergänzungen im laufenden Betrieb, d.h. zu Neuerungen und Produktergänzungen, tragen maßgeblich zu einem reibungslosen Ablauf bei und sind daher im Leistungsbild des Informationsmanagements zu berücksichtigen.

Zur Gewährleistung der Datensicherheit während der Projektlaufzeit erfolgen regelmäßige Datensicherungen aller Dokumente und Kommunikationsvorgänge. Derzeit geschieht dies meist in Form von täglichen Kopien des gesamten Datenvolumens mit Hilfe der Bandsicherung oder anderen vom Auftraggeber geforderten Speichermedien.

Resultierend aus den verschiedenen Projektaufgaben in den einzelnen Projektphasen ändert sich stetig der Kreis der Projektbeteiligten und damit der Kreis der Zugriffsberechtigten. Um eine lückenlose Informationsversorgung und den vom Auftraggeber geforderten Sicherheitsstandard hinsichtlich Vertraulichkeit einzelner Informationsbereiche zu gewährleisten, ergibt sich die Aufgabe der laufenden Einbindung neuer Projektteilnehmer.

Eine Variante der Änderung der Zugriffsberechtigung kann die Übertragung einer Rolle (Funktion mit festgelegten Zugriffsrechten) an eine neue Person mit gleicher Rolle im Projekt sein. Das Zugriffsberechtigungskonzept setzt dann eine Rollenverteilung der handelnden Personen im Projekt voraus, so dass eine Zugriffsberechtigung an eine Rolle und nicht an eine Person gebunden ist.

Die Administration des Systems umfasst die Störungsbeseitigung von Funktionsfehlern, die bei der Anwendung des Systems auftreten. Manchmal sind im Programm nicht alle denkbaren Anwendungsfälle berücksichtigt, die sich aus der Vielzahl von Kombinationsmöglichkeiten ergeben. Um diese Sonderfälle in der Praxis schnell und effektiv im Programm integrieren zu können, ist eine ständige Bereitschaft von Fachleuten aus der Softwareentwicklung sicherzustellen. Dabei sind scheinbar technische Systemfehler oft auf Anwendungsfehler zurückzuführen. Für die Klärung der tatsächlichen Ursache und eine Störungsbeseitigung bei Anwenderfehlern sind daher entsprechende Kapazitäten vorzuhalten. Im Zuge der

Wartung und Instandhaltung der IT-Plattform inkl. der Fehlerbeseitigung muss eine kontinuierliche Prüfung der Projektkommunikation erfolgen. Damit wird sicherstellt, dass keine Informationen durch das System technisch fehlgeleitet werden.

Mit wachsendem Projektfortschritt steigt der Datenumfang und die Datendichte. Bei größeren Projekten mit einer großen Anzahl an Projektbeteiligten kann dies zu einer Verlangsamung des Systems führen, vor allem wenn bei gleichzeitigem Datenzugriff hohe Datenmengen über das System bewegt werden. Die Sicherstellung der Systemstabilität und schneller Zugriffzeiten bei gleichzeitigem Zugriff vieler Beteiligter hat bei der Auslegung und der Anpassung des Systems an den laufenden Betrieb oberste Priorität. Erfahrungen der Praxis haben gezeigt, dass sich mit steigender Teilnehmerzahl eine Verlangsamung des Systems einstellt, was zu fallender Akzeptanz und damit zu schrittweise fallender Aktualität der Daten im System führte.

Die regelmäßige Überprüfung der Hard- und Software und eine bedarfsgerechte Anpassung der Hard- und Softwarekapazitäten der Plattform an sich ändernde Nutzerbedingungen sind Voraussetzung für einen reibungslosen Betrieb. Dazu gehört eine permanente Optimierung und Ergänzung der Systemfunktionalitäten, um die Effektivität und die Effizienz des Systems kontinuierlich zu erhalten. So wird über Kontrollmechanismen des Systems der Zugriff laufend erfasst, dokumentiert und statistisch ausgewertet. Diese Auswertungen lassen Schlüsse über die Akzeptanz, Fehlerhäufigkeit und die Auslastung des Systems zu.

5.5.4 Systemabschluss

Mit dem Systemabschluss erfolgt die abschließende Dokumentation des letzten Stands der Planung und falls vom Bauherrn beauftragt, die Dokumentation der Bestandsplanung. Schon während der Projektlaufzeit werden alle nicht aktuellen Informationen aus den Projektverzeichnissen in das Archiv verschoben, um einen möglichst hohen Grad an Aktualität im System zu gewährleisten. Der letzte Stand der Planung, der dem zuletzt im System vorhandenen Planstand entspricht, wird auf das vom Auftraggeber bereitgestellte Speichermedium übertragen und steht für alle weiteren Auswertungen des Facility Managements zur Verfügung.

Zeitversetzt zur Plandokumentation erfolgt die abschließende Dokumentation der Kostenstände. Mit Vorliegen der Kostenfeststellung, oft erst mehrere Monate nach Nutzungsbeginn, kann ein abschließender Vergleich der Kosten von Beginn des Projekts bis zum Ende aufgestellt werden. Er enthält die Kostenschätzung, Kostenberechnung, Kostenanschlag, bis hin zur Kostenfeststellung und zeigt die Veränderungen der Kosten zwischen den einzelnen Kostenermittlungsständen. Über das Informationssystem wird dieser Vergleich ohne größeren Aufwand erstellt, da die einzelnen Kostenstände von Beginn des Projekts bis zum Ende dokumentiert sind und eine lückenlose Historie abgerufen werden kann.

Die abschließende Dokumentation der Termine und des Projektfortschritts über die Projektlaufzeit kann dem Bauherrn an Hand ausgesuchter Bilder und Dokumente, wie Terminberichte, Terminübersichten, Terminpläne mit Fortschrittslinien, etc. nach dem Nutzungsbeginn zur Verfügung gestellt werden. Die im Informationssystem vorhandenen Daten werden diesbezüglich zusammengestellt, und es wird darauf geachtet, dass die wesentlichen Terminmeilensteine in der Dokumentation enthalten sind.

Nach Abschluss der letzten Bauleistungen vor Ort werden die Zugriffsrechte der Ausführungsbeteiligten aufgehoben. Das Gleiche geschieht nach Einreichung der Schlussrechnungen mit den Zugriffsrechten der Planungsbeteiligten, speziell der Objektbauleitungen. Die Archivierung aller Projektdaten samt angeschlossenem Archiv erfolgt nach Projektabschluss auf einem dem Speichervolumen angemessenen und vom Auftraggeber akzeptierten Speichermedium. Auf Wunsch kann dies auch die Übergabe des gesamten Projektservers, d.h. der kompletten Hard- und Software bedeuten.

Auf Wunsch erfolgt eine Entwicklung, Lieferung und Bereitstellung eines separaten Softwaretools zur Reproduktion der archivierten Daten, die speziell auf die Verwendung vorhandener Informationen in der Nutzungsphase des Objekts ausgelegt ist. Dabei ist eine Unterstützung bei der Anbindung des Datenservers an das Netzwerk des Auftraggebers zwingend erforderlich, um eine optimale Auswertung der Bestandsdaten für das darauf aufbauende Facility Management zu gewährleisten.

5.6   CAD und CAFM-Koordination

Die integrierte CAD-Planung ist ein zunehmend wichtiger Bestandteil der heutigen Planung, wenn es sich um komplexe Neubauten handelt. Die Datenmenge ist dabei nur noch mit Hilfe von EDV effizient zu bearbeiten. Erste Voraussetzung dafür ist eine Kompatibilität der CAD-Daten des Architekten und der Fachplaner mit den FM-Datenstrukturen des Bauherrn und Nutzers herzustellen.

Aufgrund der langen Planungs- und Ausführungszeiten entwickeln sich die CAD-Systeme aller Beteiligten weiter, daher muss die Kompatibilität über die gesamte Planungs- und Bauzeit bis zur Inbetriebnahme sichergestellt sein, ohne die Weiterentwicklung der einzelnen Systeme zu behindern. Auf eine durchgehende 3D-Planung wird wegen des großen Aufwandes sowie des Fehlens eines 3D-Moduls in den CAD-Systemen einiger Fachplaner und ausführenden Firmen vorerst verzichtet. Dagegen ist beabsichtigt, besonders komplexe Gebäudeteile im Interesse des klaren Überblicks mit 3D-Hilfsmitteln zu planen und zu visualisieren.

Der sorgfältig und langfristig konzipierten Datenorganisation kommt im Facility Management besondere Bedeutung zu, weil die Sachanlagen die weitaus längste Lebensdauer im Betrieb haben. Sie überleben das einzelne Projekt, die Organisation und in der Regel die Menschen. Die Daten zu den Sachanlagen müssen so lange vorgehalten werden, wie diese existieren. Die gespeicherten Daten sind der teuerste und wertvollste Bestandteil eines CAFM-Systems.

Das Oberziel der strukturierten CAD/CAFM-Planung ist die Organisation bzw. Verwaltung von Daten während der Planung, der Ausführung für den späteren Gebäudebetrieb. Es sind die Voraussetzungen für ein Computer Aided Facility

Management System (CAFM) zu schaffen, um die während der Planung und Ausführung gewonnenen Daten für die Gebäudeverwaltung und den Gebäudeunterhalt
sowie für andere damit verbundene Aufgaben langfristig nutzen zu können. Folgende Gliederung der Vorgehensweise lässt sich für die CAD-/CAFM-
Koordination definieren.

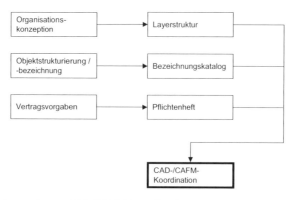

Abb. 5.31. Fachexpertise zur CAD/CAFM-Koordination

5.6.1 Organisation der grafischen Inhalte

Die Organisation der grafischen Inhalte erfolgt über das Verzeichnis "Zeichnun-
gen" und "Layer" nach Informationskategorien. Die einzelnen Informationskategorien definieren, jede einzelne, einen ganz besonderen Informationsaspekt und
insgesamt eine ganz bestimmte Information bzw. einen Informationsgehalt. Damit
kann jede Information eindeutig abgespeichert und von jedem wiedergefunden
werden. Abb. 5.32 zeigt einen Ausschnitt einer Layerstruktur aus dem Planungsbereich Hochbau.

Diese Art der Layerverwaltung erfordert ein Umlernen der Anwender, um die
umfangreichen Möglichkeiten der CAD-Systeme im Sinne von CAFM nutzen zu
können. Die definierte Layerorganisation steht als Beispiel für die einerseits in-
formationsgerechte, andererseits anwenderfreundliche Umsetzung einer bedarfs-
gerechten und komplexen Datenorganisation in einem System.

LAYERKENNUNG 1	2	3	4	5	LAYERBEZEICHNUNG 1 2 3 4 5	BEMERKUNGEN
W					Wärmeversorgungsanlagen	
W	A				Anlage Wärmeversorgung / Zentrale Technik	V = Vermaßung
W	B				Brennstoffversorgung	
W	B	G			Gasversorgung komplett	10-300 = Farbe
W	B	Ö			Ölversorgung komplett	
W	E				Erzeugung Wärme	1 - 10 = Strichstärke
W	E	A			Abgasanlage	
W	E	F			Fernwärme / Ferndampf	[1] Hauptgewerk
W	E	F	A		Anlage Fernwärme / Zentrale Technik	
W	E	F	F		Fernwärmeleitung	[2] Nebengewerk
W	E	F	K		Kondensatleitung	
W	E	K			Kesselanlage	[3] 1. Sachbezeichnung
W	E	R			Reindampferzeuger	
W	H				Heizflächen	[4] 2. Sachbezeichnung
W	H	H			Heizkörper	
W	H	I			Infrarotstrahlungsflächen	[5] Massen/Schraffuren/Texte/Vermaßung/Farbe
W	H	L			Leistung Heizkörper	
W	H	T			Typ / Fabrikat-Heizkörper	M = Massen
W	H	W			Warmlufterzeuger	
W	L				Leitung Wärmeversorgung	S = Schraffuren
W	L	A			Ausdehnungsleitung	
W	L	E			Entlüftungsleitung	T = Texte
W	L	F			Füll- und Entleerungsleitung	
W	L	H			Heizkörperanbindeleitung	V = Vermaßung
W	L	R			Rücklauf Heizleitung	
W	L	S			Sicherheitsleitung	10-300 = Farbe
W	L	V			Vorlauf Heizleitung	
W	S				Schaltschrank Wärmeversorgung	1 - 10 = Strichstärke

Abb. 5.32. Layerstruktur in der CAD/CAFM-Planung am Beispiel der Gruppe Wärmeversorgungsanlagen

5.6.2 Strukturierung der Objekte

Das Ziel einer gemeinsamen Datenorganisation ist es, vielen unterschiedlichen Anwendungen zu dienen. Daher kann die Datenorganisation nicht anwendungsspezifisch, sondern muss anwendungsneutral sein. Weiterhin muss der lesende Zugriff auf die gespeicherten Informationen unabhängig von den Anwendungsprogrammen möglich und einfach durchführbar sein.

Diese Forderung steht im Gegensatz zur heute weit verbreiteten Praxis der CAD-Systeme. Hier werden die Daten aus dem Anwendungsprogramm heraus direkt abgespeichert, was umgekehrt heißt, dass die grafische Information auch nur über das Anwendungsprogramm aufgerufen werden kann. Wer das Anwendungsprogramm nicht auf seinem Rechner hat, kann die für ihn notwendigen Informationen nicht aufrufen. Das heißt, dass ein Einrichtungsplaner den Gebäudegrundriss, der aus einem Architekturprogramm heraus abgespeichert wurde, nicht aufrufen kann, sofern er nicht auch über das Architekturprogramm verfügt und es bedienen kann. Das ist nur sinnvoll, wenn das Ziel eine möglichst große Zahl verkaufter Anwendungsprogramme ist, nicht jedoch eine integrierte Anlagenwirtschaft im Rahmen eines effizienten Facility Managements.

Die folgende weitere Vertiefung zur Datenorganisation bezieht sich auf das Datenmodell, d.h. die an die CAD-Zeichnung angekoppelten Daten. Als Zeichnungsorganisation wird die rechnerinterne Ablage der grafischen Information verstanden, im Unterschied zu "Plots", der Ausgabe von Informationen auf Papier. Das ist eine Differenzierung die in der Organisation vieler CAD-Systeme nicht gemacht wird, mit der Folge, dass diese Systeme weit unter ihrem Wert nur als elektronisches Zeichenbrett eingesetzt werden - mit entsprechend geringerem Nutzen.

In einem richtig konzipierten System müssen die Anwendungsprogramme über die zentrale Datenorganisation auf die Daten zugreifen. Damit bleiben die Anwendungsprogramme auch in einem sehr breiten Rahmen austauschbar. Alle Daten beziehen sich auf Objekte und sind entsprechend objektbezogen zu speichern. Das setzt voraus, dass die Objekte realitätsnah und bedarfsgerecht definiert und die Definition der Objekte nach Objektarten strukturiert wird. Diese Objektstrukturierung ersetzt die in alten Systemen gebräuchliche an der Software orientierte Strukturierung z.b. nach Gewerken.

5.6.3 Vertragliche Festlegung der Inhalte

Auf Basis der getroffenen Festlegungen ist innerhalb eines Projektes ein gemeinsames Pflichtenheft in Form eines Organisationshandbuches zu erstellen, welches als verbindliches Arbeitsinstrument für die an der Planung und Ausführung Beteiligten gelten muss und die entscheidenden Richtlinien enthält und erläutert.

Die folgende Abb. 5.33 zeigt, welche Anordnungsbeziehungen zwischen dem CAD-Pflichtenheft, der Organisation und anderen Dokumenten bestehen.

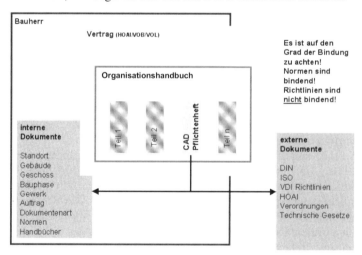

Abb. 5.33. Anordnung des CAD-Pflichtenhefts in der Organisation

Die folgende Zusammenstellung zeigt die im Rahmen eines projektspezifischen CAD-Pflichtenheftes durchzuführenden Leistungen:
1. Festlegung der Dokumentenhierarchie, Layerstrukturen sowie Bezeichnungssystematik,
2. Organisation des Datenaustauschs zwischen Planer, Firmen und Bauherr,
3. Zusammenstellung der Beteiligten, Adressen und Ansprechpartner,

4. Organisation des Datenaustausches:
- Speichermedien,
- Elektronische Datenübertragung,
- Datenaustausch über das Internet,
- Verhaltensregeln für das Senden von Dateien per E-Mail,
- Kommunikationseinrichtungen (Hardware, Software),
- Verfügbarkeit,
- Datensicherungskonzept,
- Verzeichnisstruktur,
- Einsatz von Packprogrammen.

5. Dateiformate:
- Dateinamen.

CAD – Dateiformate:
- Dateiinhalte.

6 .Datenschutz:
- Zugriffsschutz,
- Virenschutz,
- Urheberrecht.

7. Regelabläufe/Termine:
- Termine zum Datenaustausch im Planungsablauf,
- Termine zum Datenaustausch während der Ausführung.

8 .Änderungsmanagement und Kennzeichnung des Planungsstandes:
- Layernamen zur Änderungskennzeichnung,

9. Plotten und Planverwaltung:
- Allgemeines,
- Definition der Planausschnitte,
- Vergütung von Plots.

10. LV-Vorbemerkungen und Leistungspositionen.

5.7   Management von Nutzerleistungen

In der Leistungs- und Honorarordnung Projektsteuerung[67] sind unter der Phase Projektvorbereitung / Handlungsbereich B: Qualitäten und Quantitäten unter Pkt. 1/2 folgende Leistungen aufgeführt:

1. Mitwirken bei der Erstellung der Grundlagen für das Gesamtprojekt hinsichtlich Bedarf nach Art und Umfang (Nutzerbedarfsprogramm NBP)
2. Mitwirken beim Ermitteln des Raum-, Flächen- oder Anlagenbedarfs und der Anforderungen an Standard und Ausstattung durch das Bau- und Funktionsprogramm.

---

[67] Vgl. AHO (1998) Untersuchungen zum Leistungsbild des §31 HOAI und zur Untersuchung für die Projektsteuerung. Nr. 9 der Schriftenreihe AHO, red. Nachdruck, Bundesanzeiger, Berlin

Das Nutzerbedarfsprogramm (NBP) nach DIN 18 205 bildet den Übergang von der Projektentwicklung im engeren Sinne zum Projektmanagement der Planung und Ausführung. Die Grundleistungen der Projektsteuerung beinhaltet dabei nicht die komplette Neuerstellung eines Nutzerbedarfsprogramms, sondern gegebenenfalls die Mitwirkung im Entstehungsprozess des NBP.

Die konkrete Leistung der Erstellung eines Nutzerbedarfsprogramms ist Aufgabe der Projektentwicklung und damit als eigenständige Leistung durchzuführen. Die Formulierung des NBP erfolgt in mehreren Teilschritten, ausgehend von der Projektidee und entwickelt sich stufenweise von den Grundsatzentscheidungen bis hin zu konkreten Detailvorgaben im Sinne einer Planungsvorgabe.

Der Nutzer muss in diesem Prozess sehr intensiv eingebunden werden. Nach Vorlage des Nutzerbedarfsprogramms und Entscheid zur Umsetzung erfolgen weitere Schritte im Hinblick auf die Projektrealisierung. Gegebenenfalls wird ein Architektenwettbewerb ausgelobt, abgewickelt und anschließend ein Planungsteam zusammengestellt, welches dann die Planung mit weiteren Projektbeteiligten operativ umsetzt. Die damit einhergehenden Aufgaben der Projektsteuerung sind in der Leistungs- und Honorarordnung Projektsteuerung hinreichend abgedeckt. Der Nutzer wird dabei über eine zu definierende Schnittstelle in der Projektaufbau- und Ablauforganisation berücksichtigt. Die Aufgabe des Projektsteuerers für Planung und Bau liegt darin, den Nutzer rechtzeitig hinsichtlich bestehenden Entscheidungsbedarfes abzufragen und umgekehrt Angaben zu liefern, damit der Nutzer darauf aufbauend weitere Überlegungen zu den nutzerseitigen Anforderungen anstellen kann.[68]

Nicht abgedeckt im Leistungsbild Projektsteuerung Planung und Bau sind die vielfältigen Aufgaben des Nutzers beim Großprojekt im inneren Organisationsablauf eines Bauherrn für ein eigengenutztes Bauprojekt. Der Nutzer benötigt zur internen Organisation ein internes Projektmanagement im Hinblick auf die Vielzahl der gegebenen internen Ansprechpartner und den erforderlichen Abstimmungsprozessen. Darüber hinaus ergeben sich bei großen Projekten eine Vielzahl von nutzerseitigen Ausstattungen, die der Bauherr selbst – ggf. mit gesondert einzuschaltenden Planern plant – ausschreibt und vergibt.

In Abb. 5.34 ist die Abgrenzung der Projektaufbauorganisation der Bau- und Nutzerseite dargestellt. Daraus wird deutlich, dass die Organisation und die Projektmanagementleistungen der Nutzerseite mit der Einbindung verschiedenster Arbeitskreise eine sehr komplexe Aufgabe darstellt. In der zweiten Projektebene der Nutzerseite sind die jeweiligen Arbeitskreisleiter (AK) in einer Kommunikationsrunde eingebunden, wobei die Arbeitskreise selbst verschiedene Zuständigkeiten mit einer Vielzahl von Mitarbeitern des Bauherrn beinhalten. Der Dienstleister, der diese Aufgaben erfüllt, ist sowohl in der zweiten Projektebene, als auch in einen Arbeitskreis verantwortlich eingebunden, z.B. den Arbeitskreis Ein- / Umzug, in dem es darum geht, die strategische und operative Vorgehensweise des Umzuges von den Altstandorten zum neu geschaffenen Standort zu strukturieren, zu organisieren und abschließend auch umzusetzen. Dies beinhaltet

---

[68] Vgl. Preuß N (2001) Unterstützung des Nutzers in der Projektentwicklung von Büro- und Verwaltungsbauten. Vortrag Verband Öffentlicher Banken, Berlin

in der Regel eine temporäre Einbindung des Dienstleisters in die Aufbauorganisation des Nutzers, falls der Nutzer diese Aufgaben nicht selber durchführt.

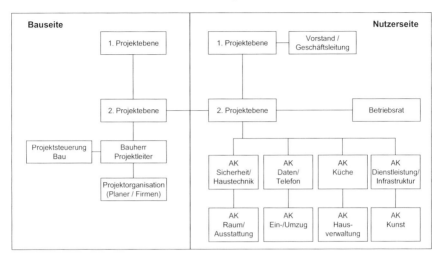

Abb. 5.34. Projektaufbauorganisation in Abgrenzung der Bau- und Nutzerseite

Beispiele für solche nutzerseitige Ausstattungen sind nachfolgend aufgeführt.

- Arbeitsplatzeinrichtung / Büroausstattung: Schreibtische und Stühle, Schränke, Garderoben, Servicebereiche (Kopierer, Drucker).
- Informations- und Kommunikationstechnik: Daten- und Telefonanschluss, PC-Einheiten Arbeitsplatz, Haupt- und Etagenverteilerräume, Serverzentralen, Telefonzentralen, Betriebsfunknetz, Medientechnik für Konferenz und Schulung, Zeiterfassung.
- Dienstleistungen: Postverteilung, Archive (zentral und abteilungsnah), Rollregalanlagen, Palettenregale, Tresoranlagen, Vervielfältigung, Filmdienst, Werkstätten, Umkleiden, Duschen.
- Küche/Verpflegung: Großkochgeräte, Spültechnik, Kühltechnik, Förderanlagen, Kassensysteme, Essenausgabe (Mitarbeiterrestaurant, Gäste- und Vorstandskasino, Konferenzbewirtung), Cafeteria, Teeküchen, Automatenstationen (Warenverkauf, Heiß- und Kaltgetränke).
- Sicherheit und Haustechnik: Videoüberwachung, Zutrittskontrolle, Schrankenanlagen, Pforte, Sicherheitsdienst, Ausweissystem (Betriebsausweis).
- Hausverwaltung: Gebäudereinigung, Müllentsorgung.
- Kunst.

Der Grund für die Abtrennung dieser Ausstattungsleistungen von anderen Planungs- / Bauleistungen hängt häufig auch damit zusammen, dass bei der Unternehmenseinsatzform Generalunternehmer bzw. –übernehmer, diese Ausstattungsteile mit Zuschlägen für Managementleistungen versehen werden, die in der Größenordnung zwischen 15 und 18 % liegen können.

Falls also der Nutzer diese Ausstattungen eigenständig plant, ausschreibt und abwickelt, müssen diese Projektkomponenten ebenso einem entsprechenden Management unterworfen werden. Nicht selten hat diese Ausstattung eine Größenordnung von 10 bis 20 % des Gesamtinvestitionsvolumens, die damit einen eigenständigen Projektcharakter mit besonderer Komplexität erlangen.

Die besondere Komplexität liegt darin, dass der Nutzer mit den verschiedenen Ansprechpartnern einer Bauherrenorganisation in der Regel keine baufachliche, technische Ausbildung hat und daneben in der Linie des Unternehmens viele Aufgaben zusätzlich zu erfüllen hat, so dass ein hoher Kommunikations- und Abstimmungsaufwand entsteht und daneben ein hohes Einfühlungsvermögen bei dem für das Projektmanagement verantwortlichen Ansprechpartner vorausgesetzt werden muss.

In Abb. 5.35 sind die unterschiedlichen Leistungsstränge des Projektmanagements dargestellt. Nach dem Leistungspunkt 1 und 2 entwickelt sich das Projekt einerseits mit den Projektmanagementleistungen gemäß Leistungsbild Projektsteuerung und andererseits in den Aufgaben für den Nutzer.

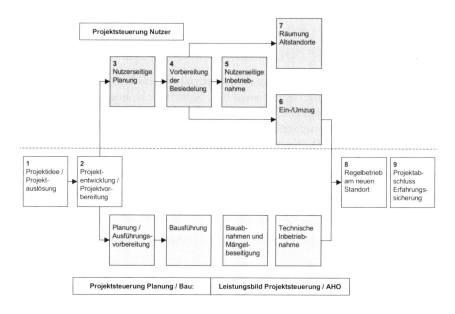

Abb. 5.35. Abgrenzung des Leistungsbildes Projektsteuerung Nutzer / Planung und Bau

Die Leistungen für die Projektsteuerung der Nutzerausstattungen entwickeln sich gemäß der Fachexpertise in Abb. 5.36.

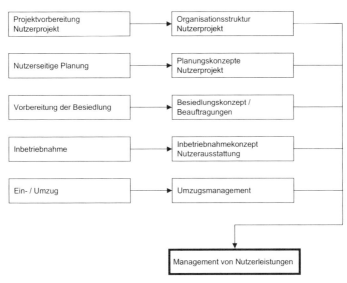

Abb. 5.36. Fachexpertise zum Management von Nutzerleistungen

5.7.1 Organisationsstruktur Nutzerprojekt

Die Aktivitäten in der Projektvorbereitungsphase wurden im Kapitel 4.2 bereits angesprochen. Nunmehr geht es um die Konkretisierung von Projektzielen bis hin zur Ausformulierung eines Nutzerbedarfsprogramms (NBP) und der Eingrenzung von Qualitäts-, Kosten- und Terminzielen. Es ist festzulegen, wie der Nutzer organisatorisch einzubinden ist.

Nach der Entscheidung zur Umsetzung des NBP in der konkreten Planung organisiert sich der Nutzer in sogenannten Nutzerarbeitskreisen, wie in Abb. 5.34 beschrieben. Parallel zur Planung des Bauprojektes beginnt dann die Aufteilung der Planung in den Bereich der nutzerseitigen Planung, die im oberen Teil der Abb. 5.35 dargestellt ist. Zusammenfassend ergeben sich die in Abb. 5.37 dargestellten Aufgabenstrukturen.

1 Projektidee / Projekt-auslösung	2 Projekt-vorbereitung	3 Nutzerseitige Planung	4 Vorbereitung der Besiedlung	5 Inbetriebnahme	6 Ein- / Umzug	7 Räumung der Altstandorte	8 Regelbetrieb am neuen Standort	9 Projektabschluß
Probleme im Regelbetrieb am Altstandort führen zur Projektidee Ursachen: z.B. starke Expansion gravierende Änderung von Betriebs-abläufen strategische Betriebs-verlagerung	Formulierung der Projektziele Entwicklung der Projekt-organisation Formulierung des Nutzer-bedarfs Standort-analysen Festsetzung von Kosten-rahmen Festlegung des zeitlichen Gesamt-rahmens Mitwirkung bei der Auswahl externer Beteiligter Vorbereitung der grund-sätzlichen Entscheidungen	Zusammen-stellung des Aufgaben-kataloges Zuordnung Aufgaben / Aufgaben-pakete Erarbeitung der Aufgaben-pakete durch Arbeitskreise und Fachplaner Zusammen-fassung, Präsentation, Entscheidung von Planungs-ergebnissen Abgleich von Nutzer- und Bauplanung Erfassung und Terminierung aller Nutzer-aktivitäten	Ausschreibung von Nutzer-leistungen der Teilprojekte: - Inbetrieb-nahme - Ein-/Umzug - Räumung Ausschreibun-gen, Vergaben, Vertrags-verhandlungen Vorbereitung der Entschei-dungsfindungen Aufstellen und Abstimmen von Termin- und Logistikabläufen für Inbetrieb-nahme, Umzug und Räumung Kontrolle der Schnittstellen zum Bau	Überwachung und Steuerung der Nutzer-ausstattungen und Inbetrieb-nahmen wie z.B.: - Vormöblierung - Inbetrieb-nahme der Kommunika-tionssysteme - Inbetrieb-nahme küchentech-nischer Ein-richtungen - Medientechnik - Steuerung und Pflege des Änderungs-management	Organisation der Umzugs-abläufe Steuerung und Überwachung des Umzugs von - Gütern - Technischem Gerät - Mitarbeitern - Kommunika-tionsver-bindungen - Steuerung und Pflege des Änderungs-management	Organisation, Überwachung und Steuerung von Deinstallation, Räumung, Rückbau, Verkauf, Entsorgung von nicht mehr notwendigen Gütern, techni-schem Gerät, Mobiliar, Einbauten, Kommuni-kationsver-bindungen Abmietung und Rückgabe von Altstandorten	Mitwirkung bei der Durch-führung notwendiger Änderungen und Anpassungen Kontrolle der Projektziele	Sicherung der Projekt-erfahrungen Aufbereitung, Präsentation und Dokumentation

Abb. 5.37. Leistungsbild Projektmanagement Nutzer

Eine Möglichkeit der systematischen Vorbereitung der nutzerseitigen Planungsvorbereitung besteht darin, raumweise die erforderliche Ausstattung zu analysieren und die erforderlichen Einzelvorgänge zu terminieren. In Abb. 5.38 ist die

Systematik dargestellt. Der Bereich ist definiert, die zugeordneten Aktivitäten des Nutzers, die Zuständigkeit des Arbeitskreises und die terminlichen Vorgaben.

Bereich	Aktivitäten Nutzer	Zuständigkeit	Termin	
			von	bis
Büroräume				
Büroräume				
Tische, Schränke, etc.	Ausschreibg., Vorauswahlverfah.	AK		31.12.2001
	Einrichtung Musterräume	Bieter, AK, NBT	20.01.2002	
	Bemusterung		20.01.2002	28.02.2002
	Vorstellung vor NK, BR-Pool	AK, NBT, Liefer.		17.04.2002
	Entscheidung Möbel	Geschäftsleitung		21.04.2002
	Vergabe	VA		
	endgültige Mengenang. Möbel	AK		17.05.2002
Stühle				
Arbeitsplatzstühle	Ausschreibg., Testphase	AK		20.12.2001
Besprechungsstühle	Einrichtung Musterräume	Bieter, AK, NBT	20.01.2002	
	Bemusterung	AK, NBT, Liefer.	20.01.2002	28.02.2002
	Vorstellung vor NK, BR-Pool	Geschäftsleitung		17.04.2002
	Entscheidung Stühle	VA		21.04.2002
	Vergabe	AK		
	endgültige Mengenang. Stühle			
Ausrüstung	Erarbeitung Anforderungen	AK		
Abteilungsnahe				
Besprechungsräume				
Abteilungsnahe Besprechungsr.				
Tische, Schränke, etc.	Ausschreibg., Vorauswahlverfah.			31.12.2001
	Einrichtung Musterräume	Bieter, AK, NBT	20.01.2002	
	Bemusterung		20.01.2002	28.02.2002
	Vorstellung vor NK, BR-Pool	AK, NBT, Liefer.		17.04.2002
	Entscheidung Möbel	Geschäftsleitung		21.04.2002
	Vergabe	VA		
	endgültige Mengenang. Möbel	AK		

Abb. 5.38. Systematik der nutzerseitigen Planungsvorbereitung

5.7.2 Planungskonzepte Nutzerprojekt

Die Struktur des Nutzerprojektes hat je nach Größenordnung des Bauprojekts die gleiche Komplexität wie das eigentliche Projekt. Die Planung der einzelnen Teilprojekte läuft analog der Bauplanung ab. Wichtig ist die Schnittstellendefinition zwischen den Planungen des Nutzers und des beauftragten Generalunternehmers oder -übernehmers, damit keine Behinderungen durch verspätete Leistungen des Nutzers entstehen, die möglicherweise Voraussetzung für die ungestörte Arbeit des ausführenden Unternehmens sind. Aus diesem Umstand resultierende Störungen können schnell Schadenersatzforderungen der ausführenden Firmen auslösen, die durch frühzeitige Festlegung der Schnittstellen in inhaltlicher und zeitlicher Hinsicht vermieden werden können.

Unter diesen Leistungsschwerpunkt fallen sowohl die Ausschreibung und Vergabe aller nutzerseitigen Ausstattungen als auch die Erstellung der Terminplanung und Logistik für die Inbetriebnahme, Umzug und Räumung von Altstandorten. In Abb. 5.40 sind die Grundstrukturen der Besiedlungsvorbereitung dargestellt. Es müssen Aufgabenpakete für die einzelnen Projektbeteiligten festgelegt werden und daraus eine Gesamtterminierung erarbeitet werden.

Leistung	Planung / LV	Ausführung
Küchentechnische Einrichtungen		
Großkochgeräte (Hauptküche)	Planer (BH)	Nutzer
Spülmaschine und Zubehör, Hauptspüle, Behälterspüle	Planer (BH)	GÜ
Gedeck-Rückförderanlagen	Planer (BH)	GÜ
Arbeitstische, Spülbecken, fahrbares Gerät	Planer (BH)	Nutzer
Ausgabeeinrichtungen, Thekenanlagen, Spenderfahrzeuge	Planer (BH)	Nutzer
Bodenrinnen, -roste, Sinkkästen, Sockel	Planer (BH)	GÜ
Ablufthauben / -decken	GÜ	GÜ
Kühlraumausbau, CNS-Kühlraumtüren	Planer (BH)	GÜ
Kleinkältetechnik für Kühlräume(möbel)	Planer (BH)	GÜ
Lagereinrichtungen, Regale, Fahrregale	Planer (BH)	Nutzer
Schienen Rollregale Küche	Planer (BH)	GÜ
Küchenmaschinen	Planer (BH)	Nutzer
Naßmüll-Aufbereitungsanlage	Planer (BH)	Nutzer
Anrichte Gästebewirtung (Arbeitstische, Aufbereitungsgeräte)	Planer (BH)	Nutzer

Abb. 5.39. Nutzerseitige Ausstattungen

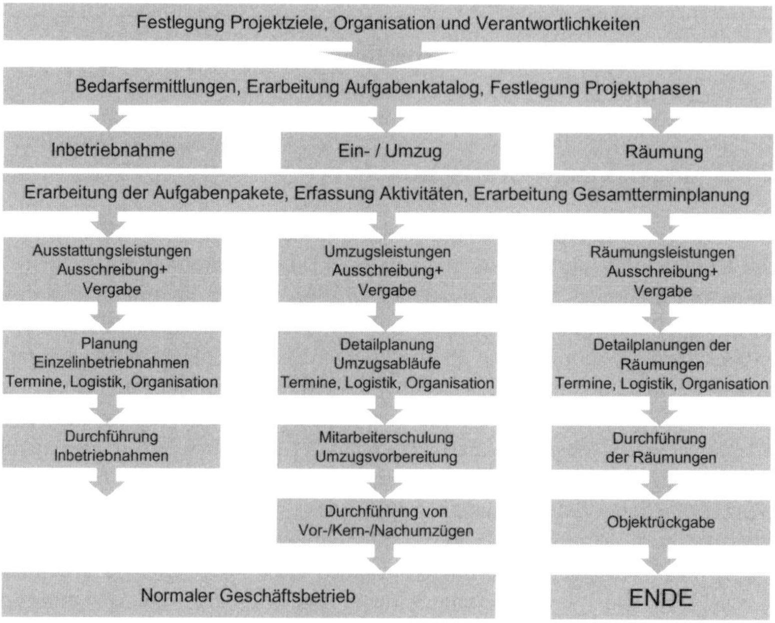

Abb. 5.40. Grundstrukturen der Besiedlung

Die Ausstattungsleistungen müssen im Hinblick auf die Ausschreibung, Vergabe und Abwicklung terminiert und mit den Bauterminen verträglich eingetaktet werden. Für die Umzugsgüter muss eine qualifizierte Mengenerfassung durchgeführt werden und eine logistische Detailplanung bis zur Mitarbeiterschulung für den Umzug erfolgen. Der Umzug selbst erfolgt in der Regel in verschiedenen Abschnitten (Vor-, Um- und Nachumzug).

5.7.3 Inbetriebnahmekonzept Nutzerausstattung

Die Inbetriebnahmevorbereitung enthält die differenzierte Inbetriebnahmeterminierung der einzelnen Bereiche, z. B. Möblierung, Kommunikationssysteme, küchentechnische Einrichtungen, Medientechnik etc. Die Möblierung des Gebäudes erfolgt in der Regel auch nicht in einem Tag, sondern in mehreren Abschnitten. Mit der Möbelfirma wird in Abhängigkeit deren Produktionsabläufen ein Terminraster festgelegt, da die Möbelproduzenten diesen Vorlauf zur Vorbereitung ihrer „just-in-time" Produktion benötigen.

Die Möblierung erfolgt in mehreren mit der Projektsteuerung Bau abgestimmten Abschnitten, da zwei Faktoren eine kontinuierliche Möblierung des Gebäudes von oben nach unten häufig verhindern. Einerseits ist die Baufertigstellung einschließlich Abnahmen und Mängelbeseitigung einer kontinuierlichen Möblierung abträglich, andererseits sind häufig noch kleinere Änderungen in einzelnen Raumbereichen (Trennwandänderungen) noch in der Ausführung.

Der Regelablauf der Möblierung stellt sich dann folgendermaßen dar. Ein Möbelstück, dass vorgestern produziert und gestern verladen wurde, wird heute angeliefert und in der Nacht von heute auf morgen an seinen Bestimmungsort im Gebäude verbracht. An den darauffolgenden Tagen werden die Möbel tagsüber montiert und am dritten Tag von der Verwaltung und den Mitgliedern des Arbeitskreises Raum / Ausstattung abgenommen. Möblierungsmängel werden dann im Nachgang von der Möbelfirma beseitigt.

Die Möbelfirma arbeitete dabei mit einer Tag- und einer Nachtschicht. So der Sachstandsbericht zu den Abläufen eines terminkritischen Projektes in der Endphase der Nutzungsvorbereitung.

5.7.4 Ein- / Umzug

Die Durchführung eines reibungslosen Umzuges erfordert rechtzeitige Vorbereitungen, die im Arbeitskreis Ein- / Umzug erarbeitet werden (Abb. 5.41). Zu Beginn sind in einer Mengen- und Datenerfassung alle Umzugsgüter zu erfassen. Ebenso betrifft dies die personenbezogenen Umzugsdaten. Die Güter sind in Neueinbringungen (Mobiliar sonstige Ausstattungen) und Umzugsgüter (Büroausstattungen, Sonderflächenausstattungen, Archiv- und Lagergüter) zu differenzieren. Auf Grundlage dieser Mengen- / Güterstruktur erfolgt die Ausschreibung der Umzugsleistungen.

A   Mengenerfassung

    ➤ Neueinbringungen
    ➤ Umzugsgüter

B   Ablaufplanung der Einbringung

    ➤ Herstellung der Betriebsfertigkeit
    ➤ Umzug

C   Organisatorische Vorbereitung Umzug

    ➤ Aufgaben Umzugsbeauftrage
    ➤ Aufgaben Objektbeauftragte Altobjekte
    ➤ Aufgaben Objektbeauftrage Neubau
    ➤ Umzugscheckliste Mitarbeiter
    ➤ Umzugsmeldung

D   Räumung der Altobjekte

    ➤ Erarbeitung Checkliste
    ➤ Ablaufplan

Abb. 5.41. Aufgaben des Arbeitskreises Ein- / Umzug

Zur Abwicklung des Umzuges erfolgt eine Ablaufplanung über die Einbringung. Die Organisation der Umzugsvorbereitung beinhaltet die Notwendigkeit, Verantwortungsbereiche zu definieren und den Mitarbeitern entsprechende Anweisungen zu geben.

5.8 Organisation und Administration bei der Übergabe und -nahme bzw. Inbetriebnahme sowie Nutzung

Vor Baufertigstellung eines Projektes ist rechtzeitig die Übergabe/Übernahme und die Inbetriebnahme durch den Auftraggeber zu planen. Dies ist vor allem bei Projekten mit hohem Anteil an technischer Ausrüstung zu beachten, bei denen das Personal rechtzeitig in die Bedienung der technischen Anlagen eingewiesen werden muss. Weiterhin sind die Bedienungs- und Wartungsverträge frühzeitig abzuschließen, um die Zeitpunkte für den Einsatzbeginn des Betriebspersonals ableiten zu können. Die Aufgabe des Projektmanagers liegt in der Mitwirkung der für ein Real Estate und Facility Management notwendigen Maßnahmen. Hierzu gehören die unter Ziff. 6 ff. aufgeführten Teilleistungen des infrastrukturellen, kaufmännischen und technischen Gebäudemanagements.[69]

Häufig wird der Zeitraum von der baulichen Fertigstellung bis zum Nutzungsbeginn unterschätzt. Dies betrifft insbesondere eigengenutzte Projekte, in die nach Fertigstellung durch die ausführenden Firmen nutzerseitig noch Installationen / Ausstattungen eingebracht werden.

Die Analyse der Abnahme- und Übergabeabläufe sollte rechtzeitig durchgeführt werden, spätestens vor Vergabe der relevanten Bauleistungen bei einer GU-Vergabe.

Empfohlen wird die realistische Einschätzung des erforderlichen Zeitraumes bereits zum Zeitpunkt der Erstellung des Rahmenterminplanes zu Projektbeginn, damit der notwendige Zeitraum für die Phase eindeutig disponiert werden kann.

---

[69] Vgl. AHO (1998) Untersuchungen zum Leistungsbild des §31 HOAI und zur Untersuchung für die Projektsteuerung. Nr. 9 der Schriftenreihe AHO, red. Nachdruck, Bundesanzeiger, Berlin S 72

Häufig leuchtet es den Entscheidungsträgern nicht ein, dass so ein langer Zeitraum erforderlich ist, da Unverständnis über die Einzelaktivitäten dieser Phase besteht. Die Einzelschritte der Organisation dieser Phase sind in der Abb. 5.42 Fachexpertise strukturiert.

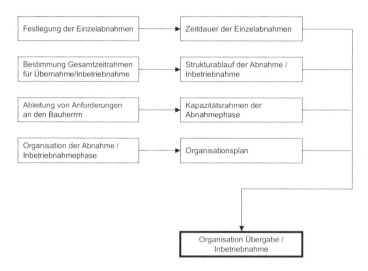

Abb. 5.42. Fachexpertise Organisation Übergabe / Inbetriebnahme

5.8.1 Festlegung der Einzelabnahmen

Der gesamte Zeitraum von der baulichen Fertigstellung bis zur Nutzung strukturiert sich in mehrere Einzelphasen, wobei der Zeitraum für die Abnahme von der Dauer der längsten Einzelabnahme bestimmt wird. Die Dauer leitet sich auch aus der zur Verfügung stehenden personellen Kapazität ab.

Bei großen Bauvorhaben werden mehrere Abnahmeteams erforderlich, die je Abnahmetag bestimmte Flächenbereiche abnehmen können (Büro, Sanitär, Sonderbereiche). Die Abnahme der haustechnischen Anlagen läuft parallel. Je nach Größenordnung des Projektes sollten mehrere Personen mit gebäudetechnischer Kompetenz (Elektro, Sanitär, RLT, GLT)zur Verfügung stehen. Für die einzelnen Systeme sind differenzierte Zeitbetrachtungen zu erstellen.

Bei den Einzelvorgängen muss je nach Gewerk berücksichtigt werden, dass im Zug der Vorbereitung der Abnahmen die firmeninternen Inbetriebnahmen (Funktionstest / Probebetrieb) durchgeführt werden. Ebenfalls betrifft dies die Behördenabnahme, TÜV sowie Feuerwehr, ohne die eine Abnahme durch den Bauherrn nicht erfolgen kann. Die Anwesenheit des Nutzers ist zwingend bei den Einweisungen in die Systeme – möglichst im Rahmen der Vorbereitung der Abnahme – zu ermöglichen.

Für die jeweiligen Einzelabnahmen sind unterschiedliche Zeitdauern anzusetzen. Zu beachten ist die Notwendigkeit zur Einbeziehung des Nutzers. Bei folgenden Gewerken sind Überlegungen bzgl. der Zeit anzustellen: Heizung/Kälte, Raumlufttechnik, MSR/GLT, Starkstromanlagen (Hoch-/Mittel- /Niederspannung, Schwachstromanlagen (Fernmeldetechnik, Daten, EDV, Endgeräte, Gefahrenmeldeanlagen (BMA / ÜMA / ELA), Zutrittserfassung / Zutrittskontrolle, GWA sowie Feuerlöschanlagen, Küche / Casino, Bau / Ausbau. Für diese Gewerke sind sowohl die anzusetzenden Abnahmezeiten, die Voraussetzungen dazu sowie die erforderliche Zeit zur Inbetriebnahme unterschiedlich und differenziert zu bewerten.

5.8.2 Strukturablauf Abnahme / Inbetriebnahme

Der strukturelle Ablauf eines Großprojektes ist in Abb. 5.43 dargestellt. In Abb. 5.44 sind die Grundstrukturen eines größeren Projektes und die zu diesem Zeitraum erforderlichen Grundlagen zusammengestellt.

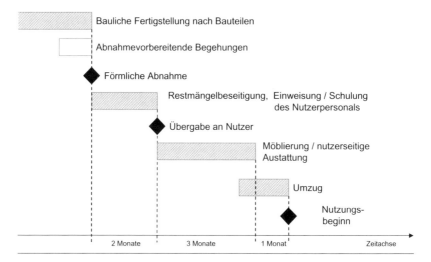

Abb. 5.43. Strukturablauf der Abnahme und Inbetriebnahme

Der Ablauf unterstellt die Fertigstellung durch einen Generalunternehmer in verschiedenen Bauteilen, die nacheinander fertiggestellt werden. Die der förmlichen Abnahme vorauslaufenden Begehungen haben das Ziel, die Grundlagen für die erfolgreiche Abnahme zu liefern.

Nach der förmlichen Abnahme finden in der Regel noch Mängelbeseitigungen statt, bevor das Gebäude an den Nutzer übergeben werden kann. Da der Nutzer nach dieser Übergabe noch Ausstattungen installiert, sollte eine Überlappung von Mängelbeseitigung der bau- und nutzerseitigen Installationen unbedingt vermieden werden, da sonst nicht beherrschbare Gewährleistungsüberschneidungen eintreten. Bei größeren Gebäuden mit einem entsprechenden Ausstattungsprogramm des Nutzers ist ein Zeitraum von 3 Monaten für diese Montageaktivitäten nicht zu groß bemessen.

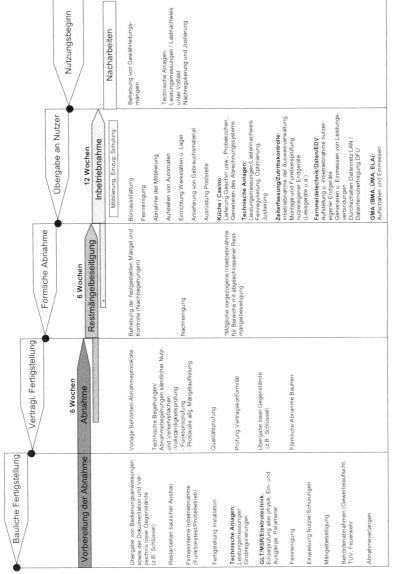

Abb. 5.44. Terminplanung Abnahme / Übernahme / Inbetriebnahme

Ein häufiger Problempunkt in der Phase von der baulichen Fertigstellung bis zum Nutzungsbeginn liegt in einer unzureichenden Vorbereitung der Abnahme, die dann Störungen bzw. Wiederholungen von Abnahmevorgängen nach sich ziehen. Bei der Einzelvergabe hat der Bauherr diese Abläufe im Verhältnis zu den von ihm selbst beauftragen Firmen selber in der Hand. Bei den Unternehmenseinsatzformen Generalunternehmer / -übernehmer liegt die Gestaltung dieser Abläufe operativ in den Händen des Unternehmens, wobei der Bauherr darauf drängen sollte, einen Regelablauf mit Definition von Voraussetzungen zur Abnahme und Inbetriebnahme vertraglich abzusichern.

Auch nach der formellen Abnahme findet noch eine Restmängelbeseitigung statt, die allerdings abgeschlossen sein sollte, wenn das Gebäude durch den Nutzer zur Durchführung der nutzerseitigen Installationen übernommen wird. Im anderen Falle entstehen Schwierigkeiten in der Abgrenzung von Gewährleistungsansprüchen zwischen Bauherr, ausführenden Baufirmen und den im Zusammenhang mit der Nutzerausstattung beauftragten Firmen. Für den Zeitraum der Möblierung / Ausstattung wird je nach Ausstattungsumfang und Größe des Projektes ein entsprechend ausreichender Zeitraum anzusetzen sein.

Dies ergibt sich einerseits auch aus den produktionsspezifischen Voraussetzungen mit den Möbellieferanten. Die Produktion erfolgt „just in time", d. h. die produzierten Möbel werden direkt danach geliefert und in das Gebäude eingebracht. Ein weiterer zu berücksichtigender Aspekt bei der Terminplanung ist das Erfordernis, die EDV-spezifischen Ausrüstungen des Arbeitsumfeldes einwandfrei zu installieren und zu testen, damit zum Nutzungsbeginn abgesicherte Systeme an den Arbeitsplätzen zur Verfügung stehen. Häufig wird der Zeitablauf für diese Aktivitäten unterschätzt, wobei die in dieser Phase noch evtl. erforderlichen Mängelbeseitigungen die Abläufe negativ beeinträchtigen können.

5.8.3 Kapazitätsrahmen der Abnahmephase / Organisationsplan

Die aufgezeigte Struktur der Abnahmephase mit den erforderlichen Vorbereitungen sowie die folgende Inbetriebnahmephase erfordert entsprechende Kapazitäten aller Beteiligten. Insbesondere der Nutzer ist bei komplexen, hochtechnisierten baulichen Anlagen kapazitiv ausreichend in die Vorbereitung zur Abnahme einzubeziehen. Je nach Größenordnung des Bauvorhabens werden die erforderlichen Abnahmeteams rechtzeitig festzulegen sein. Je kürzer der Zeitrahmen, desto mehr Kapazitäten sind erforderlich.

Es sollte jedoch dabei beachtet werden, dass die Qualität der Abnahmeprozesse leidet, wenn zu viele Beteiligte in die Abläufe eingebunden werden. Dies liegt auch in der häufig gegebenen, völlig unterschiedlichen Auffassung über den Tatbestand eines Mangels. Meistens ergibt sich bei Projekten eine bestimmte Mängelstruktur die sich in Standard, System- und funktionelle Mängel einteilen lässt. Bei einer überschaubaren Anzahl von Beteiligten lassen sich diese gegebenen Probleme effektiver abgleichen. Unabhängig davon sollte der Projektmanager in Abstimmung mit der Objektüberwachung, Bauherr und Ausführungsbeteiligten die bauherrenseitig erforderlichen Personalkapazitäten zur Durchführung der Abnahme ermitteln.

Aus diesen Erkenntnissen heraus wird ein Organisationsfahrplan über den Ablauf dieser Phase durch die Objektüberwachung in Abstimmung mit der Projektsteuerung / Bauherr sowie den ausführenden Firmen vereinbart, der dann zur verbindlichen Abwicklung erklärt wird.

6 Übergeordnete Consultingleistungen für die Nutzungsphase

Als übergeordnete Teilleistungen werden die Leistungen verstanden, die nicht eindeutig zu den infrastrukturellen, kaufmännischen und technischen Leistungen des Facility Managements, Consultings oder dem Gebäudemanagement gehören. Sie resultieren entweder aus einer der bereichsübergreifenden Querschnittsfunktionen, wie z.B. das Computerunterstützte Facility Management und Benchmarking oder sind den Einführungs- und Reorganisationsleistungen für das Liegenschaftsmanagement zuzuordnen.

6.1 Reorganisation des Liegenschaftsmanagements

Das Liegenschaftsmanagement umfasst alle bewirtschaftungsrelevanten Leistungen und Prozesse. Seine Aufgabe liegt u.a. in der Organisation und Koordination sowie der Information und Dokumentation. Ein weiterer Schwerpunkt liegt in der Kontrolle der Einhaltung von Qualitäten, Quantitäten, Kosten und Terminen für alle Leistungen, die im Rahmen der Liegenschaftsbewirtschaftung erbracht werden. Wesentliche Bestandteile des Liegenschaftsmanagement sind u.a. das eingesetzte Personal, die Aufbau- und Ablauforganisation im Unternehmen oder der öffentlichen Verwaltung[70], die Art der Informationsbeschaffung, -strukturierung und -verarbeitung.

Eine angestrebte Reorganisation setzt voraus, dass eindeutige Potenziale im Liegenschaftsmanagement sowie die einhergehenden Risiken erkannt werden. Die wesentlichen Nutzenpunkte eines reorganisierten Liegenschaftsmanagements sind:

- Erreichung einer ganzheitlichen und interdisziplinären Betrachtung der Liegenschaftsbewirtschaftung,
- Reduzierung von Reibungsverlusten durch nicht organisationsgerechte und eindeutige Definition von personellen Zuständigkeiten innerhalb des Liegenschaftsmanagement (z.B. in der Aufbau-/ Ablauforganisation),
- Vermeidung von Organisationslücken und Verantwortungsdefiziten,
- Straffung der Organisation, Ableitung von Synergieeffekten zur Reduzierung von Personalkosten,
- Transparenz durch Aufbereitung der Liegenschaftsflächen nach z.B. Nutzungs-

---

[70] Im Folgenden wird nicht zwischen einer Reorganisation des Liegenschaftsmanagements bei einem privatwirtschaftlichen und einem öffentlichen Auftraggeber unterschieden.

arten (Büro, Werkstätten, Fertigung, Material etc.), Verknüpfungsstrukturen innerhalb der Liegenschaften sowie mit der Infrastruktur und Umwelt,

• Reorganisation der liegenschaftsbezogenen Datenbestände (Flächen, Kubaturen, Nutzungen, Energiedaten, Katasterauszüge, Grundbuch, graphische Darstellung Grundstücksfläche, Grundstücksbelastungen, Mietertragskosten, Ertragserlöse, Lagepläne),

• Reduktion des Aufwandes zur Datenerfassung und -verarbeitung und Vermeidung von Mehrfachbearbeitungen,

• Vorhaltung aktueller liegenschaftsbezogener Informationen (z.B. durch e-business),

• Einheitlich strukturiertes, alle Ebenen der Liegenschaftsorganisation umfassendes Informationswesen (z.B. Corporate Identity),

• Verwendung von Kennwerten, die auf die definierten (Unternehmens-) Ziele der Organisation ausgerichtet sind (z.B. Renditevorgaben, Benchmarks für Dienstleistungspakete etc.),

• Optimierung des Flächenbedarfs und folglich Einsparung von Nutzungs- sowie Mietkosten,

• Erhöhung der Immobilienrendite/Wertschöpfung des Immobilien-Portfolios

• Steigerung der internen und externen Kundenzufriedenheit durch Einhaltung oder Erhöhung der Qualitäten und des Images sowie Einhaltung oder Senkung der Kosten und Termine.

Die Vorgehensweise zur Reorganisation des Liegenschaftsmanagements umfasst die Phasen in Abb. 6.1.

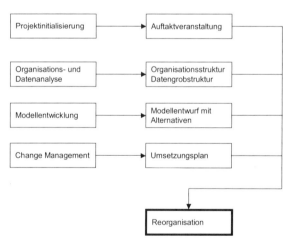

Abb. 6.1. Fachexpertise zur Reorganisation des Liegenschaftsmanagements

Die Einbindung der von der Reorganisation betroffenen Mitarbeiter in Arbeitsgruppen gewährleistet eine praxisorientierte Ableitung der Ziele, eine hohe Identifikation mit diesen Zielen und fördert folglich die Akzeptanz der Maßnahmen. Im Anschluss an die Analyse bzw. Konzeption wird im Zuge der Umsetzung der Reorganisationsprozess durch ein Change Management unterstützt.

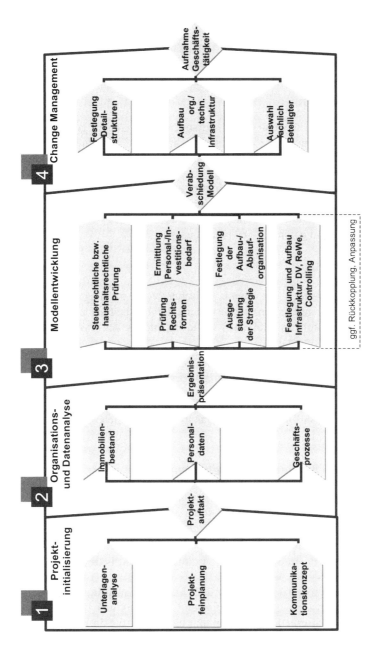

Abb. 6.2. Vorgehensweise zur Reorganisation des Liegenschaftsmanagements

6.1.1 Projektinitialisierung

Die Zielsetzung der Projektinitialisierung besteht darin, die organisatorischen Grundlagen für das Projekt zu schaffen und einen Überblick über spezifische Ausgangsbedingungen zu erhalten. Im Rahmen der Projektinitialisierung sind folgende Arbeitsschritte vorzunehmen:

Dokumentenanalyse

In diesem Arbeitsschritt werden die vorhandenen Unterlagen gesichtet und hinsichtlich der Aufgabenstellung des Projektes analysiert. Relevante Informationen sind insbesondere sämtliche das Liegenschaftsmanagement regelnden Vorschriften, Anordnungen und Erlasse, Auszüge aus Geschäftsverteilungs- sowie Organisationsplänen, Wirtschafts- bzw. Haushaltspläne, soweit sie die zu untersuchenden Bereiche betreffen, Stellenverteilungspläne, Personalbemessungsgrundlagen, Ist-Personalstände, IT-Rahmenkonzepte, Handbücher für den IT-Einsatz etc. und Ergebnisse bereits durchgeführter Untersuchungen.

Projektfeinplanung

In diesem Schritt werden die organisatorischen Voraussetzungen zur Durchführung des Projektes geschaffen, insbesondere die Erarbeitung eines detaillierten Termin- und Arbeitsplanes (Abb. 6.3) sowie Benennung der Ansprechpartner und Einweisung in die Projektarbeit.

Auswahl einzubeziehender Organisationseinheiten

Erstellung einer Vorschlagsliste für die Projektleitung bzw. den Lenkungsausschuss zur Auswahl der in die Aufgabenanalyse einzubeziehenden Organisationseinheiten.

Konstituierende Sitzung der Projektleitung

Mit der konstituierenden Sitzung sind folgende Punkte zu entscheiden:
- die zu untersuchenden Organisationseinheiten (Aufgaben- und Prozessanalyse),
- die zu untersuchenden Liegenschaften (z.B. Auswahl von Pilotobjekten),
- der vorgelegte Termin- und Arbeitsplan,
- eine unterstützende Informationsveranstaltung für die betroffenen Organisationseinheiten.

Zu Beginn des Projektes werden darüber hinaus einzelne Beschäftigte von Organisationseinheiten (mit z.B. den Aufgaben Controlling und Datenverarbeitung) im Rahmen einer Informationsveranstaltung über die Projektinhalte und die Vorgehensweise unterrichtet und das Projektteam vorgestellt. Wesentliche Ergebnisse der Projektinitialisierung sind damit zum einen die Kenntnis der wesentlichen

Rahmenbedingungen und zum anderen ein abgestimmter, detaillierter Arbeits- und Terminplan, der die Grundlage für die weitere Projektarbeit darstellt.

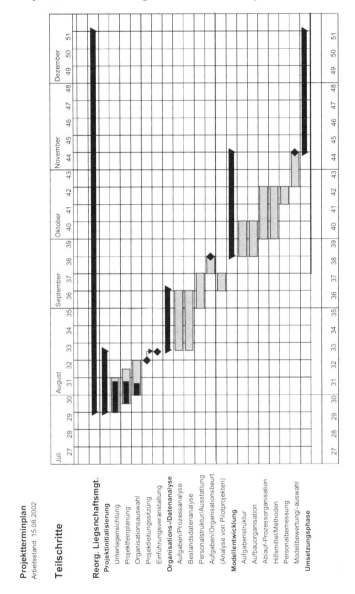

Abb. 6.3. Projektterminplan zur Reorganisation des Liegenschaftsmanagements

Einführungsveranstaltung

Für die betroffenen Organisationseinheiten soweit sie für die Wahrnehmung von Bewirtschaftungsaufgaben zuständig sind, ist eine Einführungsveranstaltung zur

Vorgehensweise der Untersuchung durchzuführen, um während des Projektes die erforderliche Unterstützung zu erhalten.

6.1.2 Organisations- und Datenanalyse

Das Ziel der Organisationsanalyse ist es, die Grundlagen für eine fundierte Entwicklung der Organisationsmodelle für das neue Liegenschaftsmanagement zu schaffen. Dafür gilt es zunächst, Transparenz über die untersuchungsrelevanten Aufgaben sowie ihre Beziehungen zueinander herzustellen. Danach sind unter Berücksichtigung der Untersuchungsziele insbesondere die Kernprozesse zu analysieren sowie die personalwirtschaftlichen Grunddaten aufzubereiten.

Parallel werden liegenschaftsbezogene Daten ggf. aus Pilotprojekten aufbereitet und ergänzt. Diese Aufbereitung dient dazu, insbesondere die tatsächlichen Nutzungskosten[71] einer Liegenschaft zu ermitteln. Die Nutzungskosten dienen zum einen der Identifizierung von Potenzialen im operativen Facility Management, zum anderen als Grundlage für einen Vergleich der alternativen Organisationsmodelle.

Aufgaben- und Prozessanalyse

Das Vorgehen im Rahmen der Aufgaben- und Prozessanalyse wird darauf ausgerichtet, die Aufgabenbereiche des Liegenschaftsmanagements ggf. in einer geschäftsprozessorientierten Struktur bezüglich ihrer Ist- und Soll-Abläufe zu untersuchen. Den Schwerpunkt dieser Untersuchung werden dabei die Organisationseinheiten bilden, in denen derzeit die Aufgaben des Liegenschaftsmanagements wahrgenommen werden.

Die Vorgehensweise stellt sicher, dass alle Geschäftsprozesse, d.h. die damit verbundenen Aufgaben, Aufgabenträger, Schnittstellen sowie eingesetzten Hilfsmittel aufgenommen und analysiert werden können. Im Rahmen der Prozessanalyse werden u.a. die Durchlaufzeit von Vorgängen, die Anzahl beteiligter Mitarbeiter sowie die Abhängigkeiten von zuarbeitenden Stellen (Schnittstellen) untersucht und dargestellt.

Bestandsdatenanalyse

Parallel zur Aufnahme der Aufgaben und Prozesse werden liegenschaftsbezogene Daten, insbesondere solche zur Berechnung der tatsächlichen Nutzungskosten der zu untersuchenden Liegenschaften aufbereitet und ggf. ergänzt. Mit den liegenschaftsbezogenen Ergebnissen sowie den Personalkosten in den Organisationseinheiten werden näherungsweise die Gesamtkosten der Ist-Situation berechnet.

---

[71] In Anlehnung an z.B. DIN 18960 – Nutzungskosten im Hochbau.

Analyse der Personalstruktur und -ausstattung

Die Analyse der Personalstruktur und -ausstattung basiert auf den Ergebnissen der zur Verfügung gestellten Unterlagen und verläuft daher grundsätzlich parallel zur Aufgaben- und Prozessanalyse. Aufgrund der besonderen Bedeutung wird sie jedoch getrennt dargestellt. Grundlagen der quantitativen Abschätzung sind:

*   die derzeitige Ist-Personal-Kapazität,
*   eine Plausibilitätsprüfung gegenüber Vergleichswerten, soweit verfügbar,
*   die Heranziehung sonstiger Ersatzkriterien, die Anhaltspunkte über den erforderlichen Personalbedarf geben können (z.B. Bedeutung der Aufgaben, Aufgabendynamik) und die im Rahmen von Interviews hervortreten,
*   eine Bewertung der Auswirkungen veränderter Aufgabenwahrnehmung auf den benötigten Personalbedarf.

Aufgabenverteilungs- und Organisationsbeurteilung

Die Ergebnisse der vorangegangenen Untersuchungen werden im Rahmen der durchgeführten Aufgabenkritik mit Hilfe der Kriterien Effektivität und Effizienz analysiert und beurteilt. Im Mittelpunkt stehen die Wirtschaftlichkeit der zu untersuchenden Bereiche sowie die Wirtschaftlichkeit des Aufgabenbereichs Liegenschaftsmanagement. Darzustellende Analysepunkte sind u.a.:

*   Effektivität und Effizienz mit der grundsätzlichen Aufgabenverteilung zwischen den Abteilungen in bezug auf die einzelnen Kernprozesse.
*   Anzahl der Organisationseinheiten bzw. wie viele Mitarbeiterinnen und Mitarbeiter mit einzelnen Aufgaben insgesamt beschäftigt sind.
*   Durchführung einzelner Aufgaben.
*   Durchlaufzeiten und Abhängigkeiten einzelner Aufgabenerledigungen.
*   Höhe des Gesamtaufwandes (in Mitarbeitertagen, in €) pro Aufgabe.
*   Höhe der Nutzungskosten der einzelnen Liegenschaften aus Pilotprojekten.
*   Höhe der Nutzungskosten (ohne Verwaltungskosten) im Verhältnis zu den reinen Verwaltungskosten.
*   Anzahl der zur Verfügung stehenden Fläche (HNF) pro Arbeitsplatz, ggf. im Vergleich der Abteilungen / Liegenschaften.

Die Ergebnisse der Ist-Aufnahme sowie ihre Beurteilung sind in dieser Phase ausführlich zu dokumentieren und zu erläutern. Darüber hinaus werden die wichtigsten und grundlegenden Änderungsvorschläge i.S. von Arbeitshypothesen unter Darstellung des Hintergrundes - als Ergebnis der Ist-Analyse - der Lösungsansätze sowie der angestrebten Effekte für das weitere Vorgehen formuliert und der projektbegleitenden Arbeitsgruppe im Rahmen der Zwischenpräsentation vorgestellt.

6.1.3 Modellentwicklung

Das Ziel der Modellentwicklung ist es, für die zu untersuchenden Bereiche Entscheidungs- und Arbeitsgrundlagen zu entwickeln, die den Übergang von der Istin eine zukünftige Soll-Struktur beschreiben und effizient unterstützen. Dabei geht es zum Einen um die Erarbeitung von zwei oder drei Alternativ-Modellen unter besonderer Berücksichtigung des Liegenschaftsmanagement-Ansatzes. Zum Anderen gilt es, mögliche Optimierungspotenziale zu ermitteln und praxisorientierte Umsetzungsschritte aufzuzeigen.

Vom Grundsatz unterscheiden sich die Modelle unmittelbar, d.h. primär durch die Parameter:

- Art der Aufgabenverteilung/-wahrnehmung (i.S. Portfolio-Management, Projektentwicklung und -management, Infrastrukturelles, Kaufmännisches sowie Technisches Facility Management) und Prozessgestaltung,
- Art und Umfang der liegenschaftsbezogenen „Grundmasse" (d.h. der einbezogenen Nutzungsarten),
- Zuständige Organisationseinheit(en) für die Verwaltung der Liegenschaften,
- Anzahl der vorgesehenen Organisationseinheiten,
- Einbeziehung bestehender Organisationseinheiten und verfügbaren Know-hows sowie
- Abrechnungsformen (rein kalkulatorische Kosten- und Leistungsverrechnung bis liquiditätswirksame Mietzahlungen).

Neben diesen rein quantitativen Modellausprägungen sind die qualitativen, d.h. nicht exakt berechenbaren Modellausprägungen zu berücksichtigen. Sie betreffen in erster Linie die drei Faktoren Qualität der Aufgabenerfüllung, Anpassungsflexibilität im Falle sich (weiter) ändernder Anforderungen sowie die Akzeptanz bei den Beteiligten.

Darüber hinaus sind weitere Punkte, die Rechtsform betreffend zu erarbeiten:

- Möglichkeiten der Verantwortungsübertragung auf die neue Organisation,
- Vor- und Nachteile in Frage kommender Rechtsformen,
- Haushalts- und steuerrechtliche Belange als Folge der Neuordnung,
- Personal- und Investitionsbedarf,
- Formulierung der Strategie auf Basis der Modellentwicklung.

Weiterhin sind auch arbeitsrechtliche Fragestellungen auf den Gebieten des Individualrechts und der betrieblichen Altersversorgung sowie der betriebsverfassungsrechtlichen und tarifvertraglichen Rahmenbedingungen zu bearbeiten, die sich aus Übertragungen von Arbeitsverhältnissen aus der bisherigen Organisation auf die neu zu gründende Gesellschaft oder durch Arbeitnehmerüberlassung an die neue Gesellschaft ergeben können. Hieraus resultierende Risiken müssen im Rahmen des Projekts analysiert und aufgezeigt werden. Im Rahmen der Erarbeitung der alternativen Modelle sind jeweils die nachfolgend dargestellten Arbeitsschritte zu absolvieren.

Vorschläge zur Aufbauorganisation

Entsprechend den veränderten Aufgabenprofilen werden Vorschläge für die zu bildenden Organisationseinheiten erarbeitet. Es wird in diesem Schritt unter Berücksichtigung der bestehenden Verhältnisse/Restriktionen praxisbezogene Vorschläge zur Anpassung der bestehenden Aufbauorganisation entwickelt.

In Abb. 6.4 f ist ein komplexes Beispiel der Rollentrennung[72] im Zuge der Reorganisation des Liegenschaftsmanagements aufgezeigt. Das Gesamtziel der Trennung ist die Vermeidung der strukturellen Defizite durch Überlagerung von Leistungen und Verantwortlichkeiten. Im aufgezeigten Beispiel eines neuen Liegenschaftsmanagements wurden vier nahezu überschneidungsfreie Geschäftsfelder Nutzer, Eigentümer, Facility Management (Steuerung) und Dienstleistung (Ausführung) konzipiert.

Die Rolle des Nutzers wird untergliedert in die zentralen Aufgaben auf Ebene Ministeriumsebene und die dezentralen Aufgaben der Nutzer in den Liegenschaften vor Ort. Beim Aufbau der notwendigen Strukturen und im laufenden Betrieb wird der Nutzer permanent vom Eigentümer und dem Facility Management unterstützt. Der Eigentümer hat die zentrale Aufgabe und Verantwortung hinsichtlich der ganzheitlichen Betrachtung der Immobilien als strategische Ressource. Sie umfasst alle Phasen von der Konzeption, Planung und Realisierung, Nutzung bis hin zur Umwidmung oder dem Rückbau.

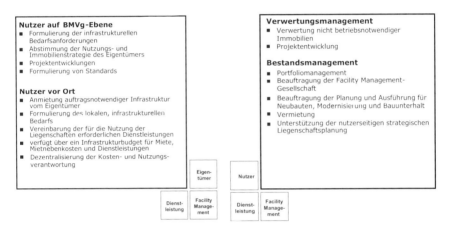

Abb. 6.4. Rollentrennung am Beispiel des neuen Liegenschaftsmanagements der Bundeswehr (1)

Das Facility Management in Abb. 6.5 steuert und überwacht die bewirtschaftungsrelevanten Leistungen, die durch die Dienstleistungsgesellschaften operativ durchgeführt werden.

---

[72] Vgl. Reisbeck T, Schöne LB (2002) Immobilienmanagement bei der Bundeswehr – Aufbau der Facility Management-Gesellschaft. In: Tagungsband Facility Management Messe Düsseldorf. Forum Verlag Herkert (Hrsg.) Merching. S 482 f

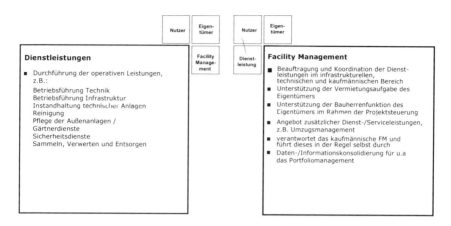

Abb. 6.5. Rollentrennung am Beispiel des neuen Liegenschaftsmanagements der Bundeswehr (2)

Vorschläge zur Aufgabenstruktur

Auf der Basis der Kernprozesse resp. der Ergebnisse der Aufgabenkritik werden neue Aufgabenkataloge erarbeitet. Die Aufgabenkataloge werden i.s. einer Plus / Minus-Aufzählung die Aufgaben beschreiben, die weiterhin wahrgenommen werden, die hinzukommen und die wegfallen sollen. Die Aufgabenzuordnung orientiert sich dabei strikt an dem Grundkonzept des Liegenschaftsmanagements. Hinsichtlich der Aufgabenwahrnehmung sind grundsätzlich Übergangszeiten festzuschreiben, die es allen beteiligten Organisationseinheiten ermöglichen, sich der veränderten Situation personell oder durch den Aufbau alternativer Dienstleistungen oder Produkte anzupassen. Hinsichtlich der Verlagerung auf Private oder sonstige Dritte gilt, dass die Nutzung bestehender Kapazitäten grundsätzlich kostengünstiger ist.

Eine grundsätzliche Aufgabenverteilung ist in Abb. 6.6 dargestellt. Sie zeigt die übergeordnete Holding-Funktion, wie sie häufig bei komplexen Ausgründungen und der Trennung von strategischen und operativen Aufgaben zu finden ist. Der als Eigentum/Treuhand bezeichnete Geschäftsbereich konzentriert sich auf die Leistungen des Portfoliomanagements, die Projektentwicklung sowie das Management von Um- und Neubauten. Der Bereich Facility Management steuert die operativen Leistungen hinsichtlich der Qualitäten und Quantitäten sowie Kosten und Termine, während der Bereich Dienstleistungen ausschließlich mit der Ausführung von Leistungen beauftragt ist.

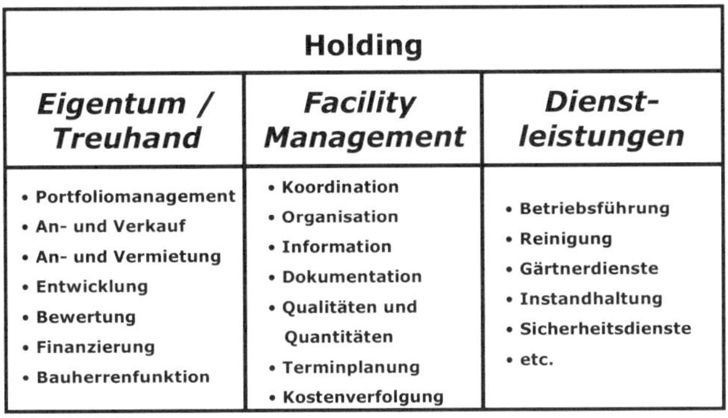

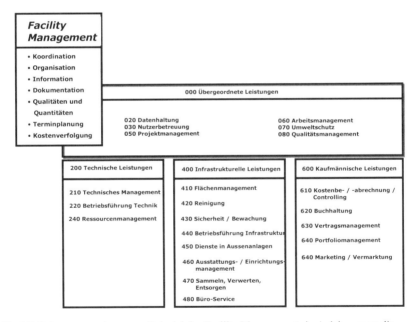

Abb. 6.6. Aufgabenverteilung auf Grundlage der Rollentrennung[73]

In Abb. 6.7 ist der detailliertere Leistungskatalog am Beispiel des Geschäftsfeldes Facility Management aufgezeigt. Hierin sind Leistungen aufgeführt, die sowohl das Kerngeschäft abbilden sowie eine reine Unterstützungsfunktion umfassen.

Abb. 6.7. Leistungszuordnung am Beispiel des Facility Managements in Anlehnung an die GEFMA-Richtlinie 200[74]

---

[73] a.a.O. S 483
[74] a.a.O. S 485

Letzteres ist beispielsweise bei der Leistung Projektmanagement gegeben, die als originäre Bauherrenaufgabe in Abb. 6.6 dem Bereich Eigentümer/Treuhand zugeordnet ist.

Vorschläge zur Ablauf-/Prozessorganisation

Auf der Grundlage der Aufbauorganisation werden die neuen Geschäftsprozesse gestaltet und beschrieben. Dies betrifft u.a. die Schnittstellenorganisation zwischen den Kunden und den Dienstleistern. In diesem Zusammenhang kommt der dauerhaften Pflege des Liegenschaftsgrundbestandes als Informationsplattform eine zentrale Bedeutung zu.

Insbesondere sind für das Liegenschaftsmanagement die Geschäftsprozesse des infrastrukturellen, kaufmännischen und technischen Facility Managements auf Makro-Ebene darzustellen. Im Kontext der Modellentwicklung werden die Geschäftsprozesse entsprechend der Analyse identifiziert und auf Makro-Ebene modelliert. Im Rahmen der Prozessmodellierung werden folgende Ergebnistypen erstellt:

- Kontextdiagramm - zur graphischen Darstellung der Leistungsbeziehungen der jeweiligen Prozesse mit anderen Prozessen der Verwaltung bzw. Prozessen außerhalb der Verwaltung (z.B. externe Dienstleister).
- Leistungsverzeichnis - als Auflistung und Beschreibung der einzelnen Leistungen (eine Summe von Leistungen ergibt ein Produkt) des Prozesses unter Angabe der Prozessvarianten, mit denen einzelne Leistungen erbracht werden.
- Makro-Aufgabenkettendiagramm - zur Darstellung der Aktivitäten eines Prozesses, ihrer Ablauffolge sowie deren Zuordnung zu den Aufgabenträgern auf einer groben Ebene.
- Aufgabenbeschreibung - als Auflistung und Beschreibung der einzelnen Prozessaufgaben unter Angabe von ausführender Organisationseinheit, DV-Unterstützung, Dauer je Vorgang und Häufigkeit der Ausführung.
- Applikationsverzeichnis - zur Veranschaulichung der für den Prozess relevanten DV-Applikationen.

Vorschläge zu unterstützenden Hilfsmitteln und Methoden (Controllinginstrumente und Informationstechnologie)

Vor dem Hintergrund der Prozessgestaltung werden weiterhin Vorschläge zu einer IT-Struktur der Untersuchungseinrichtungen erstellt. Dabei ist auch auf Änderungen bereits geplanter Maßnahmen einzugehen, die im Zuge einer veränderten Organisation nötig werden könnten. Zum anderen sind Vorschläge zur Einführung moderner Controlling-, Berichts-, Budgetierungs- und Planungstechniken erarbeitet, die untrennbar mit jeder Organisationsform eines modernen Liegenschaftsmanagement verknüpft sind.

Vorschläge zur Personalwirtschaft und zum Personalbedarf

Auf der Grundlage des Konzeptes für die zukünftige Organisation wird der jeweilige Personalbedarf ermittelt. Dabei wird insbesondere berücksichtigt, in welcher Weise die ggf. neuen Aufgaben von dem heutigen Personal erfüllt werden können und wo Weiterqualifizierungsbedarf gesehen wird, resp. welche (Schlüssel-) Positionen mit welcher Qualifikation besetzt werden sollten. Die damit verbundenen kostenrelevanten Konsequenzen werden in die quantitative Modellrechnung einbezogen, nicht quantifizierbare Aspekte werden als qualitative Aspekte in der Nutzwertanalyse berücksichtigt.

Modellbewertung/-auswahl

Die vergleichende Quantifizierung i.S. der modellrelevanten Kosten stellt das Herzstück der Organisationsuntersuchung dar. Zur Berechnung der Verwaltungs-/ Personalkosten werden in einem ersten Schritt die ermittelten Stellenanteile den Optimierungsansätzen aus der Aufgabenkritik und der Untersuchung der Ablauforganisation zugeordnet. Insbesondere ist dabei abzuschätzen, in welchem Umfang durch Auslagerung oder Übertragung von Aufgaben auf andere Aufgabenträger oder Dritte sowie durch den Aufbau eines einheitlichen Informationssystems neue Aufgaben entstehen (z.B. Durchführung technischer Dienstleistungen durch eigenes Personal oder einen privaten Dritten) oder wegfallen. Die Auswirkungen sind dann in der Kapazitätsplanung zu berücksichtigen.

Darauf basierend werden für jedes Modell die zukünftigen Personalkosten bestimmt:

- Aufbereitung der Daten im Hinblick auf Veränderungsmöglichkeiten, wie z.B. Altersstruktur und natürliche Fluktuation,
- Berücksichtigung der Ergebnisse der Schwachstellenanalyse der bestehenden Organisationsprinzipien, wie Leitungsspanne, Abteilungs- bzw. Sach-/ Fachgebietsgröße, verteilte Querschnittsaufgaben,
- Zusammenstellung aller Maßnahmen, die finanzielle Auswirkungen (positive oder negative) haben,
- Bündelung zu Maßnahmenpaketen und Priorisierung hinsichtlich der zeitlichen Reihenfolge für die Umsetzung.

In Abb. 6.8 sind die drei wesentlichen Modellalternativen für ein Real Estate und Facility Management am Beispiel der öffentlichen Verwaltung dargestellt. Das Modell A zeigt mit dem teilweisen Outsourcing von operativen Dienstleistungen die konsequente Übertragung von Eigenleistungen auf ein oder mehrere externe Unternehmen. Die Betreuung sensibler Bereiche verbleibt jedoch in Eigenregie in der öffentlichen Verwaltung. Das Modell ermöglicht eine Konzentration auf die Steuerung und Kontrolle der externen Dienstleister. Die wesentlichen Entscheidungsmotive sind die Konzentration auf das Kerngeschäft, der Abbau von Tätigkeiten und Investitionen in Randbereichen. Weiterhin ermöglicht das Modell die Nutzung von externem Know-how bzw. Erfahrungen Dritter unter Anpassung der Betriebskosten auf das Marktniveau sowie der Umwandlung interner fixer in externe variable Kosten.

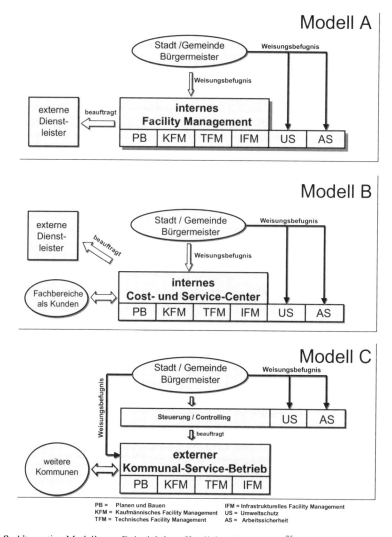

Abb. 6.8. Alternative Modelle am Beispiel der öffentlichen Verwaltung[75]

Im Modell B ist die Integration eines internen Cost- und Service-Centers aufgezeigt, dass die Dienstleistungen des Immobilien- und Facility Managements in die Struktur der Unternehmens- bzw. Verwaltungsorganisation aufnimmt. Als Strukturmerkmale sind für dieses Modell die fachliche Führung aus einer Hand, die zentrale Planungs- und Budgethoheit für die Dienstleistungen sowie eine interne Kosten- und Leistungsverrechnung mit dem Nutzer zu nennen. Die Entscheidungsmotive sind die organisatorische und fachliche Bündelung, Sicherstellung

---

[75] Vgl. Reisbeck T (2000) Ablauf einer Organisationsberatung. In: Diederichs CJ, Forschungsprojekt Öffentliches Liegenschaftsmanagement, Bergische Universität Wuppertal

des Know-how im Unternehmen bzw. der Verwaltung, eine größtmögliche Unabhängigkeit von Dritten, höhere Betriebssicherheit, verbesserte Kostentransparenz und Möglichkeit der Senkung durch verbesserte Steuerungsfunktionen. Der Personalstamm verbleibt in diesem Modell in der Verwaltung, wird aber durch die Bündelung der Aktivitäten auf eine ggf. folgende Ausgründung bzw. Privatisierung vorbereitet.

Der tiefstgreifende Einschnitt in ein bestehendes Immobilienmanagement ist im Modell C dargestellt. Es zeigt die Ausgründung einer Tochtergesellschaft bzw. Privatisierung in einer öffentlichen Verwaltung. Die Strukturmerkmale sind die Übertragung der Aktivitäten des Real Estate und Facility Managements auf eine Tochtergesellschaft, ggf. unter Beteiligung Dritter, größtenteils mit langfristiger Vertragsbindung über ein festes Geschäftsvolumina. Letzteres wird unter der Prämisse der Freisetzung von Potenzialen durch Personalabbau oder der Generierung von Drittgeschäften zumeist mit einer gestaffelten Vergütungskürzung über mehrere Jahre versehen. Die Ausgründung hat die rechtliche Trennung der Auftraggeber- und Auftragnehmrolle zur Folge.

Die Entscheidungsmotive sind die Konzentration auf das Kerngeschäft, die Umwandlung der bisherigen Randaktivitäten zu einem profitablen Kerngeschäft. Die unternehmerische Verselbständigung des Geschäftes mit Liegenschaften, Gebäuden und deren Bewirtschaftung ermöglicht im freien Unternehmensumfeld mit starker Markt- und Wettbewerbsorientierung die Steuerung der Aufgaben und Leistungen nach Renditegesichtspunkten. Indirekt verbleibt die Kompetenz sowie Steuerungsfunktion für die Dienstleistungen im Verbund der Verwaltung oder des Unternehmens und führt die Leistungserbringung mindestens anteilig mit ehemals eigenem Personal fort.

Die Modellbewertung ist mit der in Abb. 6.9 dargestellten Nutzwertanalyse und folglich der Ermittlung der relativen Vorteilhaftigkeit hinsichtlich der einzelnen Bewertungskriterien durchzuführen.

Bewertungskriterien	Gewichtung	Status quo	Modell A	Modell B	Modell C
Ökonomie	40 %	36	43	63	79
Politik	15 %	11	12	18	27
Soziale Gesichtspunkte	15 %	26	37	43	52
Technik	15 %	22	33	42	38
Ökologie	15 %	19	28	38	35
Summe	100 %	374	493	653	763

Abb. 6.9. Bewertung der alternativen Modelle durch eine Nutzwertanalyse

6.1.4 Change Management

Die Begleitung der Umsetzung der organisatorischen Restrukturierung beginnt mit der Vorbereitung der aufbau- und ablauforganisatorischen Veränderungen im Sinne des Grobkonzeptes. Dazu wird zunächst eine Umsetzungsplanung entwickelt, in der alle Maßnahmen der Umsetzung, ihr zeitlicher Bezug und die Verantwortlichkeiten festgehalten werden.

Im Rahmen der Vorbereitung des Change Managements sind für die organisatorischen Änderungen folgende Leistungen umzusetzen:

- Beratende Begleitung (Coaching) für die Umsetzungs-Projektleitung.
- Unterstützung des Projektbüros bei operativen Aufgaben:
- Anfertigung eines detaillierten Projektplans,
- kontinuierliche Projektverfolgung anhand der Berichte der Teilprojekte, Analyse von Soll-Ist-Abweichungen und Erarbeitung von Handlungsempfehlungen,
- konzeptionelle Entwicklung des Berichtswesens und eines Layout-Entwurf für die Statusberichte,
- ggf. Einrichtung einer telefonischen Projekt-Hotline,
- Unterstützung bei der internen und externen Öffentlichkeitsarbeit,
- Vor- und Nachbereitung der Sitzungen der Projektleitung,
- Unterstützung bei der Definition neuer Teilprojekte,
- Unterstützung bei der Steuerung bestehender Teilprojekte,
- Konzeption von Maßnahmen zur Integration der Beschäftigten.

Darüber hinaus sind frühzeitig je nach Organisationsmodell verschiedene Vorkehrungen vom Auftraggeber einzuleiten. Dies sind z.B.:

- Vorkehrungen für die Eröffnungsbilanz,
- Vorkehrungen des externen Rechnungswesens/Finanzbuchhaltung (z.B. Kontenplan, Aufbereitung Debitoren- und Kreditoren, Arbeitsabläufe Beschaffung Rechnungsbearbeitung, Belegfluss etc.) einschließlich kaufmännische IT,
- Vorkehrungen für die Startstruktur und der Abteilungen,
- Internes Rechnungswesen / Controlling,
- Verantwortung und organisatorische Schnittstellen,
- Change Management und Kommunikationskonzept (z.B. Mitarbeiterversammlungen),
- Vorkehrungen zur Übernahme des Bewirtschaftungs- und des möglichen Verwaltungspersonals sowie von Personaleinzelmaßnahmen,
- Vorkehrungen zur kaufmännischen Anbindung der ggf. künftig notwendigen Niederlassungen

6.2   Computerunterstütztes Facility Management

Die Systemauswahl nach GEFMA 420[76] bildet die Grundlage zur Einrichtung eines Informationssystems. Dabei sind Fragen der Erweiterbarkeit, Kompatibilität, Anwenderfreundlichkeit, Kosten und Verbreitung des zu wählenden Systems zu

---

[76] Vgl. GEFMA 420 (1998) Hinweise zur Beschaffung und Einsatz von CAFM-Systemen. GEFMA e.V., Berlin

berücksichtigen. Mit der Systemauswahl und der Datendefinition werden die Voraussetzungen für einen optimierten Datenaustausch geschaffen. Weiterhin ist die Einrichtung von Schnittstellen vorzunehmen, um eine doppelte Bearbeitung von Vorgängen oder die redundante Vorhaltung von Informationen zu vermeiden. Die wesentliche Nutzenpunkte sind:

• Übernahme und Verarbeitung vorhandener Datenbestände,
• Permanente Dokumentationsaktualisierung,
• Zeiteinsparung bei der Informationsbeschaffung,
• Einfache Selektion der Daten aus der Datenbank,
• Kostentransparenz,
• Schnelle Erstellung von Ausschreibungsunterlagen,
• Erhöhung des Flächennutzungsgrades durch Simulation und Variantendarstellung,
• Vermeidung von Redundanzen.

Die Vorgehensweise zur Einführung eines Computerunterstützten Facility Managements ist in Abb. 6.10 dargestellt.

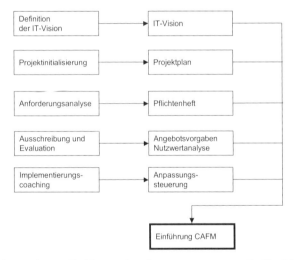

Abb. 6.10. Fachexpertise zur Einführung eines Computerunterstützten Facility Managements

6.2.1 Definition der IT-Vision

Ein CAFM-System kann u.a. die in diesem Werk als Teilleistungen beschriebenen Funktionalitäten z.B. hinsichtlich eines Instandhaltungsmanagements unterstützen. Die Festlegung der CAFM-Bestandteile (Module) erfolgt mit Hilfe der Ergebnisse aus der Grundlagenermittlung bzw. Detailanalyse. Bei der Erstellung der IT-

Vision (vgl. Abb. 6.11)[77] und der notwendigen Einbindung in eine vorhandene Systemlandschaft sind auf Anwenderseite die nachfolgenden Punkte zu beachten:

- Dauerhafte Vorgaben durch Hardware, Netzwerk- und Einzelplatz-Betriebssysteme,
- Bestehende Betriebssystemumgebung, Netzwerkphilosophie (zentrale oder dezentrale Anwendungen),
- Unternehmensweit eingesetzte Datenbanksysteme,
- Bereits eingesetzte CAD-Systeme,
- Bevorstehende Ablösungs- bzw. Migrationsprozesse in den nächsten Jahren bei Schnittstellensystemen.

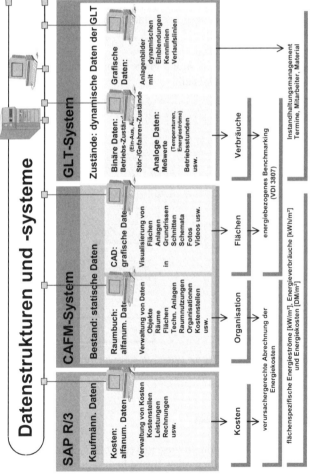

Abb. 6.11. Datenstrukturen und -systeme dargestellt als IT-Vision

Eine wesentliche Aufgabe des Facility Management-Systems besteht in der Verarbeitung und Verwaltung von Gebäudedaten, die notwendig sind, um bewirt-

---

[77] Vgl. Glauche U (1998) Vortrag auf der GEFMA-Hauptversammlung, Weimar

schaftungsrelevante Aktivitäten zu unterstützen. Solche Daten sind im wesentlichen

- Bestandsdaten (alphanumerische, grafische Daten sowie Daten die kaum einer Änderung unterliegen)
- Zustandsdaten (binäre und analoge Daten)
- Verbrauchsdaten
- Leistungskataloge (pauschal)
- Prozessdaten (detailliert)
- Kaufmännische Daten

Zustandsdaten ändern sich laufend, sie sind dynamisch. Sie sind relevant für die Betriebsführung und Überwachung sowie für Energiemanagement.

6.2.2 Projektinitialisierung

Der in Abb. 6.12 dargestellte Teilprojekttermitplan CAFM wird auf Grundlage der allgemeinen Projektbedingungen vom Consultant erstellt.

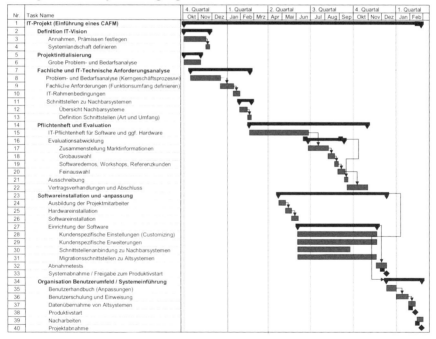

Abb. 6.12. Teilprojektterminplan zur Einführung eines Computerunterstützten Facility Management-Systems

Mit zunehmender Detailkenntnis, insbesondere nach der erfolgten Evaluationsphase und Hinzuziehung des Softwareanbieters, wird der Teilprojektterminplan fortgeschrieben. Er bildet die Grundlage, um den Projektfortschritt nachhalten zu können und etwaige Zielüber- oder -unterschreitungen an den Auftraggeber berichten zu können. Weiterhin bildet der Teilprojektterminplan das zentrale Instrument im Sinne der in Kap. 3.2.3 Teilschritt 3 – Fachexpertise aufgezeigten Teilprojektsteuerung.

6.2.3 Anforderungsanalyse

Im Sinne der Anforderungsanalyse sind einleitend die strategischen Merkmale auf Grundlage der IT-Vision zu untersuchen und zu beschreiben. Zu den wichtigsten allgemeinen Anforderungen gehört, dass die Daten des Anwenders im CAFM-System nicht in einer Form gespeichert werden, die dem Anwender einen Umstieg auf ein anderes System nur unter komplettem oder teilweisem Verlust seiner Daten ermöglicht.[78] Der Datenbankzugriff hat über eine Standardabfragesprache zu erfolgen und erlaubt somit eine weitestgehende Freiheit bei der Wahl des Datenbanksystems. Für anwenderspezifische Auswertungen und Schnittstellen sollen Datenabfragen möglich sein, was ein Offenlegen der Datenstrukturen seitens des Anbieters voraussetzt.

Die Datenhaltung ist entweder redundanzfrei zu führen oder ein Abgleich mit verteilten Datenbeständen zu ermöglichen. Bei einer Nutzung durch externe Dienstleister ist eine vollständige Trennung der Datenbestände notwendig, um den einzelnen Kunden eine vertrauliche Behandlung gewährleisten zu können. I.d.R. erfolgt dies durch Nutzung getrennter Datenbanken mit dem Nachteil einer ggf. teilweise redundanten Stammdatenhaltung. Für die Datenhaltung bei CAFM-Systemen sind folgende Datenbanklösungen möglich:

- Relationales Datenbank-Managementsystem. Vorteil ist die Orientierung an vorhandenen Industriestandards. Nachteilig sind mögliche Einschränkungen bei der Abbildung funktionaler Zusammenhänge gebäudetechnischer Anlagen.
- Objektorientiertes Datenbank-Managementsystem. Vorteil ist eine größtmögliche Flexibilität bei der Anordnung von Objekten innerhalb einer Hierarchieebene und deren nachträglichen Änderung. Nachteil ist das Fehlen einer standardisierten Abfragesprache.
- Objekt-Relationales Datenbank-Managementsystem mit objektorientierten Elementen und Strukturen. Vorteil ist die Kombination von Vorzügen beider vorstehender Varianten.

Die Bedienung eines CAFM-Systems ist möglichst leicht verständlich zu halten. Die einzelnen Menübefehle dürfen folglich nicht in zu viele hierarchische Ebenen aufgeteilt sein. Weiterhin ist dem Anwender die Möglichkeit zu geben, häufig gebrauchte Befehle leicht zu erreichen oder zu Prozeduren zusammenzufassen zu können. Die Visualisierung der Daten soll übersichtlich erfolgen. Es ist als Vorteil anzusehen, wenn hierzu Standardanwendungen benutzt werden (oder benutzt werden können), mit denen der Anwender auch anderweitig arbeitet. Bei kombinierten CAD-/Datenbankanwendungen ist über eine Kosten-Nutzenanalyse

---

[78] Vgl. Schöne LB (2000) Nicht bloß ein Kostenfaktor. In: Facility Management, Heft 3, Bertelsmann Fachzeitschriften, Gütersloh. S 53

die Möglichkeit eines bidirektionalen Datenaustausches zu prüfen. Er ermöglicht eine Aktualisierung des Datenbankeintrags über die Änderung in einer CAD-Zeichnung oder im CAFM-System.

```
+   I  Strategisches
+   II Allgemeine Software Anforderungen
+   III Stammdatenverwaltung (Raumplanung)
+   IV Umzugsplanung
    V  Instandhaltung/ Maßnahmenplanung
        1 regelmäßige Aufträge/ Maßnahmen
                Reparatur-, Instandhaltungs- und Wartungsverträge
                frei differenzierbare Leistungsartenabgrenzung
                Teilmaßnahmen
                (Teil-)Aufträge zu (Teil-)Maßnahmen
                jeweils freie Zuordnung auf eine oder mehrere Periode(n)
                Zuordnung zu Zuständigkeitsbereichen
                Kostenschätzung, Budgetierung
                Ressorcenplanung
                Standardleistungsverzeichnisse
                Arbeitspläne
                Terminplanung (evtl. Netzplan)
                ...
        2 Störmeldungen/ -aufträge (zusätzlich zu Pkt. V, Abs. 1:)
                Priorität mit Reaktionszeiten
                Schadensbeschreibungen
                Überprüfung auf Mehrfachmeldung
                Anbindung an Help Desk
     +  3 Terminkontrolle/ -überwachung mit Eskalation
     +  4 Kapazitätsplanung (für Ressourcen)
     +  5 Rückmeldung geleisteter Aufträge
     +  6 Historisierung
     +  7 Wartungspläne
     +  8 Helpdesk
```

Abb. 6.13. Anforderungskatalog am Beispiel des Softwaremoduls Instandhaltung

Weiterhin sind die Anforderungen der einzelnen ausgewählten Module grob zu beschreiben. Im Beispiel in Abb. 6.13 sind im Modul Instandhaltung / Maßnahmenplanung u.a. die Pflege der Reparatur-, Instandhaltungs- und Wartungsverträge als Schnittstelle zum Vertragsmanagement sowie eine frei zu differenzierende Leistungsartenabgrenzung gefordert.

6.2.4 Ausschreibung und Evaluation

Die erforderlichen Merkmale der Software sind in einem Lastenheft bzw. Leistungsverzeichnis zu spezifizieren, bevor eine Kontaktierung von Anbietern erfolgt. Ob im Einzelfall lediglich eine Angebotseinziehung mit freihändiger Vergabe oder eine mehr oder weniger detaillierte Ausschreibung erfolgt, ist von den äußeren Rahmenbedingungen abhängig. Die Angebote über eine CAFM-Software sind strukturell wie folgt einzufordern:

- Hardware-/System-Voraussetzungen bei vorgesehenen Anwendern
- Softwarelizenz für Basisversion, evtl. unterteilt nach Lizenz für Programmsystem und Datenbank
- Softwarelizenzen für modulare Erweiterungen

- Lizenzen für Mehrplatz-Erweiterungen zur Einbeziehung weiterer Programmnutzer
- Bereits spezifizierte Schnittstellen zu anderen Systemen
- Systemgebundene Dienstleistungen, die vom Anbieter erbracht werden müssen
- Systemunabhängige Dienstleistungen, die in der Regel nur optional vom Anbieter erbracht werden.

Vorgabe des Leistungsverzeichnisses

Weiterhin ist zu entscheiden, ob die Vorgabe des Leistungsverzeichnisses ohne oder mit Vorauswahl bzw. durch eine zielorientierte Grobvorgabe erfolgen soll. Bei der Vorgabe des Leistungsverzeichnisses ohne Vorauswahl werden die geforderten Leistungsmerkmale der Software im einzelnen beschrieben, wobei auch auf bereits in Anwendung befindliche Funktionalitäten Bezug genommen wird. Ergänzend dazu werden in einem Fragenkatalog Leistungsmerkmale abgefragt, die nicht zwingend vorhanden sein müssen, die jedoch in die Gesamtbewertung einfließen. Dazu müssen die Einzelfragen eindeutig sein und keinen Spielraum für unterschiedliche Interpretationen seitens des Anbieters zulassen. Auch muss eine Bewertung der angebotenen Leistungsmerkmale per Checkliste und Punktesystem möglich sein, die die Einsatzgebiete dargestellt. Diese Verfahrensweise ist mit einem sehr hohen Aufwand für die Erstellung des Leistungsverzeichnisses verbunden und sollte nur zum Tragen kommen, wenn die Beschaffung auf der Grundlage von öffentlichen Vergaberichtlinien erfolgen muss.

Bei der Vorgabe des Leistungsverzeichnisses mit Vorauswahl wird zunächst eine Vorauswahl aufgrund eines aktuellen Marktspiegels oder bereits erfolgter Kontakte zu möglichen Anbietern vorgenommen. Grundlegende Funktionalitäten des anzubietenden Systems können deshalb als vorhanden vorausgesetzt werden und führen deshalb zu einer reduzierten Umschreibung von geforderten Softwarefunktionen und anzubietenden Dienstleistungen. Diese Verfahrensweise kann sowohl bei Beschaffungen auf der Grundlage von öffentlichen Vergaberichtlinien als auch bei freihändiger Vergabe erfolgen. Wenn letzteres möglich ist, sollte diese Verfahrensweise nur zum Tragen kommen, wenn in CAFM-relevanten Bereichen bereits viel Erfahrung vorliegt, die zu detaillierten Anforderungen führen. Insbesondere gilt dieses in Verbindung mit der Ablösung vorhandener Systeme und bei schnittstellenintensiven Gesamtlösungen.

Bei der zielorientierten Grobvorgabe beschränkt sich der Inhalt des Leistungsverzeichnisses auf eine Darstellung der vom Anwender formulierten Zielvorgaben. Dem Anbieter bleibt es überlassen, die angebotenen Softwarefunktionen und den veranschlagten Dienstleistungsaufwand selbst zu spezifizieren. Mit Form und Inhalt des Angebotes sowie einer damit verbundenen Präsentation der Software kann sich der Anwender bei dieser Verfahrensweise ein Bild von den unterschiedlichen Herangehensweisen der Anbieter verschaffen und damit die jeweilige Fachkompetenz, vorhandene Projekterfahrung und Dienstleistungsprofil besser beurteilen. Für einen korrekten Angebotsvergleich ist aber die transparente Darstellung von unterschiedlich aufgebauten Leistungsverzeichnissen erschwert. Diese Verfahrensweise sollte zum Tragen kommen, wenn die Migration vorhandener

Systeme bzw. die Integration in die vorhandene Systemlandschaft nicht im Vordergrund steht und eine freihändige Vergabe problemlos möglich ist.

Evaluation mit Hilfe einer Nutzwertanalyse

Für die Beurteilung der angebotenen Software-Funktionalität spielt auch das Profil des Anbieters eine Rolle. Folgende Kriterien können zugrundegelegt und individuell gewichtet werden:

- Größe des Unternehmens,
- Anzahl der mit CAFM befassten Mitarbeiter im Unternehmen,
- Regionale Präsenz des Unternehmens, auch mit Anbieter-unabhängigen Partnern (z.B. Systemhäuser), die für eine umfassende Projektabwicklung qualifiziert sind,
- Aussagekräftige Referenzen, d.h. solche, die für den Anwender speziell von Interesse sind (z.B. Verwaltungsbauten, Krankenhäuser), Darstellung von Art und Umfang des CAFM-Einsatzes sowie vorhandene Betriebserfahrungen.

Hinsichtlich der programmtechnischen Anpassungen ist zu bewerten, inwieweit diese prinzipiell auch vom Anwender selbst vorgenommen werden können. Dazu ist zu hinterfragen, inwieweit der Anbieter systemtechnische Informationen über Tabellenstrukturen der Datenbank auch dem Anwender selbst zukommen lassen kann. Die sich für die geplante Einsatzdauer der CAFM-Software ergebenden Anforderungen können nur unzulänglich abgeschätzt werden. Deshalb sind folgende Kriterien heranzuziehen:

- Marktpräsenz der Software (Anzahl Projekte innerhalb und außerhalb Deutschlands),
- Personelle Ressourcen für die ständige Weiterentwicklung durch den Hersteller (Anzahl Entwickler),
- Innovationszyklus des Herstellers (Fachkompetenz des Anbieters, neue Versionen, Flexibilität bei neuen Marktanforderungen)
- Einsatz von oder Kompatibilität zu Softwarelösungen, die am Markt als bestehender oder künftiger Standard anzusehen sind.

Die Beurteilung von Ergonomie und Bedienungskomfort einer Software sollte nach folgenden Einzelkriterien erfolgen:

- Einstieg in die Vorgangsbearbeitung: Orientierung im Auswahlmenü und schneller Aufruf der Eingabemaske.
- Vorgangsbearbeitung: Eingabefelder in der Bildschirmmaske angepasst an die Anwender-Erfordernisse und evtl. spezifisch für Einzel-Nutzer, ggf. Sperrung bzw. Ausblendung von Eingabefeldern, die für eine Bearbeitung durch bestimmte Nutzer nicht vorgesehen sind.
- Verknüpfte Bearbeitungsvorgänge: Leichte Orientierung bezüglich Folgemasken und notwendiger Eingabeschritte.

Hierbei ist zu beachten, dass eine systembedingt mögliche Anpassung der Eingabemasken im Rahmen der Implementierung auch nach den tatsächlichen Nutzer-Anforderungen optimiert wird. Im Rahmen eines Auswahlverfahrens sind deshalb nicht nur die Anpassungsfähigkeit einer Software, sondern hierfür erforderlicher Aufwand, Kosten und Projektmanagement zu beurteilen. Bei weniger häufig benötigten Funktionen (z.B. Konfigurationen, projektabhängige Vorgänge), die dem Anwender auch nach erfolgter Schulung nicht geläufig sind, ist eine gute Dokumentation wichtig. Im Rahmen einer Testinstallation sollte exemplarisch geprüft werden, ob die Dokumentation der Software (Handbuch oder Online-Hilfe) eine brauchbare Hilfestellung bietet.

Die den verschiedenen Systemen zugrundeliegenden Konzeptionen wirken sich bei einem direkten Angebotsvergleich evtl. in völlig unterschiedlichen Einzelpreisen aus. Beispielsweise kann mit einer relativ preiswerten Software ein größerer Dienstleistungsaufwand verbunden sein, der höhere Softwarepreise anderer Anbieter wieder relativiert. Für die Anbieterauswahl ist weniger das resultierende Preis-/ Leistungsverhältnis aus Anbieter-Sicht maßgebend. Entscheidend ist die Beurteilung der Nutzer-Ressourcen, mit denen die vorgesehene Software mit Leben erfüllt werden muss. Daran ist zu messen, ob eine technisch anspruchsvollere Softwarelösung bei einem höheren Gesamtpreis auch einen entsprechend höheren Nutzen für den Anwender erwarten lässt. Dieses führt zu einer realistischeren Beurteilung als die (theoretischen) Leistungsreserven der Software selbst.

	Relevanz				Herst A	Herst B	Herst C
					System A	System B	System C
Nutzwertanalyse		Max	%	GW	97%	95%	49%
I Strategisches	Maximaler zu erreichender % Wert		5%		72%	57%	68%
1 Softwarehaus	62,00%	2			31%		2%
2 Grundlegende Technik	75,00%	3			100%	0=Unwichtig	0%
3 Vertragliches	37,50%	2			100%	1=Normal	5%
4 Fehlerbehandlung	30,00%	2			100%	2=Wichtig 3=Sehr Wichtig 100%	100%
Fehlerbehebung innerhalb 4 Stunden	0,00%	0			0%	0%	0%
Remote-Fehlerdiagnose und -behebung	60,00%	2			60%	60%	60%
Hotline-Service mind. 12 Std / Tag	60,00%	2			60%	60%	60%
Hotline-Service 24 Std / Tag	0,00%	0			0%	0%	0%
5 Kosten der Software	0,00%	0			0%	0%	0%
6 Sprachversionen	50,00%	3			100%	100%	100%
II Allgemeine Software Anforderungen			5%		70%	52%	68%
III Stammdatenverwaltung (Raumplanung)			25%		100%	99%	95%
IV Umzugsplanung			50%		100%	100%	8%
V Instandhaltung/Maßnahmenplanung			15%		97%	100%	100%
SUMME			100%				

Abb. 6.14. Nutzwertanalyse am Beispiel der Fehlerbehandlung

Im Beispiel einer Nutzwertanalyse in Abb. 6.14 ist anhand des Moduls Instandhaltungsmanagement eine Bewertung der gewichteten Kriterien durchgeführt worden. Hierin sind die einzelnen Kategorien I - V in ihrem Einfluss auf die gesamte Nutzwertbetrachtung gewichtet worden. Das Modul V Instandhaltungsmanagement fließt nur zu 15% in die Gesamtwertung ein. D.h. dem mit 50% bewerteten Modul IV Umzugsplanung wird mit Abstand die größte Bedeutung in der CAFM-Auswahl beigemessen. In der Detailbewertung ist die Anforderung Hotline-Service (mind. 12 Stunden pro Tag) u.a. in der Unterkategorie Fehlerbehebung

(Ziff. I-4) bei den Herstellern A bis C mit der maximal möglichen Prozentzahl 60% bewertet worden. Diese von allen Herstellern gleichsam erfüllte Anforderung ist weiterhin mit der Gewichtung 2, d.h. wichtig versehen worden und fließt rechnerisch in die Teilbewertung Hotline-Service respektive in die Gesamtbewertung ein.

Nutzwertanalyse	Max	%	GW	Herst A System A 97%	Herst B System B 95%	Herst C System C 49%
I Strategisches		*5%*		72%	57%	68%
II Allgemeine Software Anforderungen		*5%*		70%	52%	68%
_1_ Menütechnik	60,00%		2	100%	50%	100%
_2_ Maskenaufbau	60,00%		2	100%	50%	58%
_3_ Help-Funktionen im Dialog bezogen auf Ebene	40,00%		2	100%	100%	100%
_4_ Matchcode-Funktionen	13,33%		1	50%	0%	100%
_5_ Mandantenfähigkeit	100,00%		3	100%	100%	100%
_6_ Währungsverwaltung	0,00%		0	0%	0%	0%
_7_ Plausibilitätsprüfungen durchführen	100,00%		3	100%	50%	100%
_8_ Terminverwaltung	60,00%		2	100%	50%	88%
_9_ Historienführung	100,00%		3	100%	100%	100%
_10_ Datenschutz	30,00%		3	94%	67%	96%
_11_ Temporärer Schnell-Schutz	6,67%		1	0%	0%	0%
_12_ Datensicherungsroutinen	0,00%		2	0%	0%	0%
_13_ Test- und Praxisumgebung trennen	0,00%		0	0%	0%	0%
_14_ Peripherie	0,00%		0	0%	0%	0%
_15_ Datenhaltung und Datenbankkonzept	57,14%		3	100%	75%	100%
_16_ Dokumentation	8,57%		1	83%	0%	100%
_17_ Schnittstellen	44,44%		3	71%	100%	85%
offene Schnittstellengestaltung	60,00%		2	60%	60%	60%
Schnittstelle zur integrierten Textverarbeitung	0,00%		0	0%	0%	0%
Schnittstelle zu vorhandener Textverarbeitung Word	0,00%		0	0%	0%	0%
Schnittstelle zu grafischen Systemen (welche?)	100,00%		3	0%	100%	75%
Schnittstelle zur integrierten Tabellenkalkulation	0,00%		0	0%	0%	0%
Schnittstelle zur Tabellenkalkulation Excel	100,00%		3	100%	100%	100%
Schnittstelle zur Kostenrechnung	60,00%		2	60%	60%	60%
Online-Schnittstelle zum SAP-System	20,00%		1	20%	20%	20%
Schnittstelle zu Lotus Notes	60,00%		2	45%	60%	24%
_18_ Workflow	30,00%		2	100%	100%	100%
_19_ Anbindung CAD und GIS	80,00%		3	100%	100%	31%
_20_ Berichtswesen/Auswertungen	73,33%		3	100%	100%	100%
III Stammdatenverwaltung (Raumplanung)		*25%*		100%	99%	95%
IV Umzugsplanung		*50%*		100%	100%	8%
V Instandhaltung/ Maßnahmenplanung		*15%*		97%	100%	100%
SUMME		_100%_				

Abb. 6.15. Nutzwertanalyse am Beispiel der Schnittstellen in der allgemeinen Bewertung

Das Gesamtergebnis zeigt, dass der Hersteller A mit einer Bewertung von 96% knapp vor Hersteller C (94%) liegt. Folglich kommen beide Systeme für die Einführung in Betracht und sind ggf. parallel einer Testanwendung zu unterziehen.

Die Art und der Umfang der erforderlichen Schnittstellen können in der Angebotsphase zumeist nur grob spezifiziert werden (vgl. Abb. 6.13). Deshalb ist hier eine Einschätzung der erforderlichen Schnittstellen erforderlich, basierend auf der Offenheit des CAFM-Systems für eine Schnittstellenrealisierung durch Anwender oder Drittanbieter, insbesondere mit der Bereitschaft zur Offenlegung von Tabellenstrukturen der Datenbank. Weiterhin ist die Bereitstellung von Software-

Bausteinen für die Schnittstellen-Programmierung sowie die vorhandene Erfahrungen des Anbieters mit realisierten Schnittstellen, Angaben der Kosten bzw. der Kapazitäten für typische Schnittstellen. In diesem Zusammenhang sind auch die vorhandenen personellen Ressourcen des Anbieters - auch über Partnerunternehmen- zur projektspezifischen Schnittstellenrealisierung abzufragen.

In Abb. 6.16 ist das Modul Instandhaltung bzw. Maßnahmenplanung in seiner Bewertung aufgezeigt. Die Relevanz des Moduls ist für das Gesamtprojekt mit 15% angegeben worden und ist damit verhältnismäßig gering.

Nutzwertanalyse	Max	%	GW	Herst A System A 97%	Herst B System B 95%	Herst C System C 49%
I Strategisches		5%		72%	57%	68%
II Allgemeine Software Anforderungen		5%		70%	52%	68%
III Stammdatenverwaltung (Raumplanung)		25%		100%	99%	95%
IV Umzugsplanung		50%		100%	100%	8%
V Instandhaltung/ Maßnahmenplanung		15%		97%	100%	100%
1 Regelmäßige Aufträge/ Maßnahmen	56,36%		3	100%	100%	100%
2 Störmeldungen/ -aufträge	20,00%		1	100%	100%	100%
3 Terminkontrolle/ -überwachung mit Eskalation	100,00%		3	75%	100%	100%
4 Kapazitätsplanung (für Ressourcen)	100,00%		3	100%	100%	100%
5 Rückmeldung geleisteter Aufträge	100,00%		3	100%	100%	100%
6 Historisierung	20,00%		1	100%	100%	100%
7 Wartungspläne	100,00%		3	100%	100%	100%
8 Helpdesk	40,00%		2	100%	100%	100%
Unterstützung bei Meldungsaufnahme (Person, Raum, Telefon, Inventar, ...)	60,00%		2	60%	60%	60%
Unterstützung bei Schadenserfassung (typ. Schadensbilder, Klassifizierung, ...)	60,00%		2	60%	60%	60%
Lösungsvorschlagsermittlung (Katalog, Freitext, Expertensystemabfrage, ...)	0,00%		0	0%	0%	0%
SUMME		100%				

Abb. 6.16. Nutzwertanalyse am Beispiel der Anwendung Helpdesk innerhalb des Moduls Instandhaltung

Die Unterkategorien 1-8 sind von sehr wichtig mit der Gewichtung 3 bei z.B. der Möglichkeit zur Terminkontrolle/-überwachung sowie der Eskalationsbearbeitung bis zu einer normalen Gewichtung 1 in u.a. der Kategorie Historisierung bewertet worden. In der Kategorie 8 Helpdesk sind alle notwendigen Leistungen als wichtig gekennzeichnet worden. Lediglich die Leistung Lösungsvorschlagsermittlung bei Katalogen, Freitexten, Expertensystemabfragen, etc. sind als unwichtig bewertet worden sind folglich im Rahmen der Nutzwertanalyse zu vernachlässigen.

6.2.5 Implementierungscoaching

Mit der Einführung der Software sind begleitende Dienstleistungen erforderlich, die entweder vom Anbieter selbst oder einem von diesem autorisierten Partner erbracht werden. Dabei handelt es sich um die Installation und Konfiguration, Schulung sowie Einweisung, programmtechnische Software-Anpassung bzw. Schnittstellenrealisierung und das Angebot einer Hotline. Die Begleitung der Softwareimplementierung und -anpassung (Customizing) umfasst:

- Festlegung der personellen Ressourcen für Dateneingabe und Systemadministration
- Vergabe von Benutzerrechten differenziert nach Einsatzgebiet und Eingabemasken, evtl. nach Vorgabe von Anwendergruppen
- Konzept für rationelle und zielorientierte manuelle Dateneingabe
- Datenübernahme von vorhandenen Systemen
- Definition einer Pilotphase mit selektiver Nutzanwendung des CAFM-Systems über einen befristeten Zeitraum.

Im Regelfall ist ein CAFM-System eine Verknüpfung von Standardlösungen des Anbieters mit anwendungsspezifischen Änderungen und Zusätzen. Grundsätzlich erfolgt das Customizing durch den Systemanbieter mit den Schwerpunkten:

- Konfiguration und Anpassung durch den Nutzer,
- Konfiguration und Anpassung durch den Systemlieferanten,
- Zusatzprogrammierung, die durch den Systemlieferanten erfolgt,
- Zusatzprogrammierung, die mit Standardtools unabhängig vom Systemlieferanten vorgenommen werden kann.
- Im einzelnen beinhaltet dies:
- Schnittstellen zu anderen Systemen, insbesondere kaufmännische Systeme und Gebäudeautomation,
- Zusätzliche Datenfelder in den Standard-Eingabemasken, z.B. für Objektattribute,
- Generelle Sperrung oder Löschung einzelner Datenfelder in den Standard-Eingabemasken und Erstellung von zusätzlichen, neuen Eingabemasken,
- Modifizierung von Standardberichten (Reports) bezüglich Inhalt und Layout sowie die Neugenerierung von Berichten
- Einrichtung der Datenbank- und Programm-Zugriffsrechte.

6.3 Kennwertermittlung - Benchmarking

Benchmarking ist die statistische Analyse der internen Aktivitäten, Funktionen und Verfahren in einer Immobilie mit dem Ziel, Anhaltspunkte für Verbesserungs- oder Einsparpotenziale zu erhalten. Ausgehend von dieser Analyse im Unternehmen wird ein Bezugspunkt (Benchmark) identifiziert, der den Maßstab zur Messung und Beurteilung der eigenen Aktivitäten bildet. Dabei wird der Blick auf interne Aktivitäten, Funktionen oder Verfahren ausgerichtet, um eine ständige Verbesserung zu erreichen.[79]

Grundsätzlich ist zwischen quantitativem Benchmarking und Benchmarking von Prozessen zu unterscheiden.[80] Prozessbenchmarking prüft dem Namen entsprechend vor allem Verfahren und Praktiken und versucht, Abläufe im Unternehmen oder der Verwaltung durch Ausrichtung an best practices[81] kontinuierlich zu verbessern. Dagegen konzentriert sich quantitatives Benchmarking auf messbare Komponenten des Erfolges. Benchmarks dienen als marktorientierte Performanceziele, welche Zielsetzungen des Eigentümers, Nutzers oder der Investoren enthalten. Gleichzeitig sind sie Grundlage für die Messung der Leistung von Real Estate und Facility Management und operativer Dienstleistung.

Die Vorgehensweise zum Aufbau eines Benchmarking stellt sich wie in Abb. 6.17. dar.

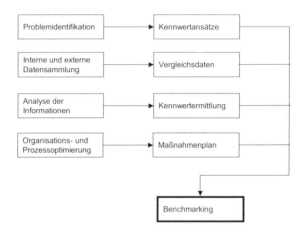

Abb. 6.17. Fachexpertise zum Benchmarking

6.3.1 Problemidentifikation

Eine Flächen- und Gebäudeverwaltung benötigt Vergleiche, um die Rentabilität der Objekte zu überprüfen. Kennzahlen aus internen Benchmarking-Aktivitäten oder Vergleiche mit anderen Unternehmen liefern diesbezüglich eine optimale und übersichtliche Grundlage für die Wirtschaftlichkeitsbetrachtung der eigenen Im-

---

[79] Zum Ursprung des Begriffs „benchmark" und zum grundsätzlichen Verständnis der Benchmarking-Methode vgl. Sabisch H (1997) Benchmarking. S 1ff und Sänger E (1996) Benchmarking. S 62ff und vgl. zur Systematik des Benchmarking-Prozesses: Camp RC (1994) Benchmarking. S 20ff

[80] Vgl. Hedley C (1997) Measuring. S 2

[81] Vgl. Camp RC (1994) Benchmarking. S 177

mobilie. Ausgangspunkt für ein Immobilien-Benchmarking ist eine kurze bis langfristige Kostenbetrachtung.

Durch den Vergleich werden Hinweise für Verbesserungs- und Einsparungspotenziale identifiziert. Die Grundidee des Benchmarking ist, bei der Suche nach Verbesserungspotenzialen nicht nur aus den eigenen, sondern auch aus den Erfahrungen anderer Unternehmen zu lernen. Es muss sich dabei nicht nur um Unternehmen der eigenen Branche oder Größe handeln. Gerade durch die Betrachtung anderer können innovative Problemlösungen gefunden und auf das eigene Unternehmen, genauer auf die eigenen Immobilien, übertragen werden. Notwendige Voraussetzung für ein erfolgreiches Benchmarking ist die Vereinheitlichung der Bezugsgrößen sowie die Verfügbarkeit von Daten vergleichbarer Immobilien. Mögliche Kennwerte können beispielsweise die Investitionsausgaben je m² bzw. je Arbeitsplatz, die Nutzfläche je Mitarbeiter, die Betriebskosten je m² bzw. je Arbeitsplatz, Reinigungskosten je m² wie Stromkosten je m² oder die Umzugskosten je Mitarbeiter sein.

Eine erfolgreiche Flächen- und Gebäudeverwaltung benötigt auch Vergleiche um die Rentabilität der Objekte zu überprüfen. Kennzahlen (Benchmarks) aus internen Benchmarking-Aktivitäten oder Vergleichen mit anderen Unternehmen liefern diesbezüglich eine optimale und übersichtliche Grundlage für die Wirtschaftlichkeitsbetrachtung der eigenen Immobilien. Ausgangspunkt für ein Immobilien-Benchmarking ist die Kostenbetrachtung:

- kurzfristig: Betriebskosten und Infrastrukturkosten - Flächenoptimierung
- mittelfristig: Betriebskosten und Infrastrukturkosten - Gebäudeoptimierung
- langfristig: Flächenbereitstellungskosten - Standortoptimierung.

Ein Benchmarking kann jederzeit durchgeführt werden. Die Auslöser des Informationsbedürfnisses können vielfältig sein, z.B.:

- Qualitätssteigerung
- Kostensenkung
- Verfahrensverbesserung
- Führungswechsel
- betriebliche Veränderungen/neue Ventures
- Überprüfung gegenwärtiger Strategien
- Konkurrenzdruck/Krisen.

Benchmarking ist in allen diesen Bereichen ein logischer Schritt zur Entwicklung neuer Verfahren, Ziele und Leistungsmaßstäbe. In diesem ersten Schritt wird der Benchmarking-Bereich identifiziert. Entscheidend ist dabei die Erkenntnis, welche Leistungsmerkmale festzulegen sind und welche Aspekte Einfluss auf sie haben. Das Ziel dieses Schrittes ist zu identifizieren, welche Faktoren von entscheidender Bedeutung sind, Messkriterien zu definieren, die diese Faktoren erfassen und Objekte zu isolieren, die bei diesen gemessenen Faktoren offenbar am meisten leisten. Die Auswertungen können sich auf spezifische Abteilungen oder Funktionen konzentrieren (vertikales Benchmarking) oder auf spezifische Verfahren oder Aktivitäten (horizontales Benchmarking). Erste Studien können sich auf die Leistungen von Abteilungen oder Funktionen beschränken - die eigentliche

Ziele des Benchmarking-Prozesses erfordern jedoch eine ganzheitliche, funktionsübergreifende Betrachtung der Wertschöpfungskette.

Zusammenfassend lassen sich vier Kategorien zur Kennwertableitung bzw. -ermittlung aufzählen. In Abb. 6.18 sind diese Kategorien mit ihrem jeweiligen Einsatzgebiet der gewonnenen Informationen sowie einer Auswahl von Kennzahlenbeispielen dargestellt.

Portfoliokennzahlen	Performancekennzahlen	Flächenkennzahlen	Kostenkennzahlen
Informationen, die das Immobilien-Portfolio beschrieben, Einsatz insbesondere im REM	Informationen, die sich auf die Leistungsfähigkeit des Immobilienbestandes beziehen, Einsatz im REM	Informationen, um die Effizienz der Flächennutzung darzustellen, Einsatz im strategischen und operativen Facility Management sowie REM	Informationen über die Kosteneffizienz erbrachter Leistungen, Einsatz überwiegend im operativen Facility Management
Fläche in m² • nach Nutzungsart • nach Region sowie • Fremd- und Eigennutzungsratio • Immobilien in % der Bilanzsumme bei Unternehmen	Umsatz pro m² • laufende Rendite in % des eingesetzten Kapitals • Gesamtperformance einer Liegenschaft	Fläche in m² • pro Mitarbeiter • pro Arbeitsplatz sowie • Leerstand	Liegenschaftskosten • in % vom Umsatz • in % der Gesamtkosten • pro m² • pro Mitarbeiter

Abb. 6.18. Systematik der immobilienwirtschaftlichen Kennwertermittlung[82]

6.3.2 Interne und externe Datensammlung

Mit Hilfe des Instruments Benchmarking können die Immobilien sowohl intern, also untereinander, als auch extern mit den Maßstäben des Marktes verglichen werden. Voraussetzung dafür ist, dass die zu vergleichenden Merkmale messbar sind. Vorrangig wird man sich deshalb auf bedeutende numerische Größen konzentrieren. Zusätzlich können mit Scoring-Modellen auch subjektive Einschätzungen zu synthetischen Kennzahlen verarbeitet werden. Dabei kann sich ein Benchmark z.B. auf die Immobilienrendite als Indikator für die Wettbewerbsfähigkeit des Bestandes beziehen. Denkbar ist aber auch der Vergleich anhand untergeordneter Kennzahlen wie Instandhaltungs- und Verwaltungskosten, Leerstände oder Cash Flow.[83]

---

[82] Vgl. Schäfers W (1998) Mit Immobilien-Benchmarking zum Erfolg. Kongressband der Building Performance, Frankfurt/Main

[83] Vgl. Welling P (1997) Portfolio-Management. S 690; Stinner J (1997) Mischung. S 45; Hieronymus J, Kienzle O (1997) Portfolio-Selektion. S 653; Kreuz W (1997) Prozess-Benchmarking. S 26f

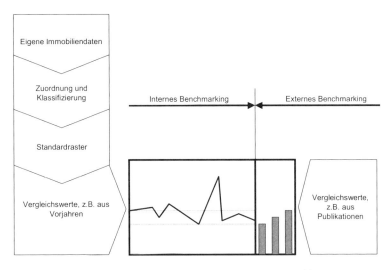

Abb. 6.19. Vorgehensweise beim internen sowie externen Benchmarking[84]

Die dargestellte Vorgehensweise in Abb. 6.19 bildet einen strukturierten Prozess, der klare objektive Daten für die eigene Leistung im Objektvergleich liefert, Maßnahmen zum Schließen der Leistungslücke beinhaltet, eine Vorgehensweise zur Implementierung liefert und den Aktionsplan aufstellt und umsetzt.

Interne Datensammlung

Im Rahmen des internen Benchmarking sollen Vergleiche unter ähnlichen Einheiten dazu führen, dass wichtige leistungstreibende Kräfte identifiziert und Verbesserungschancen erkannt werden. Fraglich ist allerdings, welche Aussagekraft direkte Vergleiche zwischen einzelnen Immobilien haben werden. Aus Gründen der formalen Vergleichbarkeit wird sich diese Möglichkeit nur für große Bestände ergeben, da nur hier auf eine Auswahl ähnlicher Objekte zurückgegriffen werden kann.

Die Kenntnis von internen Kennzahlen beziehungsweise das Vorhandensein von Informationen über den Zustand des eigenen Bestandes kann jedoch motivierende und letztlich eine effizienzsteigernde Wirkung haben. Bereits die bloße Aggregation von Objektdaten kann wichtige Erkenntnisse für die Bewirtschaftung aufzeigen. Beispielsweise lässt sich innerhalb der Mieterstruktur der Anteil einer bestimmten Branche an der Gesamtmietfläche ermitteln.

Die weiteren Vermietungsaktivitäten sollten dann zur Optimierung der Mieterstruktur für das gesamte Portfolio beitragen. Sinnvoll erscheint auch die Ermitt-

---

[84] Vgl. Neumann, (1999) Benchmarking. Vortrag im Rahmen des Fachhochschulstudienganges Facility Management, Kufstein/Österreich

lung von Kennzahlen wie Flächenproduktivität[85] oder Nebenkosten pro m²
(verbrauchsabhängig und -unabhängig), die dann als Vergleichsgrundlage über alle Bestandsobjekte herangezogen werden können. Für die Unterstützung von Entscheidungen im Rahmen des Real Estate und Facility Management ist jedoch die
Interpretation dieser Daten und anschließende Ursachenforschung ausschlaggebend. Die Auswertung und Aggregation von internen Daten liefert zudem wertvolle Hinweise für die Orientierung nachfolgender externer Vergleiche und ist demzufolge als notwendige Vorstufe für ein externes Benchmarking zu betrachten. Bei
diesem zweiten Schritt geht es um die Selbstprüfung. Wenn mit komplexen Akti-
vitätsketten gearbeitet wird, kann es schwierig sein, die wichtigsten Merkmale eines Verfahrens zu identifizieren. Um Arbeitsabläufe (Wertschöpfungsketten) detailliert zu ermitteln, muss die Komplexität der Ereignisse hinsichtlich des best-
practice-Modells reduziert werden. Folglich ist zu ermitteln:

- Objektzugehörige oder Prozessbeteiligte,
- Grund und Art der Zugehörigkeit oder Beteiligung,
- Grund und Art der Leistung und
- Wertschöpfung der Tätigkeit hinsichtlich des Objektes oder Prozesses.

Die Antworten auf diese Fragen ergeben ein Verfahrens-Flussdiagramm, das
die geleisteten Tätigkeiten über die ganze Organisation hinweg zu einer Aktivi-
tätskette verknüpft. Mit ihnen kann deutlich gemacht werden, wo Verbesserungsmöglichkeiten innerhalb dieser Kette bestehen. Auf der Basis einer umfangreichen
Datenbank werden die Abläufe und Verfahren analysiert. Die gewonnene Transparenz ermöglicht eine tiefgreifende Betrachtung der Wertschöpfungskette innerhalb der Organisation.

Externe Datensammlung

Wie alle quantitativen Analysen, die über den eigenen Bestand hinausgehen, steht
auch ein externes Benchmarking vor dem Problem der Beschaffung entsprechen-
der Marktdaten. Die Entwicklung von externen Benchmarks muss sich daher an
frei zugänglichen Informationen orientieren.

Externe Informationen können durch die Bildung von Konsortien mit Bench-
marking-Partnern (Benchmarking-Pools) ermittelt werden. Innerhalb dieses Ver-
bundes werden sämtliche relevante Informationen ausgetauscht. Weiterhin kann
ein externes Informationssystem, das flexibel auf die Marktgegebenheiten reagiert,
einen weiteren Beitrag zum Erfolg leisten. Es umfasst unter anderem die Verarbeitung von Wettbewerbsbeobachtungen und Marktanalysen. Diese externen Informationen sind auch für das Benchmarking von entscheidender Bedeutung.

6.3.3 Analyse der Informationen

Wenn in den vorherigen Schritten die Informationen gesammelt wurden, kann das
Unternehmen beginnen, seine eigenen Strukturen und Verfahren an der jeweils

---

[85] Flächenproduktivität könnte definiert werden als Nutzfläche pro Bruttogeschossfläche.

besten Praxis zu messen. Für einen spezifischen Arbeitsablauf oder eine Kette von
Aktivitäten, soll hierbei ermittelt werden, was zur Zeit getan wird, um dann objektive Informationen darüber zu erhalten, welches Leistungsniveau anzustreben ist.
Mit Benchmarking lassen sich die, in den vorherigen Schritten ermittelten, Informationen zu aussagekräftigem Datenmaterial verdichten und graphisch (vgl. Abb.
6.20) darstellen.

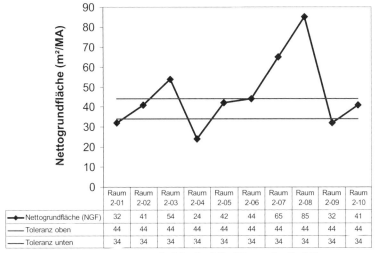

	Raum 2-01	Raum 2-02	Raum 2-03	Raum 2-04	Raum 2-05	Raum 2-06	Raum 2-07	Raum 2-08	Raum 2-09	Raum 2-10
Nettogrundfläche (NGF)	32	41	54	24	42	44	65	85	32	41
Toleranz oben	44	44	44	44	44	44	44	44	44	44
Toleranz unten	34	34	34	34	34	34	34	34	34	34

Gebäude A-3: Räume im 2. OG

Abb. 6.20. Benchmarking am Beispiel der Flächenoptimierung

Innerhalb der Analyse werden neue Wege und Alternativen geprüft. Dabei
werden sowohl die Stärken als auch die Schwächen der gegenwärtigen Praxis
deutlich. Verbesserungen sind zwar immer möglich, aber angesichts der begrenz-
ten Ressourcen können nur kritische Schwächen sofort behoben werden.

Abb. 6.21 zeigt ein anderes Beispiel zur Kennwertermittlung im Instandhaltungsmanagement. Wesentliche Vergleichsfaktoren sind hier u.a. die Instandhal-
tungskostenrate, der Personal- und Fremdkostenanteil sowie die technische Ausfallrate. Letztere ist grafisch am Beispiel vergleichbarer technischer Anlagen in
einem Krankenhauskomplex dargestellt. Hierin wird ersichtlich, dass die Anlagen
T-05 und 06 deutlich über der festgelegten Toleranzgrenze liegen. Die Anlage T-
05 ist prioritär zu untersuchen, um die hohe Ausfallrate zu reduzieren oder ggf. die
Anlage außer Betrieb zu nehmen und zu ersetzen.

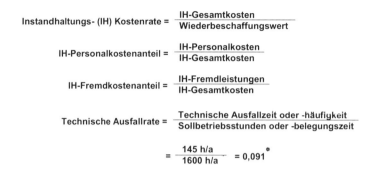

$$\text{Instandhaltungs- (IH) Kostenrate} = \frac{\text{IH-Gesamtkosten}}{\text{Wiederbeschaffungswert}}$$

$$\text{IH-Personalkostenanteil} = \frac{\text{IH-Personalkosten}}{\text{IH-Gesamtkosten}}$$

$$\text{IH-Fremdkostenanteil} = \frac{\text{IH-Fremdleistungen}}{\text{IH-Gesamtkosten}}$$

$$\text{Technische Ausfallrate} = \frac{\text{Technische Ausfallzeit oder -häufigkeit}}{\text{Sollbetriebsstunden oder -belegungszeit}}$$

$$= \frac{145 \text{ h/a}}{1600 \text{ h/a}} = 0,091 \text{ *}$$

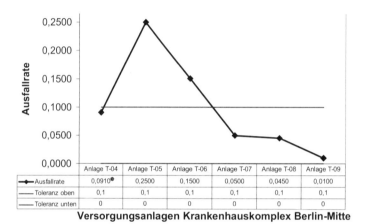

	Anlage T-04	Anlage T-05	Anlage T-06	Anlage T-07	Anlage T-08	Anlage T-09
Ausfallrate	0,0910*	0,2500	0,1500	0,0500	0,0450	0,0100
Toleranz oben	0,1	0,1	0,1	0,1	0,1	0,1
Toleranz unten	0	0	0	0	0	0

Versorgungsanlagen Krankenhauskomplex Berlin-Mitte

Abb. 6.21. Kennwertermittlung am Beispiel des Instandhaltungsmanagements

6.3.4 Organisations- und Prozessoptimierung

Ist die Phase der Analyse abgeschlossen, wird ein Plan zur Implementierung erstellt. Dabei geht es um einen Aktionsplan zum Schließen der ermittelten Lücke. Um den Plan in konkrete Aktionen umzusetzen bietet sich die folgende Implementierungssequenz an:

- Erste Problemlösungen: Zusammenstellung eines Teams zur Problemdiagnose und Erarbeitung vorläufiger Maßnahmen zur Lösung,
- Offene Kommunikation: Betrachtung alternativer Ansichten und Lösungen,
- Analyse und Rechtfertigung: Setzen von Prioritäten unter den gesammelten Alternativen,
- Kommunikation: Aufstellung eines vorläufigen Aktionsplanes, Konsensfindung, grober Teilschritte und Implikationen,
- Pilottest: Test des gesamten Implementierungsplans, Überwachung und Prob-

lemidentifikation,

- Detaillierte Pläne: Entwicklung detaillierter Pläne zur kompletten Implementation, Festlegung von Ressourcen, Zeitplan, Zuständigkeiten und Verantwortung
- Neue Kriterien: Entwicklung neuer Kriterien zur Leistungsmessung für die Dokumentation der Veränderung,
- Beurteilung: Neue Gewichtung der Leistung, Vergleich mit Benchmarking zur Feststellung von Gleichheit oder Verbesserung.

Es ist wichtig, innerhalb dieses Schrittes die Ziele so klar zu gestalten, dass sie schnell Zeichen der Verbesserung bringen, um den Umstellungsprozess zu verstärken und die Mitarbeiter zu motivieren. Das Benchmarking gibt dem Management die nötigen Hilfsmittel an die Hand, um schwere Entscheidungen über die Zuteilung von Ressourcen und die strategische Ausrichtung der Organisation zu treffen. Die objektive Bewertung der Bemühungen in der Unternehmung bildet die neutrale Grundlage, die Bedürfnisse der Beteiligten zu erfüllen. Jeder Beteiligte hat andere Bedürfnisse, deren Erfüllung er vom Unternehmen erwartet.

Ein Ausgleich dieser konkurrierenden Ansprüche ist unmöglich ohne Informationen zu den Bedürfnissen, wie gut sie zur Zeit erfüllt werden können und welche Möglichkeiten es gibt, die gegenwärtige Leistung zu verbessern. Benchmarking ist ein System, dass die Aktivitäten der gesamten Organisation horizontal und vertikal integriert. Diese Integration durch Mitteilung der Ziele, rechtzeitige Information und Feedbacksysteme liefert den Rahmen für Bestleistungen. Der Benchmarking-Prozess erzwingt diese Integration und die aktive Mithilfe aller Mitarbeiter, um die gegenwärtige Situation zu ermitteln und gegebenenfalls die zukünftige Situation zu verbessern.

Beim internen Immobilien-Benchmarking ist es notwendig innerhalb eines Objektes vergleichbare Bereiche zu bilden oder, wenn möglich, mehrere eigene Gebäude miteinander zu vergleichen. Um die, bei der internen Datensammlung ermittelten Kosten vergleichbar zu machen, ist es notwendig sie z.B. pro Quadratmeter zu ermitteln. Anhand von Modellen kann man theoretische Vergleichszahlen heranziehen. So ist zum Beispiel eine Betrachtung der Kosten nach dem Kriterium: eigenes Gebäude oder angemietete Bürofläche denkbar. Der Vergleich der einzelnen Abteilungen oder Gebäude ermöglicht es im folgenden Kennzahlen aufzustellen, deren Vergleich Einsparpotenziale aufzeigt. Auf der Grundlage der ermittelten internen Daten lassen sich anschließend auch externe Vergleiche durchführen. Voraussetzung dafür ist die externe Datensammlung. Durch die Teilnahme an Benchmarking-Pools werden Informationen anderer Unternehmen zugänglich. Anhand dieser Benchmarks lässt sich der eigene Handlungsbedarf in bezug auf Einsparungsmöglichkeiten ermitteln sowie konkrete Aktionen zu deren Realisierung durchführen.

So ist zum Beispiel durch eine Messwerterfassung eine exakte Feststellung des Verbrauchs von Strom, Gas, Wasser etc. der Gebäude und genaue Abrechnung und statistische Darstellung möglich. Mittels eines CAFM-Systems können diese Daten zur graphischen Darstellung der Gebäude und Flächen genutzt werden. Darüber hinaus werden beispielsweise die Leistungen der Wartung und Instandhaltung, Reinigung, Kommunikations- und Informationstechnologie transparent dargestellt und zur Maßnahmenplanung vorbereitet.

7 Technische Consultingleistungen für die Nutzungsphase

7.1 Technische Betriebsführung

Die technische Betriebsführung beaufsichtigt, koordiniert und kontrolliert die ausführenden externen Firmen bzw. Dienstleister unter wirtschaftlicher Verantwortung vor Ort oder sogar in der Immobilie. Ihr obliegt die Weisung und Entscheidung für die technischen Dienste.

Im Rahmen der Kompetenzen werden auch Kleinreparaturen, Instandsetzungen oder andere mit dem Gebäude zusammenhängende Arbeitsaufträge eigenständig erledigt, beauftragt und abgewickelt. Der Verantwortungsbereich umfasst die Immobilie, die Außenanlagen sowie die gebäudetechnischen Anlagen. Hierzu zählen u.a. Wasser, Abwasser- und Gasanlagen, Wärmeversorgungsanlagen, lufttechnische Anlagen, Starkstromanlagen, Fernmelde- und informationstechnische Anlagen, Förderanlagen, Gebäudeautomation, ferner nutzungsspezifische Anlagen, z.B. küchentechnische oder labortechnische Anlagen.

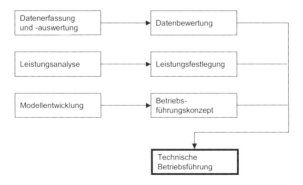

Abb. 7.1. Fachexpertise zur technischen Betriebsführung

7.1.1 Datenerfassung und -auswertung

Die Katalogisierung aller wesentlichen Bestandteile (Objekte) der Grundinstallationen bildet die Basis für eine strukturierte Bestandsdokumentation und ermöglicht eine effiziente Durchführung der technischen Betriebsführung und darüber hinaus des Objektmanagements. In Abb. 7.2 ist die Datenerfassung am Beispiel der Aufzugstechnik dargestellt. Sie wird notwendig, insofern keine oder unvollständige Bestandsdaten zur Immobilie, ihren technischen Anlagen und Außenanlagen vorhanden sind.

Aufzugstechnik

Datenabfrage	Abfrage muß	Abfrage Individ.	Abfrage kann	Inhalt	Bemerkungen
Vertrags-Nr.	X				**hier: D 031- 035**
Partner, Firma	X				Anschrift, Ansprechpartner
Referenz-Nr		X			vertragsnehmereigene Bezeichnung
Gegenstand	X				
Objekte	X				bei größeren Anlagen:
Anzahl	X			Zahl	Einzelobjekte in gesonderter Aufstellung
Fabrikat	X				
Typ		X			
Baujahr		X		Jahr	
Aufzugs-Nr	X				
Tragkraft		X			
Haltestellen		X		Zahl	
Steuerung		X		Hersteller, Typ	
Einbauort		X			event. GLT-Adresse
Vertragsinhalt				LV,	
	X			Durchführung	Wartungsplan (Umfang, Turnus)
Prüfmittel und -verfahren		X			einschl. TÜV-Prüfungs-Vorbereitung
Materialeinsatz		X			Arbeitsmittel, Betriebsstoffe, event. Datenblätter
Dokumentation	X				z.B. Prüfbuch
Vertragsbeginn	X			Datum	
Laufzeit	X			Monate/Jahre	Vertragsende aus besonderem Anlaß
Vertragsende	X			Datum	event. autom. Verlängerung
Kündigungsfristen	X				z.B. 3 Monate zum Vertragsende per Einschreiben
Optionen				Fristen,	
		X		Anpassungen	z.B. Karenzzeiten zur Durchführung, Notdienst, Preisanpassung aufgrund Tarifänderung
Be-, Abrechnungsarten		X			z.B. "gem. Angebot", Std-Sätze für Zusatzarbeiten
Umsatzwert	X			DM / Euro	z.B. pro Wartung / pro Jahr
Zahlung, Konditionen		X			Zahlungsziel, Zahlungsart
Gewährleistung		X			auf durchgeführte Arbeiten, Preisminderung
Haftung, Versicherungen		X			bei Beschädigung, im Zusammenhang mit Durchführung entstandene Folgeschäden
Status, Bewertung			X		z.B. verlängert bis, preiswürdig, zuverlässig
Eignungsnachweis	X				Eintragung in Handwerksrolle, Sachverständiger
Materialbeistellung		X			Umfang, Verrechnung, Ersatzpreise Anlagenteile
Unterlagen	X				wo gelagert, wo und wie geführt
eigener Kostenträger		X			wenn nicht in Vertrags-Nr. codiert

Abb. 7.2. Datenerfassung am Beispiel der Aufzugswartung

Automatisch generierte Daten werden u.a. durch Gebäudeautomations- (GA-) Systeme erzeugt und in Historien gespeichert. Folgende Daten aus GA-Systemen sind für die technische Betriebsführung bedeutsam:

- Statistiken über aufgetretene Störungen,
- anlagenspezifische Betriebsstunden- oder Lastspielzählungen,
- weitere Daten (Meldungen), die auf die Notwendigkeit von Instandhaltungsmaßnahmen hindeuten (z.B. ansteigender Stromverbrauch),
- weitere Daten (Meldungen, Messwerte, Zählwerte), die bei sorgfältiger Auswertung und richtiger Interpretation Hinweise auf mögliche Verbesserungsmaßnahmen geben.

7.1.2 Leistungsanalyse

Zur Ableitung des Betriebsführungsmodells sowie der kapazitiven Zuordnung von personellen Ressourcen ist die Leistungsanalyse und Leistungszuordnung zu einzelnen Liegenschaften und Immobilien durchzuführen. Letztere bildet ein wesentliches Kriterium zur Festlegung von Bewirtschaftungsbereichen. Die Auswahl wird mit Hilfe der nachfolgend aufgeführten Leistungsbeschreibungen durchgeführt. Sie sind hinsichtlich ihrer Notwendigkeit und Ausprägung zu diskutieren sowie entsprechend einer internen Betriebsführung oder externen Leistungsvergabe zu formulieren.

Übernahme und Inbetriebnahme

Bei der Übernahme und Inbetriebnahme von Gebäuden, gebäudetechnischen Anlagen und Außenanlagen dokumentiert die Betriebsführung z.B. bereits vorhandene Mängel oder Schäden. Hierfür wird er ggf. vom Bauherrn autorisiert, dessen Interessen gegenüber den ausführenden Unternehmen fachkundig zu vertreten und entsprechende Forderungen geltend zu machen. Dies betrifft auch die Übergangsfrist zur Nutzung, in der die Einregulierung von Anlagen oder Parametrierung von Reglern im Sinne eines optimierten Betriebes durchzuführen ist.

Betätigen (Bedienen)

Die technische Betriebsführung umfasst das Betätigen und Bedienen von Anlagen. Hierzu gehört das Stellen, Überwachen, Beheben von Störungen, Auffüllen von Verbrauchsstoffen, Veranlassen von Prüfungen, Optimieren des laufenden Betriebs und Verfolgen von Gewährleistungen.

Das Stellen ist zu festgelegten Zeiten zu erbringen, um bei ordnungsgemäßem Gebäude und Anlagen auch eine bestimmungsgemäße Nutzung zu ermöglichen, z.B. Schließdienste, Stellen oder Schalten von Anlagen nach Bedarf, soweit diese nicht automatisiert sind.

Die Betriebsführung überwacht im Gebäude, z.B. die allgemeine Sauberkeit als erbrachte Leistung der Gebäudereinigung oder die Einhaltung der Hausordnung. Bei den technischen Anlagen sind (z.B. mittels eines Gebäudeleitsystems) Betriebs-, Stör- und Gefahrenmeldungen entgegenzunehmen, ggf. die Dringlichkeit zu beurteilen und geeignete Gegenmaßnahmen einzuleiten. Sofern behördlicherseits gefordert, sind bei großen heiztechnischen Anlagen die Emissionen zu überwachen.

Die Behebung von Störungen umfasst Sofortmaßnahmen zur Beseitigung von Gefahrenzuständen oder Aufrechterhaltung der Funktionsfähigkeit, soweit hierzu keine besonderen Werkzeuge oder Ersatzteile erforderlich sind. Beispielsweise sind bei Personenaufzügen sind Aufzugswärterdienste mit Aufzugsbefreiung zu koordinieren. Das Auffüllen von Verbrauchsstoffen umfasst das Beschaffen, Zwischenlagern und Nachhalten des Verbrauchs, wie z.B. bei Chemikalien für Wasseraufbereitungsanlagen oder Heizöl für die Wärmeversorgung.

Prüfungen sind zu veranlassen, soweit die Betriebsführung prüfpflichtige (überwachungsbedürftige) Anlagen umfasst (Dampfkessel, Aufzüge, Brandmeldeanlagen, Handfeuerlöscher usw.). Die vorgeschriebenen Prüfungen sind durch Sachverständige (z.B. TÜV, Schornsteinfeger) fristgerecht durchzuführen, sicherzustellen, zu begleiten und zu dokumentieren.

Zur Optimierung des laufenden Betriebes gehört z.B. die Einstellung von Schaltzeiten von Nacht- und Wochenendabsenkungen oder Reglerparameter, um einen bestmöglichen und energiesparenden Betrieb zu erreichen. Das Optimieren im laufenden Betrieb umfasst keine Maßnahmen, die besondere Untersuchungen oder Studien sowie Umbauten am Gebäude oder den Anlagen erfordern.

Die technische Betriebsführung verfolgt die Gewährleistung bei Mängeln oder Schäden an Gebäuden, an gebäudetechnischen Anlagen oder Außenanlagen. Insofern sie unter die Gewährleistungspflicht des Herstellers fallen, sind diese durch die Betriebsführung zu registrieren und an den Objektmanager, Auftraggeber oder Nutzer zu melden. Diese sind ggf. bei der Durchsetzung von Gewährleistungsansprüchen zu unterstützen. Die Mängelbeseitigung ist zu begleiten und zu überprüfen. Diese Leistung umfasst nicht gutachterliche Tätigkeiten (Beweissicherungsverfahren), die durch entsprechende Sachverständige erbracht werden müssen.

Entsorgen

Reststoffe, die während der Nutzung der Immobilie anfallen, sind durch die Betriebsführung ordnungsgemäß zu entsorgen. Hierzu gehören defekte und ausgetauschte Verschleißteile, Altöle, usw.

Instandhalten

Das Inspizieren als Beurteilung des Ist-Zustandes bedeutet beim Gebäude und den außenliegenden Verkehrsflächen die Durchführung regelmäßiger Rundgänge zur Verkehrssicherung.

Das Warten umfasst Maßnahmen zur Bewahrung des Sollzustandes von Gebäude, gebäudetechnischen und Außenanlagen (DIN 31051). Zur Wartung von Anlagen gehört auch deren Reinigung, übertragen auf Außenanlagen ergibt sich daraus das Säubern von Pflanz- und Verkehrsflächen. In der Immobilie kann die Betriebsführung auch die sogenannten Schönheitsreparaturen umfassen, die gemäß allgemeiner Rechtssprechung als Betriebskosten gelten. Bei technischen Anlagen gilt der Austausch von Verschleißteilen als kleine Instandsetzung (defekte Leuchtmittel, Filter usw.). Bei Verkehrsflächen gilt der Winterdienst als Wiederherstellung des Sollzustandes nach Schneefall oder Frost.

Kleine Um- und Einbauten

Im Gebäude können kleine Umbauten, wie sie üblicherweise von Hausmeistern erbracht werden, in die Betriebsführung eingeschlossen werden. Hierzu gehören z.B. das Ändern des Anschlags von Türen oder kleine Änderungen an Einbauten. Bei den gebäudetechnischen Anlagen fallen kleine Umbauten, z.B durch geänderte Nutzungsbedingungen, ins Leistungsbild. Die kleinen Umbauten dürfen nicht den Umfang von Baumaßnahmen annehmen.

Dokumentieren

Mit der Betriebsführung ist eine Berichtspflicht gegenüber dem Objektmanagement, Auftraggeber oder Nutzer zu vereinbaren sowie der Turnus (monatlich bis jährlich) festzulegen. Die Berichte umfassen mindestens eine Darstellung über

- aufgetretene Schäden,
- durchgeführte Wartungen und Instandsetzungen,
- besondere Vorkommnisse,
- Empfehlungen für Optimierungsmaßnahmen,
- Aufzeichnungen über regelmäßige Zählerablesungen.

Übergeben oder Außerbetriebnehmen

Bei Auslaufen des Betriebsführungsvertrages oder Kündigung sind die Einrichtungen an einen Vertragsnachfolger oder den Auftraggeber/Nutzer zu übergeben. Hierbei sind auch alle Unterlagen, Dokumente und Daten über das Objekt und seine Anlagen sowie alle Zutrittsberechtigungen (Schlüssel, Magnetkarten) zurückzugeben.

7.1.3 Modellentwicklung zur Betriebsführung

In Abb. 7.3 ist die Festlegung der Bewirtschaftungsbereiche aufgezeigt. Er wird zunächst überschlägig z.B. mit Hilfe der Nettogrundrissfläche definiert. Ein Bewirtschaftungsbereich kann einen Teil der Immobilie betreffen, mehrere Liegenschaften oder sogar regionale Gebiete umfassen. Diese Festlegung ist abhängig von den eigenen oder externen Ressourcen sowie den speziellen Anforderungen der Immobilien. Letzteres sei hier beispielhaft in dem Vergleich zwischen einem Krankenhaus- oder Flughafenkomplex zu einfachen Verwaltungs-/Bürobauten dargestellt.

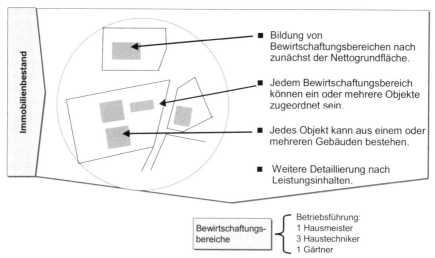

Abb. 7.3. Festlegung von Bewirtschaftungsbereichen

Die Bewirtschaftungsbereiche werden festgelegt, um die vorab aufgeführten Leistungen zuordnen zu können. In Verbindung mit den vorhandenen oder nachträglich aufgenommenen Bestandsdaten der Immobilie bzw. des Bewirtschaftungsbereiches werden die notwendigen personellen Ressourcen geplant. Auf Grundlage des Bewirtschaftungsbereiches, seiner notwendigen Leistungen, der vorhandenen Bausubstanz und Gebäudetechnik kann weiterhin die Auswahl eines externen Dienstleisters erfolgen.

7.2 Instandhaltungsmanagement

Der Instandhaltung wird nach DIN 31051 die Inspektion, die Wartung und die Instandsetzung zugeordnet. Sie sind zur Erhaltung der Funktionen einer Immobilie zu ergreifen, um die durch Abnutzung, Alterung und Witterungseinwirkungen entstehenden baulichen oder sonstigen Mängel und Schäden ordnungsgemäß zu beseitigen. Dabei gilt es die aktuelle Datenbasis aller relevanten Informationen für die Verwaltung, Auswertung und Optimierung von Wartungs- und Instandhaltungsaufgaben sicherzustellen.

Im Mittelpunkt steht die Überlegung, mit welchen konkreten Maßnahmen die Instandhaltung der Gebäude und deren technischen Anlagen auf die geplante zukünftige Nutzung optimiert werden kann. Die Instandhaltungsstrategie[86] folgt den individuellen Anforderungen der Bewirtschaftungsstrategie und wird in die ausfallbedingte, vorbeugende, zustandsorientierte sowie qualitätssichernde Instandhaltung kategorisiert.

---

[86] Vgl. Hinsch (Hrsg), Der Instandhaltungsberater, Kapitel 0210, Loseblattsammlung, Verlag TÜV Rheinland

Das Instandhaltungsmanagement bildet die Grundlage, um die nachfolgend aufgezeigten Nutzenpunkte zu realisieren:

- Optimierung von Arbeitsabläufen in der Wartung, Inspektion und Instandsetzung durch Planung der Maßnahmen unter Berücksichtigung freier Ressourcen (Personal),
- Optimierung von Beschaffungsmaßnahmen im Ersatzteilwesen,
- Vereinheitlichung der Datenstrukturen (Anlagendokumentationen),
- Mitarbeiterunabhängiger Zugriff auf alle gespeicherten Informationen z.B. bei Urlaub, Krankheit und Ausscheiden,
- Sicherstellung der Anlagenverfügbarkeit durch geplante Wartung, Inspektion und Instandhaltung,
- Automatisiertes Auftragswesen mit standardisierten Bestellscheinen und Auftragskontrollwesen durch standardisierte Rückmeldungen,
- Kosten- und Terminkontrolle der Maßnahmen aus den Rückmeldungen,
- Schwachstellenanalyse aus der Datenhistorie,
- Entscheidungshilfe bei der Auftragsvergabe an Fremdfirmen durch dezidierte Zusammenstellung von Wartungsausschreibungen,
- Soll-Ist Vergleiche für die Planung eines Instandhaltungsbudgets,
- Möglichkeiten zur Anbindung an bestehende Gebäudeleittechniksysteme zur Integration der automatisierten Störmeldesysteme sowie Einbindung in die betriebsinterne betriebswirtschaftliche Standardsoftware,
- Stärkung der betriebsinternen technischen Dienstleistungen.

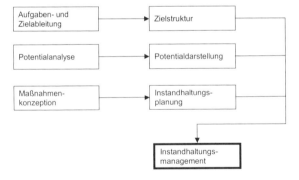

Abb. 7.4. Fachexpertise im Instandhaltungsmanagement

Das Störungsmanagement gewährleistet bei unvorhergesehen Ereignissen, d.h. Störungen bzw. betriebliche Ausnahmesituationen, ein schnelles Reagieren, in dem die Instandhaltungsmaßnahme unmittelbar, vollständig und sicher durch das Störmeldesystem erfasst, nach der vorbereiteten Planung durchgeführt sowie dokumentiert und ausgewertet werden. Die Störmeldung beschreibt eine Störung an einem Objekt, die seine Leistung in irgendeiner Weise einschränkt (z.B. Ist-Temperatur übersteigt Soll-Temperatur). Über die Prozessvisualisierung wird diese Störung des Betriebsablaufes einer Anlage sichtbar.

7.2.1 Aufgaben- und Zielableitung

Die Voraussetzung für ein Instandhaltungsmanagement ist die Strukturierung der Objekte und Anlagen nach funktionalen, räumlichen oder prozessorientierten Kriterien. Eine sinnvolle Strukturierung der Anlagen ist die Grundvoraussetzung für eine effiziente Planung und Durchführung von Instandhaltungsmaßnahmen und für ein schnelles und sicheres Agieren im Notfall (Eskalation). Die Instandhaltung umfasst nach DIN 31051 in Abb. 7.5 folgende Maßnahmen:
1. Wartung - Bewahrung der Funktionstätigkeit einer Maschine
2. Inspektion - Feststellung des Zustandes einer Maschine
3. Instandsetzung - Wiederherstellung der Funktionstätigkeit einer Maschine.

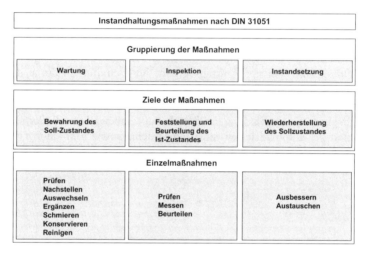

Abb. 7.5. Instandhaltungsmaßnahmen nach DIN 31051

Dabei können Instandhaltungsmaßnahmen unterschiedliche Ursachen haben:
1. zustandsbedingte Maßnahme Feststellung eines nicht ordnungsgemäßen Zustandes einer Maschine (Inspektion).
2. intervallabhängige Maßnahme Durchführung von Maßnahmen nach festgelegten Intervallen (Wartung).
3. schadensbedingte Maßnahme Durchführung von Maßnahmen aufgrund eines Schadens oder einer Störung (Instandsetzung).

Nach ihrer Planbarkeit lassen sich Instandhaltungsmaßnahmen wie folgt gliedern:
1. geplante Instandsetzung, nach Art, Umfang, Zeitpunkt geplante intervall- oder zustandsabhängige Maßnahme.
2. vorbereitete Maßnahme, nach Art und Umfang geplante Maßnahme, deren Durchführungszeitpunkt jedoch noch nicht bestimmt ist.
3. unvorhergesehene Maßnahme, Art, Umfang und Zeitpunkt der Maßnahme sind unbestimmt - die Maßnahme ist schadensbedingt (Eskalation).

Um den Betriebslauf störungsfrei zu halten und die Verfügbarkeit von Objekten und Anlagen langfristig zu sichern, ist eine geplante Instandhaltung das geeignete Instrument. Denn in der Regel sind die Folgekosten bei einem Produktionsausfall wesentlich höher als die Kosten der Instandhaltung. Neben der Reduzierung der Ausfallzeiten und der Kostensenkung gibt es weitere Gründe für eine geplante Instandhaltung, wie zum Beispiel rechtliche Anforderungen (zum Beispiel: Arbeitsschutz) und Umweltschutzbestimmungen. Ein weiterer wesentlicher Grund ist die Qualitätssicherung der Anlagen und Prozesse. In die Konzeption fließen die gemeinsame Zieldefinition über die Leistungsfähigkeit eines EDV gestützten Instandhaltungsmanagementsystems mit dem Nutzer sowie die Analyse der bestehenden Datenverarbeitungsinfrastrukturen und die Einbindung weiterer Systeme (CAD, betriebswirtschaftliche Software, Office Produkte usw.) ein.

Aus den Ergebnissen ist das Pflichtenheft für ein EDV-gestützte Instandhaltungsmanagementsystem zu erarbeiten, die Art und der Umfang der in ein Instandhaltungsmanagement zu integrierenden Anlagen mit dem Nutzer oder Eigentümer zu definieren. Weiterhin steht der Aufbau einer einheitlichen Bezeichnungssystematik und der zugehörigen Organisationsmittel sowie die Analyse von Betriebsabläufen zur Wartung, Inspektion und Instandsetzung im Vordergrund der Konzeption.

Die zur Konzeption des Instandhaltungsmanagements notwendigen Informationen sind u.a. enthalten in der hierarchischen Abbildung der instandzuhaltenden Objekte (Bau und Gebäudetechnik), Kostensätze, Arbeitsarten, Instandhaltungsmaßnahmen mit darin enthaltenen Einzelpositionen, Prioritätsfestlegungen und Standardintervalle für geplante Maßnahmen, Auswertkriterien für planmäßige und außerplanmäßige Arbeiten (z.B. Schadensursachen). Weiterhin sind u.a. Datenverknüpfungen zu ermöglichen für Objektkataloge (fest installierte Anlagen, bewegliches Inventar), Firmenkataloge mit Herstellern, Lieferanten und Serviceunternehmen, Kostenstellen, Personaldaten, soweit für Abwicklung der Instandhaltungsmaßnahmen erforderlich. Auswertungen sind zu ermöglichen für die Übersichten anstehender und erledigter Arbeitsaufträge für Arbeitsvorbereitung und Controlling, den Ausdruck von Arbeitsaufträgen auf frei gestaltbaren Formularen sowie statistische Auswertfunktionen gemäß anwenderspezifischem Benchmarking. Bei Einbeziehung der erforderlichen Ersatzteilhaltung sind außerdem Ersatzteilkataloge, Lageranforderungen, Abwicklung externer Bestellungen, Lagerbestandsführung, z.B. Inventur zu berücksichtigen.

7.2.2 Potenzialanalyse

In Abb. 7.6 ist die Kosten-/Aufwandsschere mit dem kostenoptimalen Verhältnispunkt im Instandhaltungsmanagement schematisch aufgezeigt. Je intensiver die Maßnahmen im Bereich der Wartung und Inspektion durchgeführt werden, desto höher sind folglich die Kosten. Dies beeinflusst jedoch maßgeblich die notwendigen Maßnahmen zur Instandsetzung und ihrer Kosten. In diesem Sinne ist das kostenoptimale Verhältnis zwischen der Wartung/Inspektion sowie der zu akzeptierenden Instandsetzung zu ermitteln und anzustreben.

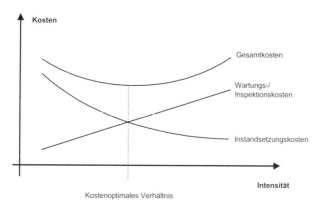

Abb. 7.6. Kosten-/Aufwandsschere im Instandhaltungsmanagement[87]

Mit der Ausweitung der geplanten Wartungs- und Inspektionsmaßnahmen nehmen einerseits die Kosten zur Störungsbeseitigung und andererseits die Folgekosten für ungeplante Ausfälle ab. Aus Abb. 7.7 ergibt sich prinzipiell das Potenzial zur Senkung der gesamten Instandhaltungskosten.

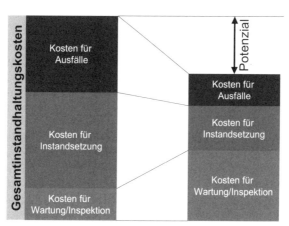

Abb. 7.7. Kostenoptimierung durch verstärkte Wartung und Inspektion

7.2.3 Maßnahmenkonzeption

Für den reibungslosen Ablauf der Instandhaltung und insbesondere der Störungsbehebung ist ein Maßnahmen- und Durchführungsplan zu erstellen. Er ist das or-

---

[87] Vgl. Voß R (1998) Instandhaltungsmanagement. Vortrag an der European Business School ebs, Oestrich-Winkel

ganisatorische Instrument, das die Werkstatt bzw. die externe Serviceorganisation bei einer notwendigen Maßnahme systematisch abarbeitet. Nach z.B. dem Eingang Auftragsmeldung bestimmt die Werkstatt oder eine entsprechende Serviceorganisation in Abstimmung mit den Vorgaben des Maßnahmenplanes den Zeitpunkt der Instandsetzung. Erfolgt die Instandsetzung nicht sofort, wird ein Zeitpunkt bestimmt an dem die Meldung erneut auftritt. Anschließend wird die Planung der organisatorischen Maßnahmen, die Eröffnung des Auftrages sowie die Planung der Durchführung eingeleitet. Parallel werden alle technischen Informationen erfasst, die im Zusammenhang mit der Meldung stehen. Zum Beispiel sind dies die Ursache der Meldung, ggf. Ausfallzeiten sowie -häufigkeit und durchgeführte Maßnahmen.

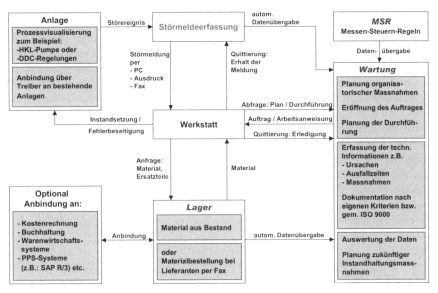

Abb. 7.8. Ablaufkonzept im Instandhaltungsmanagement am Beispiel einer technischen Störung[88]

Das Beispiel eines Ablaufkonzeptes für die Instandsetzung im Störungsfall zeigt Abb. 7.8. Die Maßnahmenstrukturierung wird im voraus geplant und durch eine Simulation getestet. Zunächst wird im dargestellten Beispiel die Werkstatt bzw. die externe Serviceorganisation durch die Gebäudeleittechnik automatisch mit einem Auftrag bzw. einer Arbeitsanweisung zur Instandsetzung und Fehlerbeseitigung informiert. Das System stellt gleichzeitig eine Anfrage nach dem notwendigen Material bzw. den Ersatzteilen und überprüft demzufolge, ob das benötigte Material am Lager ist oder bei den jeweiligen Lieferanten angefordert werden muss.

---

[88] Vgl. Gröner D (1998) Aufbau und Ablauf eines Eskalationsmanagements. Vortrag im Rahmen des VÖB-Dienstleistungskongresses, VÖB-Service, Bonn. S 4

Alle mit dem Störfall zusammenhängenden Daten werden automatisch zur Auswertung an das System übergeben. Mit den Ersatzteilen und der Durchführungsanweisung erfolgt dann die Instandsetzung bzw. Fehlerbeseitigung der defekten Anlage. Die erfolgreiche Beendigung quittiert die Werkstatt bzw. die externe Serviceorganisation. Ist die Maßnahme noch aktiv, d.h. liegt die Instandsetzungsmeldung immer noch an, erfolgt ein Folgeauftrag (gleiche oder neue Arbeitsanweisung). Das Prozedere wiederholt sich so lange, bis die Maßnahme inaktiv ist, also die Instandsetzung durchgeführt wurde bzw. eine Störungsmeldung nicht mehr vorliegt. Neben der technischen Beendigung (Instandsetzung) der Instandhaltungsmaßnahme ist der kaufmännische Abschluss zu strukturieren bzw. einzubinden. Die entstandenen Kosten, wie Material- und Personalkosten sowie Kosten externer Leistungen sind zu sammeln und zur Abrechnung an das Kostenmanagement weiterzuleiten.

Die Dokumentation der Daten kann nach eigenen Kriterien oder gemäss DIN ISO 9000 ff erfolgen und bildet einen wesentlichen Teil der Informationsarchivierung. Mit Hilfe dieser Daten werden detaillierte Auswertungen durchgeführt, die in der Folge Ausfallzeiten vermeiden und die Planung zukünftiger Instandhaltungsmaßnahmen unterstützen sollen. Zusammen mit den erfassten Daten aus der MSR (Messen-Steuern-Regeln) stehen langfristig Nachweise über diese technischen Informationen zur Verfügung. Diese Dokumentation ist unter anderem für die Qualitätssicherung, für Investitionen sowie für die Optimierung bzw. Neuplanung von Instandhaltungs- bzw. Outsourcing-Maßnahmen notwendig. Auf Grundlage der gesammelten Daten findet eine detaillierte Auswertung statt. Somit lassen sich die Gründe für Ausfälle ermitteln und vorbeugende Instandhaltungsmaßnahmen planen. Des weiteren lässt sich durch die Kenntnis der Symptome bei Ausfällen ein Frühwarnsystem etablieren und die Reaktionsgeschwindigkeit erhöhen.

7.3 Energiemanagement

Das Energiemanagement umfasst alle Vorkehrungen und Tätigkeiten, welche sich mit der kostengünstigen Beschaffung, der betriebssicheren Bereitstellung in bedarfsgerechter Form und der rationellen und umweltschonenden Nutzung des Produktionsfaktors Energie in einem Unternehmen befassen. Zusammenfassend umfasst Energiemanagement die Planung, Realisierung und Überwachung von Maßnahmen, die

- der Reduzierung des Energieverbrauchs und/oder
- dem Verbrauch kostengünstigerer Energie und/oder
- der Bereitstellung von Energie unter Ausnutzung der Kraft-Wärme-Kopplung und/oder
- der Minderung der energieverbrauchsbedingten Emissionen dienen.

Die Sicherstellung einer effizienten Energieversorgung ist Aufgabe des betrieblichen Energiemanagements. Dazu gehören folgende Aufgaben:

Beschaffungsfunktion

Die Beschaffungsfunktion umfasst die kostengünstige Beschaffung der Energieträger über den Energiemarkt (Strom, Öl, Gas, Fernwärme, usw.). Bewirtschaftung der Brennstofflager im Betrieb. Dazu gehört gegebenenfalls auch die Verwertung der Industrieabfälle als Energieträger.

Bereitstellungsfunktion

Die Bereitstellungsfunktion bedeutet die störungsfreie und effiziente Bereitstellung von Energie in der, für Betrieb und Fabrikationsprozesse erforderlichen Form und Qualität (Strom, Prozessdampf, Heißwasser, Druckluft, usw.). Dazu gehören die entsprechenden Aufgaben der innerbetrieblichen Energieumwandlung und - Verteilung.

Verwendungsfunktion

Die Verwendungsfunktion umfasst die Sicherstellung der rationellen Verwendung der Einsatzenergie bei allen Energieverbrauchern im Betrieb. Planung und Durchführung von Maßnahmen zur rationelleren Energienutzung.

Entsorgungsfunktion

Die Entsorgungsfunktion umfasst die Sicherstellung der umweltgerechten Behandlung und Entsorgung aller Abfallprodukte der Energienutzung (Rauchgase, Abluft, Kühlwasser, Abwasser). Zu diesem Aufgabenbereich gehört auch die Untersuchung von Möglichkeiten der Rückgewinnung von Abwärme und die Realisierung der entsprechenden Maßnahmen.

Folgende Anforderungen werden mit Hilfe eines ganzheitlichen Energiemanagements erfüllt:
- ausreichende und sichere Versorgung mit Energieträgern,
- störungsfreie und bedarfsgerechte innerbetriebliche Energiebereitstellung,
- rationelle und energiewirtschaftlich sinnvolle Energienutzung,
- Wirtschaftlichkeit, sowohl aus unternehmerischer wie auch aus volkswirtschaftlicher Sicht und
- umweltgerechte Energienutzung.

Die Forderung nach einer ganzheitlichen Sicht bedeutet, dass auch die sogenannten externen Kosten und Nutzen der betrieblichen Energieversorgung in die Wirtschaftlichkeitsbetrachtung einbezogen werden müssen. Darunter sind Kosten und Nutzen zu verstehen, die als Folge einer betrieblichen Maßnahme an anderer Stelle in der Volkswirtschaft, außerhalb des Betriebes entstehen. Externe Kosten ergeben zum Beispiel in Form der Umweltbelastung. Umgekehrt führen innerbetriebliche Rationalisierungsmassnahmen im Energiebereich zu einer Senkung der Umweltbelastung und damit zu einem externen Nutzen, welcher der Rationalisierungsmassnahme bei der wirtschaftlichen Bewertung gutgeschrieben werden muss. Die verschiedenen Anforderungen stehen zum Teil in Konkurrenz zueinander. So führen zum Beispiel hohe Anforderungen an die Versorgungs- und Betriebssicherheit oder das Gebot der umweltschonenden Energienutzung zu höheren Kosten im betrieblichen Energiebereich und damit zu einer Verminderung der Wirtschaftlichkeit. Grundsätzlich stellt die Energieversorgung eine Optimierungsaufgabe dar, bei der es in der Regel darum geht bei vorhandenen definierten Anforderungsstandards (Qualität der Energieversorgung, Umweltbelastung usw.) möglichst geringe Energiekosten zu verursachen. Weitere Nutzenpunkte sind:

- Sicherstellung des mitarbeiterunabhängigen Zugriffs auf die relevanten Daten (z.B. bei Krankheit/Urlaub oder auch Antritt des Ruhestandes) und
- Verbesserung und Stärkung der technischen Dienstleistung innerhalb des Unternehmens.

Durch Einbindung und Verknüpfung von Messprotokollen der Inbetriebnahmemessungen ist eine eindeutige Nachvollziehbarkeit von Gewährleistungs- und Garantiefällen zu gewährleisten. Als Arbeitsgrundlage benötigt das Energiemanagement detaillierte Kenntnisse zum Energieverbrauch, dessen Charakteristiken sowie über die Energiekosten.

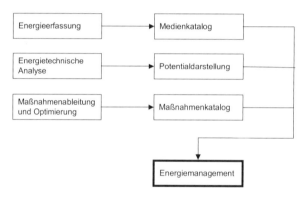

Abb. 7.9. Fachexpertise im Energiemanagement

Zum Energiemanagement gehören ferner wichtige Hilfsfunktionen, welche der Durchsetzung der obigen Hauptfunktionen dienen:

- Energieplanung,
- Koordination aller energietechnischen und energiewirtschaftlichen Belange im Betrieb,
- innerbetriebliche Beratung und Schulung im Energiebereich und
- Kontrolle des innerbetrieblichen Energiebereiches (Energiekosten, Energieverbrauch und -entsorgung).

7.3.1 Verbrauchswerterfassung

Eine Verbrauchswerterfassung, im Rahmen des Energiemanagements, ermittelt den Verbrauch an Strom, Wasser, Öl und Gas. Ziel ist es, den Mindestverbrauchswert der Immobilie, den eine Anlage/Einheit benötigt, um ihre volle Funktions- und Leistungsfähigkeit zu gewährleisten, nicht zu überschreiten. Das bloße Erfassen des Verbrauchs ist lt. GEFMA 124 jedoch noch kein Energiemanagement, sondern gehört zur regulären Betriebsführung. Als Forderungen an eine Verbrauchswert-Erfassung gelten daher Maßnahmen zum Verbrauch von weniger bzw. zur Nutzung kostengünstigerer Energie sowie solche, die energieverbrauchsbedingte Emissionen mindern. Hierzu sind energetische Studien durchzuführen, an deren Abschluss Empfehlungen zur Senkung und Einsparung von Energie- und Wasserverbrauch stehen sollen. Energiesparmassnahmen, wie der Austausch von Glühlampen gegen Energiesparlampen, sind von Sanierungen mit Energieeinspareffekten, wie die Erneuerung eines alten Heizkessels zu unterscheiden.

Die Erfassung der Daten erfolgt so, dass sie auf Flächen, Objekte und Nutzungsbereiche bezogen werden können. Hierzu ist eine geeignete Computersoftware, auch im Hinblick auf eine Dokumentation der Daten, einzusetzen. Zusammenfassend ergeben sich nachfolgende Punkte:

- Erstellung eines Mess- und Zählerkonzeptes in enger Zusammenarbeit mit dem Nutzer, mit dem Ziel: Festlegung welche Gebäude / Liegenschaften / Anlagen mit welchen verwendeten Energieträgern zu erfassen sind.
- Analyse von Betriebsabläufen, Feststellung erster Optimierungspotenziale (Verbrauch, Leistung etc.)
- Analyse der Energielieferverträge, Feststellung vertraglicher Optimierungspotenziale, damit Feststellung der Rahmenbedingungen für Amortisationsrechnungen bzgl. Investitionen in Anlagentechnik.
- Analyse von Wartungsverträgen technischer Anlagen auf Verbrauchsrelevanz (Einstellungen, zu lange Intervalle etc.)
- Auswahl geeigneter DV-Systeme mit Berücksichtigung Bestand und Qualifikationsprofilen des Nutzers
- Festlegung von Qualifikationsprofilen für das Nutzerpersonal oder im Falle von Outsourcing des Gebäudebetriebes für eine Ausschreibung
- Definition und Festlegung von spezifischen Energieverbrauchskennzahlen (Grenz- und Zielwerte) für Ausschreibung und Controlling einschl. weiterer preisrelevanter Kriterien für die „Qualität" der Energieversorgung, wie z.B. Ausfallhäufigkeit, Reaktionszeiten bei Störungen, subjektive Nutzerzufriedenheit mit den bestehenden Systemen / Strukturen
- Abschluss durch ein Pflichtenheft.

7.3.2 Energietechnische Analyse

Die energietechnische Analyse bildet die Grundlage für die Realisierung und Kontrolle von Maßnahmen zur rationelleren Energienutzung. Hierzu gehört auch die Ermittlung energietechnischer Kennzahlen. Sie bilden das Hilfsmittel für die Beurteilung der energietechnischen oder energiewirtschaftlichen Verhältnisse des Betriebes oder eines Fabrikationsprozesses (z.B. Energieeinsatz oder Energiekosten bezogen auf die Produktionskosten oder Anzahl der Beschäftigten, usw.).

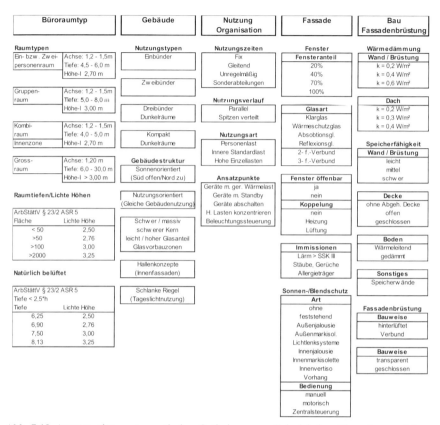

Abb. 7.10. Ansatzpunkte zur energetischen Optimierung am Beispiel eines Verwaltungsgebäudes (1/2)[89]

Die energietechnische Analyse kann auch auf Basis einer automatischen Übernahme von Verbrauchsdaten von einem Gebäudeautomationssystem und ggf. von manuell erfassten und eingegebenen Zählerstandsdaten abgeleitet werden. Damit unterschiedliche Erfassungstiefen der Verbrauchswerte berücksichtigt werden können, sind die Energieverbrauchszähler auf verschiedenen Ebenen der Objekthierarchie anzusiedeln. Die Auswertung erfolgt durch Zuordnung nach Flächen oder anderen Kriterien (z.B. Belegungszahlen).

Evtl. müssen dazu Energieverbrauchsdaten prozentual aufgeschlüsselt werden können.

Vom Anwender sind folgende Anforderungen näher zu spezifizieren:

- Auswertkriterien, die für ein Benchmarking der spezifischen Verbrauchswerte erforderlich sind und zu entsprechenden Kennwerten führen,
- Nebenkostenabrechnungen integriert oder per Exportfunktion durch separate

---

[89] Donhauser B (1995) Auszug aus dem Qualitätsmanagement-Handbuch. CBP, München

Software,

- Verfahren zu Bewertung witterungsbedingter Einflüsse, z.B. Gradtagsmethode oder Energiesignatur.

Die Energiedatenauswertung kann vollständig in ein Gebäudeautomationssystem integriert oder als eigenständiges System betrieben werden (Energiemanagementsystem).

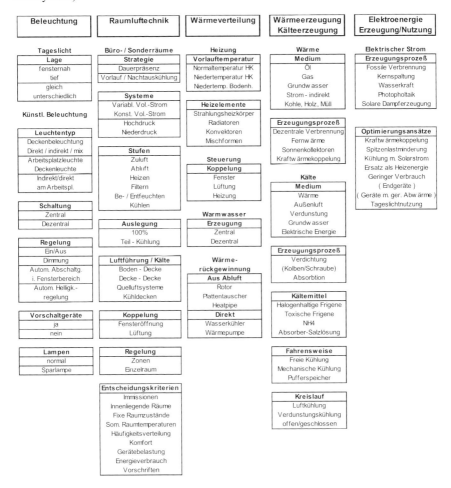

Abb. 7.11. Ansatzpunkte zur energetischen Optimierung am Beispiel eines Verwaltungsgebäudes (2/2)

7.3.3 Maßnahmenableitung und Energieoptimierung

Das Spektrum der konkreten Maßnahmen reicht von einfachen Nutzungsänderungen bis hin zu technischen und baulichen Änderungen. Nutzungsänderungen können beispielsweise darin bestehen, die Einstellwerte für Luft- und Wassertemperaturen herabzusetzen, die Heizkurven der tatsächlichen Gebäude- und Raumnutzung anzupassen oder auch nur auf das Nutzerverhalten, z.B. das Licht beim Verlassen des Büros auszuschalten, einzuwirken. Technische und bauliche Veränderungen können dagegen mit unterschiedlich hohem Aufwand verbunden sein. Mit geringem Aufwand lassen sich Dichtungen an Fenstern und Türen erneuern, Sonnenschutzeinrichtungen anbringen oder Glühlampen gegen Energiesparlampen austauschen. Erheblich höher ist dagegen der Aufwand für die Erneuerung eines alten Heizkessels, für die Wärmedämmung durch nachträgliche Außenwandisolierung, für den Einbau von Wärmerückgewinnungsanlagen oder Blockheizkraftwerken.

In Abb. 7.12 ist der Stromverbrauch eines Verwaltungskomplexes über den Tages- und Nachtverlauf aufgetragen. Trotz des hohen Technisierungsgrades konnten in diesem Beispiel durch Managementmaßnahmen deutliche Einsparungspotenziale realisiert werden. Die Aufgabe bestand darin, die auftretenden Stromspitzen, die morgens durch die gleichzeitige Arbeitsaufnahme sowie die hohe Belastung zur Mittagszeit, die durch die Küchengroßgeräte verursacht wurde, abzubauen.

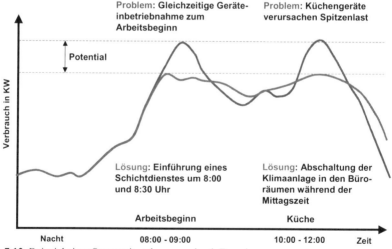

Abb. 7.12. Beispiel einer Stromspitzenkappung durch Energiemanagement

Als Lösung wurde, mit der Zustimmung der Mitarbeiter, ein um dreißig Minuten versetzter Dienstantritt in zwei Schichten eingeführt, so dass die erste Stromspitze mit einfachsten Mitteln bereits entschärft werden konnte. Weiterhin wurde während der Kochphase temporär die Klimaanlage ausgeschaltet, so dass der Verbrauch durch die Küchengroßgeräte nicht mit dem der Klimaanlage überlagert wurde. Das Ergebnis war die Vermeidung der zweiten Stromspitze, mit der Einschränkung, dass die Raumtemperatur um ca. 0,5 Grad angestiegen ist und folglich die Temperatur von der Klimaanlage mit Beginn der Mittagspause wieder angepasst werden musste.

Sind durch das Energiemanagement entsprechende Lösungen gefunden, ist mit der Phase der Inbetriebnahme die Betreuung der Systemeinführung von Mess- und Zählerkonzepten, Optimierungsgeräten, Erfassungssoftware etc. sowie die Kontrolle und Beratung zur Einhaltung von Standards und die erste Einführungsoptimierung mit dem Nutzer oder dem externen Dienstleister für den Gebäudebetrieb zu gewährleisten. Während der Nutzungsphase ist die Leistungsfähigkeit des Systems, die durchgängige Verwendung sowie Umsetzung und Akzeptanz der Maßnahmen, die Rückkopplung und Angleichung im Falle geänderter Nutzeranforderungen und ggf. die Verfolgung von Gewährleistungsmängeln zu kontrollieren.

8 Infrastrukturelle Consultingleistungen für die Nutzungsphase

8.1 Flächenmanagement

Im einzelnen umfasst das Flächenmanagement die Bestandsaufnahme der vorhandenen Flächen in Hinsicht auf Struktur, Zusammensetzung und Belegung sowie die Ermittlung des optimalen Flächenbestandes. Durch die Bereitstellung von Informationen über Flächenarten und -strukturen und Grafiken werden, unter Berücksichtigung der einzelnen Kostenträger, Maßnahmen identifiziert und eingeleitet, die der Erhöhung der Flächenproduktivität dienen.

Im Rahmen des Real Estate und Facility Management nimmt das Flächenmanagement eine besondere Bedeutung ein. Der Grund hierfür liegt in den Kosten, die für die Erstellung, den Kauf, das Leasing oder die Anmietung von Flächen letztendlich anfallen. Das Ziel des Flächenmanagements besteht in einer Maximierung der Flächenproduktivität durch die optimale Ausnutzung der Flächen einer Immobilie unter quantitativen und zeitlichen Gesichtspunkten. So können allein durch die Erfassung und die anschließend optimierte Zuordnung, beispielsweise durch Zusammenlegungen und Umzüge, Flächen eingespart werden. Die dadurch entstehenden, zusammenhängenden Leerflächen können dann entweder intern oder extern neu belegt werden.

Ein wesentliches Hilfsmittel des Flächenmanagements sind CAFM-Systeme, die die Visualisierung der Flächenstrukturen und -belegung, sowie die Simulation der optimalen Flächennutzung ermöglichen. Hinsichtlich der digitalen Erfassung der Gebäudedaten kann auf verschiedene Methoden zurückgegriffen werden. Existieren zuverlässige Pläne, so bietet sich das Einscannen der Pläne an. Der Vorteil dieser Lösung liegt zum einen im verhältnismäßig geringen Arbeitsaufwand, zum anderen in der schnellen Verfügbarkeit der Informationen.

Allerdings kann es bei dieser Methode zur Maßstabsverzerrung kommen. Bestehen höhere Anforderungen an die Maßgenauigkeit, können Pläne nachträglich digitalisiert werden. Zwar ist diese Vorgehensweise mit einem höheren Arbeitsaufwand verbunden, die Genauigkeit entspricht jedoch weitestgehend der einer Neukonstruktion. Liegen keine bzw. nur veraltete oder ungenaue Pläne vor, bietet sich die Neukonstruktion durch Aufmass vor Ort mittels Lasermessgerät an. Bei Neubauten gestaltet sich die Datenerfassung leichter, wenn die Entwurfs- und Bauplanung bereits auf CAD durchgeführt wurde, so dass die entsprechenden In-

formationen übernommen werden können. Diese Vorgaben sind frühzeitig in den
Planungsverträgen zu fixieren. Zusammenfassend ergeben sich folgende Nutzenpunkte:

* Schaffung von Flächendaten zur Ableitung von Kennziffern in bezug auf
* Flächennutzungsoptimierung und Leerstandsmanagement
* Gemeinkostensenkung durch direkte Flächenumlageschlüssel pro Kostenstelle
* Flächendaten als Basis von Dienstleistungsausschreibungen, Raumbüchern,
  Nebenkostenabrechnungen und sonstigen Anwendungen
  Die Bestandteile des Flächenmanagements sind in Abb. 8.1 aufgezeigt:
* die Aufnahme des Flächenbestands
* das Festlegen von Flächenkennzahlen sowie
* das Ermitteln des Flächeneinsparpotenzials.

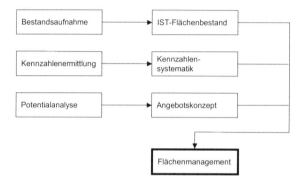

Abb. 8.1. Fachexpertise zum Flächenmanagement

8.1.1 Flächenbestandsaufnahme

Mit der Flächenbestandsaufnahme wird der IST-Flächenbestand einer Liegenschaft dargestellt. Hieraus lassen sich wichtige Daten für die Erstellung von Flä-
chen- und Gebäudekatastern, die Bewirtschaftung sowie für Benchmarks der Wie-
derbeschaffungswerte der Gebäude zusammenstellen. Die Flächenaufnahme soll
den genauen Bestand an Gebäuden und technischer Ausstattung wiedergeben. Bei
der Durchführung ist auf eine geringe Abweichung zu achten, die nur durch konsequente Qualitätskontrolle einzuhalten ist.

Um eine zügige Durchführung der Flächenaufnahme zu gewährleisten, sind
Bestandspläne sowie bereits durchgeführte Aufnahmen im Bereich Technik und
Gebäudesubstanz einzubeziehen. Bestandspläne werden als Grundlage für die zu
erstellenden CAD-Pläne verwendet, um so die bei der Aufnahme der Räume festgestellten Änderungen zeitnah einzuarbeiten. Bereits vorhandene Bestandsaufnahmen aus anderen Bereichen werden zum Abgleich der Aufnahmesituation mit
der jetzigen Bestandssituation verwendet.

In der nachfolgenden Abb. 8.2 ist eine mögliche Kennzeichnung der unterschiedlichen Flächendaten dargestellt. Mittels dieser Kennzeichnung wird die Liegenschaft über einzelne Bauwerke, Gebäudeabschnitte bis zur aufgeteilten Raumzone zerlegt.

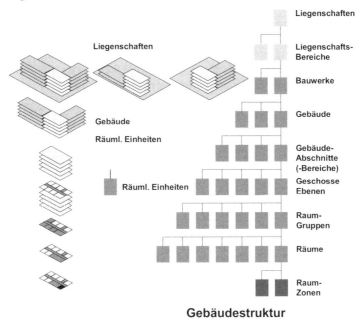

Gebäudestruktur

Abb. 8.2. Allgemeine Kennzeichnung von Flächendaten über die Gebäudestruktur[90]

Die nachfolgend aufgeführten Maßnahmen sind bei der digitalen Flächenbestandsaufnahme zu beachten:
- Definition der Flächenarten und -strukturen mit konkreten Bezeichnungen bezüglich HNF etc. nach z.B. DIN 277, DIN 13080 oder MF-B der gif[91]
- Digitale datenbank- oder CAD-orientierte Bestandsaufnahme von festgelegten Flächenarten
- Ermittlung und digitale Aufnahme von zusätzlichen Raumdaten im Zuge der Flächenaufnahme
- Formulierung einer Abgrenzung zu technischen Daten bezüglich der Bestandsdokumentation
- Sicherstellung und Organisation einer Erfassung nach DIN 277 in der Phase 9 HOAI durch den Architekten
- Formulierung und Organisation einer Flächenaufnahme innerhalb einer CAFM-

---

[90] CAD-Koordinationsstelle Bayern (2000) Vortrag des Universitätsbauamtes, München. Folie 31
[91] Gesellschaft für immobilienwirtschaftliche Forschung (gif) e.V. (1996) Richtlinie zur Berechnung der Mietfläche für Büroraum (MF-B). Wiesbaden

Lösung / Gebäudenomenklatur (z.B. Fassadenfläche, Fensterflächen)
- Anwenderorientierte grafische Darstellung von Flächen als Modul für eine CAFM-Lösung (z.B. Umzugsmanagement).

8.1.2 Festlegen von Flächenkennzahlen

Auf Grundlage der Flächenkennzeichnung und -strukturierung wird die Ableitung von Flächenkennzahlen möglich. Die Einzelschritte stellen sich wie folgt dar und bilden die Grundlage für die Durchführung des Benchmarking:
- Festlegung von anwenderorientierten Flächenkennzahlen (z.B. durch Kennzeichnung von Reinigungsflächen)
- Formulierung von notwendigen Flächenzahlen als Basis für die Dienstleistungsausschreibung (z.B. Malerflächen)
- Mitarbeit an internen Kostenumlageschlüsseln mit dem Ziel einer Gemeinkostenreduzierung
- Leistungsvergleiche von Flächenkosten durch Benchmarking.

In Abb. 8.3 ist eine nutzungsspezifische Ausweitung der Flächendefinitionen am Beispiel eines Krankenhauses aufgezeigt. Die Flächenstrukturierung der DIN 277 bleibt bis zur Ebene der Nutzfläche unberührt. Im Anschluss folgt eine notwendige fachspezifische Erweiterung der Flächenstrukturierung sowie -definition durch die DIN 13080.

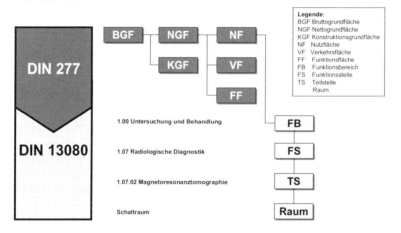

Abb. 8.3. Erweiterung der Flächenkennzeichnung durch die DIN 13080 bei Krankenhäusern

Eine weitere nutzungsspezifische Erweiterung der Flächenstrukturierung sowie der Definitionen ist u.a. bei Büroflächen zu verwenden. Das Konzept der Büroflächenrichtlinie MF-B entspricht teilweise den Flächendefinitionen nach DIN 277. Ein wesentlicher Unterschied zur DIN 277 liegt darin, dass die Richtlinie für die Funktions- und die Konstruktionsfläche andere Definitionen gebraucht, die den Belangen des Immobilienmanagements angepasst wurden. Darüber hinaus wird eine Unterscheidung in Flächen mit exklusivem Nutzungsrecht, die der Mietfläche zuzurechnen sind, und in Flächen mit gemeinschaftlichem Nutzungsrecht vorgenommen, die der Mietfläche nicht zugerechnet werden.

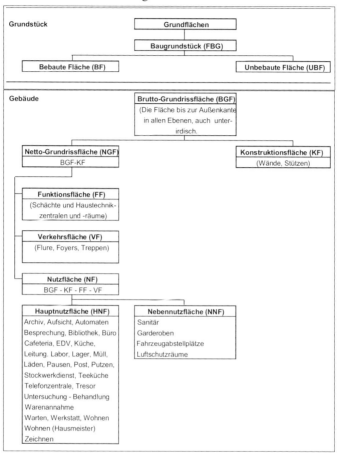

Abb. 8.4. Flächenaufteilung nach Organisationsbelangen und DIN 277

Die wesentliche Fortentwicklung der MF-B zur DIN 277 ist nachfolgend beschrieben. Die Mietflächen nach MF-B strukturieren sich in die Hauptnutzfläche (HNF) und Nebennutzfläche (NNF). Die Funktionsfläche (FF) umfasst hingegen nur die mieterindividuell benötigten betriebstechnischen Anlagen, die nicht dem allgemeinen Gebäudebetrieb zuzuordnen sind. In den Konstruktionsgrundflächen (KGF) sind die nicht ortsgebundenen Innenwände, z.B. Leichtbauwände und andere Bauteile ausgeschlossen. Die Verkehrsflächen (VF) sind aufgeteilt nach der vollen, anteiligen und ohne Berücksichtigung. Die volle Berücksichtigung erfahren die Flächen der innenliegenden Flure und Gänge sowie die Empfangsbereiche. Eine anteilige Berücksichtigung ist nach einem vorzugebenden Schlüssel zu verteilen, d.h. die Erschließungsflure, Aufzugsvorräume, Eingangshallen, etc. sind zwischen mehreren Mietern aufzuteilen. Fluchtbalkone, Notausgänge, Aufzugs-schächte, Treppenpodeste, Rampen, etc. bleiben in der Flächenverrechnung ohne Berücksichtigung.[92]

Als Bezugsgröße für u.a. die innerbetriebliche Leistungsverrechnung und Kennwertvergleiche stellt die Mietflächenstrukturierung gemäß der Büroflächen-richtlinie das geeignete Flächenmaß dar. Sie ist insbesondere bei der internen Ver-rechnung von Flächen und zugehörigen Kosten auf einzelne Nutzer oder Kernpro-zesse der Nutzer anzuwenden.

8.1.3 Ermitteln des Flächeneinsparpotenzials

Der Flächenbestandsaufnahme und -kennzeichnung folgt das Ermitteln des Flä-cheneinsparpotenzials. Es erfolgt durch die

- Potenzialanalyse bei bestehenden Prozessen und Organisationseinheiten mittels der Flächenkennzeichnung (z.B. Aufzeigen getrennter Organisationseinheiten oder Arbeitsprozesse) und Überleitung in Reorganisationsmaßnahmen,
- Darstellung von nicht oder gering genutzten Flächen und der Überführung der Flächen in ein Leerstandsmanagement mit reduzierten Leistungen,
- Definition von flächenbezogenen Servicelevels bei Dienstleistungen und detail-liertere Ableitung von Leistungen und Kosten,
- Analyse bestehender Verträge nach Umwandlungsmöglichkeiten bezüglich ei-nes möglichen Flächenbezuges und Einsparungspotenzials (z.B. im Reini-gungsmanagement).

8.2 Arbeitsplatz- und Büroservicemanagement

Das Arbeitsplatzmanagement beinhaltet die Erfassung und zielorientierte Bearbei-tung von arbeitsplatzbezogenen Daten. Diese umfassen Informationen zu Raum, Ausstattung, Belegung, Nutzung, Bezeichnung, Personal, etc. Der Büroservice umfasst die Organisation, Beschaffung und Verteilung von Arbeits-, Betriebs- und Informationsmitteln.

Das Hauptziel des Büroservice ist die optimierte Unterstützung des betriebli-chen Kerngeschäfts durch ausreichende und schnelle Bereitstellung von Arbeits-mitteln und Informationen unter gleichzeitiger Minimierung betrieblicher Neben-zeiten durch Such- und Beschaffungsaktivitäten. Darüber hinaus ist die Reduzierung von Beschaffungskosten für Arbeits- und Betriebsmittel durch opti-mierte Einkaufskonditionen, Bestellmengen und Lieferantenauswahl zu erreichen. Die wesentlichen Nutzenpunkte sind:

- Definition von Qualitätsstandards, Mindestbeständen, Beschaffungslisten,
- Reduzierung von Beschaffungskosten durch Masse, Lieferkonditionen,

---

[92] Vgl. Neitzel M (2000) Kennzahlen und Kennzahlensysteme. In: Galonska J, Erbslöh FD (2000) Facility Management. Deutscher Wirtschaftsdienst, Köln. Kap 8.5.4 S 3

- Zentrale Koordination von Bedarf, Beschaffung, Verteilung,
- Minimierung von Lagerbeständen, - flächen.

Ein weiterer Aspekt des Arbeitsplatz- und Büroservicemanagement ist die Erfassung und Fortschreibung von Daten bzgl. des arbeitsplatzbezogenen Inventars und der Betriebsmittel. Sie ermöglicht die Planung von Ersatzinvestitioncn und Betriebsmittelbeschaffung auf einer gesicherter Datenbasis. Ein Nebenaspekt der Arbeitsplatzverwaltung ist die Gewinnung von Daten hinsichtlich der Ergonomie und des Arbeitsschutzes als Grundlage zur Schaffung optimierter Arbeitsbedingungen. Sie die bilden eine Grundvoraussetzung für eine hohe Mitarbeitermotivation und folglich optimierte Nutzung des Mitarbeiterpotenzials.

Zur Ableitung der Optimierungspotenziale und zum Erreichen der vorgenannten Hauptziele des Arbeitsplatz- und Büroservicemanagements sind folgende Handlungsaktivitäten erforderlich:

- Bestandsaufnahme,
- Flächenbelegungsplanung,
- Inventar-/Betriebsmittelplanung.

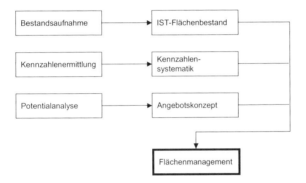

Abb. 8.5. Fachexpertise zum Arbeitsplatz- und Büroservicemanagement

8.2.1 Bestandsaufnahme

Die Grundlage zur Erreichung der genannten Zielvorgaben bildet eine strukturierte Bestandsaufnahme arbeitsplatzbezogener Daten. Die Datensammlung erfolgt durch Sichtung der Bestandsunterlagen sowie Datendokumentation in vorgegebenen Datenblättern, die zusammenfassend in eine Datenbank übertragen werden. Erstellen eines Ist-Anforderungsprofils für Arbeits- und Betriebsmittel bzgl. Qualitäten und Quantitäten. Um eine Analyse des Arbeitsplatz- und Büroservicemanagements durchführen zu können, ist zunächst die Aufnahme der in Abb. 8.6 dargestellten Parameter notwendig. Die aufgezeigten Kennzahlen dokumentieren:

- mittels der Belegungsstruktur, wie eine Fläche belegt wird,
- mittels der Belegungseffizienz, wie effizient eine Fläche belegt wird und
- mittels der Belegungseffektivität, wie effektiv eine Fläche genutzt wird.

Parameter	Bürozonen				Gesamt
	A	B	C	n	
Fläche (m² HNF)					Summe
Mitarbeiterzahl					Summe
Arbeitsplatzanzahl					Summe
Kosten für Raum, Betrieb, Ausstattung					Gesamt-wert
Belegungszeit (h pro Tag)					Gesamt-wert
Belegungszahl (Anzahl der Nutzer je Zeiteinheit nutzen)					Summe
Belegungsfrequenz (Zahl des Nutzer-wechsels pro zeiteinheit					Gesamt-wert

Abb. 8.6. Datenblatt zur Erfassung von Kennzahlen im Arbeitsplatzmanagement[93]

8.2.2 Flächenbelegungsanalyse

Zur Erkennung von Optimierungspotenzialen bzgl. der Flächenbelegung ist die Erstellung von betrieblichen Aufbau- und Ablauforganigrammen des Nutzers erforderlich. Diese werden zur bestehenden Flächenbelegung in Beziehung gesetzt und hinsichtlich ihrer Optimierungspotenziale analysiert. Ergebnis ist ein Maßnahmenkatalog als Entscheidungsvorlage für den Nutzer.

Die optimale Ausnutzung von Büroflächen respektive die Schaffung einer optimierten Nutzung gestaltet sich in Abb. 8.7 aus den Faktoren Belegung, Fläche und Nutzung. Mit der Festlegung der Faktoren durch die eigene Nutzungskonzeption in Form beispielsweise eines Nutzerbedarfsprogramms lassen sich die unterschiedlichen Büroformen ableiten.

---

[93] Vgl. Zinser St (2002) Immobilien- und Bürokonzepte zur Performance-Steigerung. In: Tagungsband Facility Management Messe und Kongress, Forum Verlag Herkert, Merching S 148

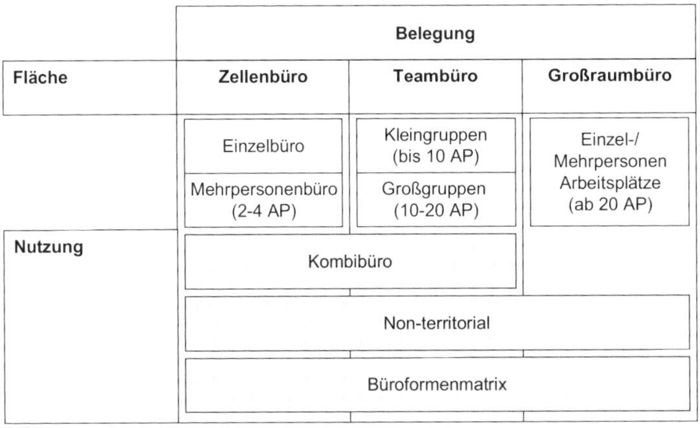

Fläche	Belegung		
	Zellenbüro	Teambüro	Großraumbüro
	Einzelbüro	Kleingruppen (bis 10 AP)	Einzel-/ Mehrpersonen Arbeitsplätze (ab 20 AP)
	Mehrpersonenbüro (2-4 AP)	Großgruppen (10-20 AP)	
Nutzung	Kombibüro		
	Non-territorial		
	Büroformenmatrix		

Abb. 8.7. Klassifikation von Büroformen[94]

Die Grundlage zur Ermittlung der Büroflächenbelegung und -nutzung stellt die Aufteilung der Bürofläche in Bürozonen dar und die entsprechende Erfassung bzw. Aufteilung der zu untersuchenden Parameter. Auf Basis der erfassten Größen lassen sich die Belegungsstruktur sowie -effizienz berechnen. Die Kennwerte zur Belegungsstruktur lassen sich aus den in Abb. 8.8 aufgezeigten Verhältniswerten ermitteln.

Belegungsstruktur

Flächenaufteilung =	$\dfrac{\text{HNF-Fläche der Bürozone}}{\text{HNF-Gesamtfläche}}$	
Mitarbeiteraufteilung =	$\dfrac{\text{Mitarbeiter der Bürozone}}{\text{Mitarbeiter gesamt}}$	$\dfrac{\text{Mitarbeiter der Bürozone}}{\text{HNF-Fläche der Bürozone}}$
Arbeitsplatzaufteilung =	$\dfrac{\text{Arbeitsplätze der Bürozone}}{\text{Arbeitsplätze gesamt}}$	$\dfrac{\text{Arbeitsplätze der Bürozone}}{\text{HNF-Fläche der Bürozone}}$
Kostenaufteilung =	$\dfrac{\text{Kosten der Bürozone}}{\text{Gesamtkosten}}$	$\dfrac{\text{Kosten der Bürozone}}{\text{HNF-Fläche der Bürozone}}$
	$\dfrac{\text{Kosten der Bürozone}}{\text{Mitarbeiter der Bürozone}}$	$\dfrac{\text{Kosten der Bürozone}}{\text{Arbeitsplätze der Bürozone}}$

Belegungseffizienz	Arbeitsplatz (AP)	Bürozone
Flächenkennwert	$\dfrac{\text{HNF-Fläche eines Arbeitsszenarios}}{\text{Anzahl der AP eines Szenarios}}$	HNF-Fläche einer Bürozone
Auslastungsrate	$\dfrac{\text{Ø-Belegungszeit pro Zeiteinheit}}{\text{8 h - Arbeitstag}}$	$\dfrac{\text{Ø-Belegungszeit pro Zeiteinheit AP}}{\text{8 h x Anzahl der AP}}$
Nutzungskoten	$\dfrac{\text{Kosten für ein Arbeitsszenario}}{\text{Anz. AP des Szenarios}}$	Kosten für eine Bürozone

Abb. 8.8. Kennzahlenermittlung zur Belegungsstruktur und -effizienz[95]

---

[94] a.a.O S 142
[95] a.a.O. S 148

Der Belegungseffizienzwert umfasst das Kostenniveau je Flächeneinheit im Verhältnis zur Auslastungsrate. D.h. mit dem Belegungseffizienzwert wird ein auslastungsabhängiger Kostenkennwert geschaffen, der mit zunehmender Auslastung des untersuchten Bereichs, z.B. einer Bürozone, abnimmt. Mit diesem Kostenkennwert werden zum einen verschiedene Flächen vergleichbar und zum anderen werden die Stellschrauben Auslastungsrate, Flächenkennwert und Nutzungskosten zusammengeführt.

Die Zusammenführung der Parameter erfolgt in Abb. 8.9. Das Ergebnis ist der Belegungseffizienzwert, der durch den Vergleich Defizite und Schwachstellen in der Belegung und folglich Auslastung bzw. Nutzung aufzeigt.

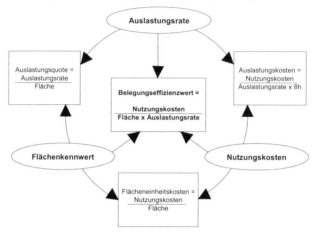

Abb. 8.9. Kennzahlensystem der Belegungseffizienz[96]

Während der Nutzungsphase sind die Abläufe und Standards mittels der Belegungskennwerte zu kontrollieren und insofern erforderlich Abweichungen zu korrigieren. Dies erfordert jedoch, wie in Abb. 8.10 am Beispiel des Makroprozesses zur Arbeitsplatzeinrichtung aufgezeigt, eine vorausgehende Definition von Abläufen und Standards.

---

[96] Vgl. Zinser St (2002) Immobilien- und Bürokonzepte zur Performance-Steigerung. In: Tagungsband Facility Management Messe und Kongress, Forum Verlag Herkert, Merching S 149

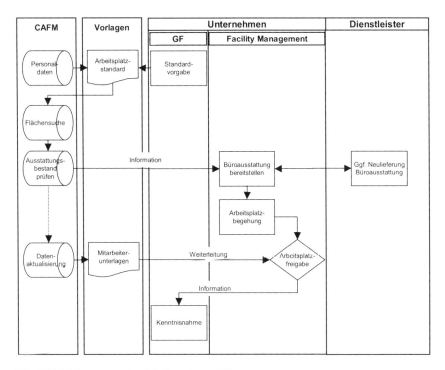

Abb. 8.10. Makroprozess des Arbeitsplatz- und Büroservicemanagements

8.2.3 Ausstattungs- und Serviceanalyse

Die o.g. Datensammlung ergibt als Nebenprodukt den aktuellen Ausstattungsbestand sowie einen Überblick über aktuelle Serviceleistungen am Arbeitsplatz. Die Ausstattungs- und Serviceleistungen lassen sich in unverzichtbare Leistungen, gewünschte Leistungen für das Unternehmen und in zusätzliche Leistungen für die Mitarbeiter kategorisieren. Wichtige Leistungen sind u.a. die Hausmeister- sowie Sicherheitsdienste oder die Einrichtung eines Empfangs. Als gewünschte Leistungen werden u.a. die Postdienste, Telefonzentrale, Reisedienste, Veranstaltungsorganisation oder ein Catering-Service verstanden. Zusätzliche Leistungen für die Mitarbeiter eines Unternehmens sind u.a. Reinigungs- oder Einkaufsdienste. Diese Daten werden hinsichtlich wirtschaftlicher Aspekte (Vorhaltung, Ausstattungsgrad, Einheitlichkeit je Nutzergruppe, etc.) analysiert und ggf. Verbesserungs- oder Rationalisierungspotenziale abgeleitet.

8.3 Umzugsmanagement

Das Umzugsmanagement umfasst einerseits die notwendigen Planungsmaßnahmen, andererseits die eigentliche Abwicklung des Umzugs. Letztere beinhaltet den Transport von industriellen Anlagen, Büromöbeln, Bürotechnik, Material und Akten unter Einbeziehung aller beteiligten Personen, Firmen, Betriebsmittel und Bestandsdaten. Insbesondere bei organisatorisch flexiblen Unternehmen oder Verwaltungen, z.B. bei häufigen Projektumbildungen, werden durch den schnell wechselnden Flächen- bzw. Nutzungsbedarf und der daraus resultierenden Maßnahmen Umzüge in erheblichem Maße notwendig.

Die Planung und Durchführung von Umzügen kann folglich einen erheblichen personellen, organisatorischen und finanziellen Aufwand verursachen. Im wesentlichen sind für ein Umzugsmanagement folgende Nutzenpunkte zu benennen:

- Minimieren des Arbeitsplatz- bzw. -zeitausfalles,
- Sicherstellen einer termin- und kostenkonformen Durchführung,
- verursachungsgerechtes Zuordnen der Umzugskosten,
- Optimieren von Transportmitteln und -wegen,
- Reduzieren der Kosten durch z.B. Standardprozedere und Umzugszusammenlegungen,
- Herstellen der Nachverfolgbarkeit von Umzugsbewegungen (Historie), sowie
- Aktualisieren der Bestandsdaten.

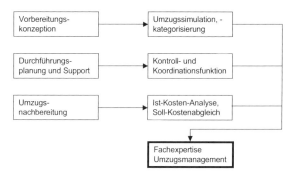

Abb. 8.11. Fachexpertise im Umzugsmanagement

Die Vorgehensweise zur Strukturierung eines Umzugsmanagements in Abb. 8.11 wird entsprechend dem zeitlichen Ablauf des Umzuges in drei Phasen differenziert:

- Vorbereitungskonzeption,
- Durchführungsplanung und Support sowie
- Umzugsnachbearbeitung.

8.3.1 Vorbereitungskonzeption

Zur Vorbereitung sind die aktuellen Bestandsdaten abzufragen und ggf. verschiedene Belegungs- und Umzugsvarianten durch Simulation im CAFM-System zu beurteilen. Weiterhin ist die Möbelauswahl nach ihrer Einsetzbarkeit für die verschiedcnen Arbeitsplatztypen zu treffen und der gesamte Umzugsbedarf zu benennen.

Zur Ableitung der abschließenden Umzugs- resp. Logistikplanung und letztendlich der Soll-Vorgaben für die anstehenden Umzugskosten ist das Umzugsvorhaben zu kategorisieren. Umzüge lassen sich, je nach Anzahl und Ursache, in verschiedene Kategorien einteilen[97]. Grundsätzlich wird zwischen den zwei Gruppen Klein- und Großumzüge unterschieden. Bei Kleinumzügen werden lediglich eine geringe Anzahl von Arbeitsplätzen umgezogen (i.d.R. < 5 Arbeitsplätze) und dessen Umsetzung vollständig im Rahmen des Real Estate und Facility Management gewährleistet werden kann. Bei Projektumzügen werden komplette Abteilungen oder noch größere Einheiten umgezogen. Für deren Organisation werden Umzugsbeauftragte und ggf. Umzugsteams benannt.

Die Umzüge werden in fünf Umzugsarten aufgeteilt:
- Neueinstellungen,
- Einzel-Umzüge,
- Gebäude-Neubezüge,
- Rotationsumzüge und
- Ausbreitungsumzüge.

Neueinstellungen

Bei Neueinstellungen wird einem neuen Mitarbeiter in einer bestehenden Abteilung ein freier Platz zugewiesen. Oftmals wird im Zusammenhang einer Neueinstellung ein eingeschränkter Rotationsumzug ausgelöst, um einen freien Platz zu schaffen. Für den neuen Mitarbeiter muss z.B. die Telekommunikation und die Hard- und Software zur Datenverarbeitung zur Verfügung gestellt bzw. eingerichtet werden.

Einzel-Umzüge

Ein Einzel-Umzug bedeutet, dass ein Mitarbeiter von seinem bisherigen Platz auf einen leeren Platz im gleichen oder in einem anderen Büro umzieht. Weitere Umzüge folgen daraus nicht. Der Mitarbeiter nimmt hier und bei den folgend beschriebenen Umzugsarten lediglich die EDV-Hardware und seine persönlichen Akten mit in den neuen Raum.

---

[97] Vgl. Reisbeck T (1999) Mitarbeiterumzüge – Prozessanalyse und Vorschläge zur Verbesserung, Universität (TH) Karlsruhe, Institut für Maschinenwesen im Baubetrieb, S 20ff

Leer- oder Neubezüge

Bei Neubezügen in Neubauten oder leere Gebäude ziehen die Mitarbeiter aus einem oder mehreren bisherigen Bürogebäuden in das neue Gebäude um. Der Einzug in ein neu erstelltes Gebäude ist abhängig von der Baufertigstellung. Der Neubezug ist in der Regel Auslöser für Rotations- und Ausbreitungsumzüge.

Rotationsumzüge

Rotationsumzüge bedeuten, dass durch die Umstrukturierung von Projektgruppen Mitarbeiter ihre Gruppenzugehörigkeit wechseln. Gruppen können aufgelöst, umgebildet und neu geschaffen werden. Die Mitarbeiterzahl und die zugewiesene Bürofläche bleibt jedoch gleich. Rotationsumzüge sind insbesondere bei Vollbelegung aus nachfolgend beschriebenen Gründen mit einem sehr hohen Organisations- und Durchführungsaufwand verbunden. Dies begründet sich u.a. wie folgt:

- Freiflächen sind nur bedingt vorhanden und müssen folglich erst geschaffen werden,
- Büroausstattung ist ggf. zwischenzulagern,
- Kurzfristige Änderungen der zuvor festgelegten Umzugsreihenfolge während des laufenden Umzugsprozesses führen unweigerlich zu erheblichen zeitlichen Verzögerungen,
- Renovierungen und Grundreinigungen von Büros können während der Rotationsumzüge aus zeitlichen und räumlichen Gründen oftmals nicht ausgeführt werden.

Ausbreitungsumzüge

So genannte Ausbreitungsumzüge bilden den Abschluss der erfolgten Neubezüge und den durch diese verursachten Rotationsumzüge. Charakteristisches Kennzeichen für Ausbreitungsumzüge ist die Reduzierung der Mitarbeiterbelegungsquote. Das Ziel der Ausbreitungsumzüge ist erreicht, wenn die in einem Gebäude verbliebenen Mitarbeiter gleichmäßig auf die zur Verfügung stehende Bürofläche verteilt wurden. Diese Art von Umzügen ist aufgrund der noch zur Verfügung stehenden Freiflächen weit weniger problematisch als z.B. Rotationsumzüge.

Mitarbeiterumzüge umfassen immer auch den Transport von Mobilien, wie z.B. Möbel, Arbeitsmaterial und Akten unter Einbeziehung aller beteiligten Personen. Auf die exakte und zeitnahe Nachführung der Personal- und Inventardaten in zumeist verschiedenen Softwaresystemen hinsichtlich der Bestandsdokumentation ist hoher Wert zu legen.

Sobald die Grunddaten und die Umzugsanforderungen in Abhängigkeit der Umzugskategorien erfasst sind, kann ein Umzugskonzept mit folgenden Inhalten erstellt werden:

- Eingrenzung der betroffenen Organisationseinheiten und Einbeziehung der Mitarbeiter,
- Beachten von zeitlichen Restriktionen,

- Festlegen der Umzugsreihenfolge,
- Ressourcenplanung sowie
- Kostenschätzung.

Eingrenzung der betreffenden Organisationseinheiten und Einbeziehung der Mitarbeiter

Grundlage für alle weiteren Planungen ist die Eingrenzung der Umzugsmaßnahme nach Organisationseinheiten bzw. der bereichsübergreifenden Mitarbeiter und somit die Abschätzung der Komplexität nach den vorgestellten Umzugarten und des Umfanges. In sog. Umzugsmeetings wird mit den zuständigen Umzugsbeauftragen der Abteilungen der Soll-Zustand ermittelt. Nach Einigung auf den Soll-Zustand wird ein Informationskonzept für die betreffenden Mitarbeiter vorgestellt, das über die geplante Maßnahme und die erforderliche Mitarbeit resp. Verhalten der Beschäftigten vor, während und nach dem Umzug informiert.

Zeitliche Restriktionen

In Abhängigkeit der Komplexität und des Umfangs der Umzugsmaßnahme kann die Zeitdauer und der Termin festgelegt werden. Oftmals kann es bei größeren Umzügen sinnvoll sein, diesen auf ein Wochenende, zumindest außerhalb der üblichen Geschäftszeiten zu legen. Einerseits wird die Arbeitsaufallzeit der Mitarbeiter reduziert, andererseits sind erheblich verbesserte logistische Rahmenbedingungen vorzufinden (Aufzüge, Flurnutzung, etc.).

Festlegen der Umzugreihenfolge

Insbesondere aus den bei den Rotationsumzügen aufgezeigten Besonderheiten ist die Planung der Umzugsreihenfolge und deren strikte Einhaltung die Voraussetzung für die Einhaltung des abgesteckten Zeitplanes sowie für den Erfolg der Umzugsmaßnahme. Für evtl. unvorhersehbare Ereignisse sollte ein sog. „Notfallplan" erstellt werden.

Ressourcenplanung

Auf Grundlage der zeitlichen Restriktionen und des Umfangs der Umzugsmaßnahme kann auf Grund von Erfahrungswerten und unter Beachtung von erforderlichen Vorlaufzeiten die Ressourcenplanung erstellt werden. Diese umfasst sämtliche Mitarbeiter und exerne Dienstleister, die am Umzug beteiligt sind:

- Hausmeister,
- Sicherheitsdienst,
- IT-Mitarbeiter,
- Reinigungskräfte / -firmen,
- Umzugshelfer und
- Transportunternehmen etc.

Kostenschätzung

Nach Erstellung der Ressourcenplanung kann eine erste Kostenschätzung für die eigentliche Umzugsmaßnahme unter Heranziehen von internen Kostenverrechnungssätzen und von Angeboten externer Dienstleister erstellt werden, die dann ggf. an die betreffenden Kostenstellen weitergegeben werden. Davon klar zu trennen sind die Aufwendungen, die für das Unternehmen entstehen. Durch die nicht unerheblichen Arbeitsausfallzeiten können die Aufwendungen die eigentlichen Umzugskosten um ein Vielfaches übertreffen.

8.3.2 Durchführungsplanung und Support

Die Durchführungsplanung und der Umzugssupport baut auf der Vorbereitungskonzeption auf und beinhaltet folgende Leistungen:
• Unterstützung bei Ausschreibung und Vergabe an externe Dienstleister,
• Integration der Beschäftigten und
• Koordination der Umzugsbeteiligten (intern / extern).

Unterstützung bei der Ausschreibung und Vergabe an externe Dienstleister

Abgeleitet aus dem vereinbarten Soll-Zustand und den daraus erforderlichen Leistungen wird das Leistungsverzeichnis erstellt und als Grundlage für Verhandlungen mit dafür infrage kommenden Dienstleister verwendet. Besonders bei größeren und komplexeren Maßnahmen ist vor den Preisen die Zuverlässigkeit und Erfahrung der Unternehmen maßgebend.

Integration der Beschäftigten

Für einen weitgehend reibungslosen Ablauf der Umzugsmaßnahme ist es unabdingbar, dass die Mitarbeiter ihre Arbeitsplätze nach den zuvor festgelegten Kriterien vorbereiten. Hierfür werden sie entsprechend dem Informationskonzept auf dem Laufenden gehalten. In dieser Hinsicht kommt den Sekretariaten eine erhöhte Bedeutung zu, die für die Einhaltung der Vorgaben und der Unterstützung verantwortlich sind.

Koordination der Umzugsbeteiligten (intern/ extern)

Das Umzugsmanagement muss während der Umzugsmaßnahme für die Beteiligten, insbesondere bei unvorhergesehenen Zwischenfällen, erreichbar sein und trifft kurzfristig Entscheidungen, um die zeitlichen Vorgaben nicht zu gefährden. Darüber hinaus wird die Maßnahme fortwährend begleitet und entsprechend dem planungsgemäßen Ablauf gesteuert.

8.3.3 Umzugsnachbereitung

Die Umzugsnachbereitung schließt an den eigentlichen Umzug mit folgenden Leistungen an:
* Mängelverfolgung und -beseitigung,
* Ermittlung der Ist-Umzugskosten (intern/extern) und Vergleich mit der Kostenschätzung und
* Kostenverrechnung.

Mängelverfolgung und -beseitigung

Hier muss eine Priorisierung in Hinsicht auf den möglichst ungestörten Geschäftsbetrieb der Unternehmung vorgenommen werden. Vor allem in hochtechnisierten Unternehmen kann der Ausfall von Beschäftigtenressourcen oder Systemen sehr hohe Ausmaße annehmen. D.h. es ist zunächst darauf zu achten, dass die Arbeitsfähigkeit wieder hergestellt wird und erst in einem zweiten Schritt die restlichen Mängel beseitigt werden. Die Ursache resp. Verursacher der Mängel sind auch im Hinblick auf weitere Maßnahmen zu dokumentieren und ggf. den betreffenden Dienstleistern in Abzug zu bringen bzw. intern Verbesserungsmaßnahmen einzuleiten.

Ermittlung der Ist-Umzugskosten (intern / extern) und Vergleich mit der Kostenschätzung

Nach vollständiger Mängelbeseitigung und Rechnungseingang der externen Dienstleister können die Ist-Umzugskosten nach einzelnen Kostenarten dargestellt werden. Der Vergleich mit der Kostenschätzung lässt Schlussfolgerungen auf unvorhergesehene Ereignisse zu und gibt Hinweise auf Verbesserungspotenziale bei der Vorbereitung, Planung und Durchführung bei folgenden Umzugsmaßnahmen.

Kostenverrechung

Die ermittelten Kosten werden entsprechend einem festgelegten Kostenschlüssel (z.B. Umzugskosten je Mitarbeiter) den entsprechend betreffenden Organisationseinheiten (Kostenstellen) weiterbelastet.

8.4 Sicherheitsmanagement

Das Sicherheitsmanagement umfasst sämtliche Maßnahmen, die sowohl das Unternehmen als auch die Immobilie vor Bedrohung von außen, wie Diebstahl, Einbruch und Vandalismus oder Bedrohung von innen, z.B. Feuer, Sabotage oder Spionage, schützen. In direktem Zusammenhang steht das Schlüsselmanagement. Es dient der Unterstützung des Planungsprozesses bei Schließanlagen, der Zuord-

nung von Türen, Zylindern und Schließmittel sowie der Kontrolle über die ausge-
gebenen und noch im Depot befindlichen Schließmittel.

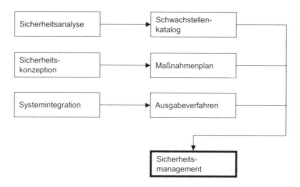

Abb. 8.12. Fachexpertise zum Sicherheitsmanagement

8.4.1 Sicherheits- und Schwachstellenanalyse

Eine wesentliche Schwachstelle liegt in der mangelnden Vernetzung der verschie-
denartigen Anlagen und Komponenten. Die unterschiedlichen Meldewege, Vorgehensweisen, Wartungsvorgänge, Ausgabemedien, Bedieneinheiten und Benut-
zeroberflächen verursachen nicht nur hohe Kosten, sondern führen aufgrund der
Gesamtkomplexität zu Redundanz, Fehlern, Sicherheitslücken, Unterbrechungen
und damit zu Unsicherheit.

Die Lösung dieses Widerspruches liegt in der Integration einer komplexen si-
cherheitstechnischen Anlage. Je komplexer das Objekt, desto wichtiger wird die
integrative Einbeziehung aller sicherheitsrelevanten technischen und organisatorischen Aspekte sowie Schnittstellen zur Energieversorgung, Kommunikationstechnik, Kabelmanagement, Gebäudeleittechnik, Brandverhütung und -bekämpfung.
Auch die Standortwahl sensibler Bereiche innerhalb eines Gebäudes und die Steuerung von Personen- und Materialströmen und Produktionsabläufen kann einen
wesentlichen Einfluss auf das gesamte Sicherheitsgefüge nehmen.

Weiterhin müssen mit der Integration eines Sicherheitsmanagements auch bestehende Systeme überprüft und ggf. ergänzt bzw. erneuert werden. Ein Beispiel
liegt in der Gebäudeleittechnik (GLT), in der u.a. die Brandmeldeanlage über entsprechende Schnittstellen oder Unterfunktionen der zentralen Leittechnik zu Steu-
erungsaufgaben wie Löschmittelansteuerung, Klimaschaltungen oder Brandab-
schnittsschließungen veranlassen können muss.

8.4.2 Sicherheitskonzeption

Auf Grundlage der Sicherheits- und Schwachstellenanalyse lässt sich ein Sicherheitskonzept erstellen, das die in Abb. 8.13 aufgezeigten Maßnahmen enthalten kann. Für die Erstellung des Sicherheitskonzeptes sind folgende Überlegungen anzustellen, in deren Mittelpunkt die Risikoüberprüfung steht.

- Auflistung der Bedrohungsarten,
- Aufzeigen unterschiedlicher Risikofelder,
- Objektive Risikobewertung,
- Projektbezogene Risikobewertung,
- Definition der Schutzziele und
- Ermittlung des Restrisikos.

Sicherheitsmanagement		
Passive planerische und bauliche Maßnahmen.	**Aktive elektronische Maßnahmen.**	**Personelle und organisatorische Maßnahmen.**
Sie beinhalten eine Gegenüberstellung des Mitteleinsatzes (Investition) und der möglichen Gefahren. Könnte eine Gefahr einen Schaden anrichten, dann ist die Höhe des Schadens, der eintreten könnte oder die nachhaltige Störung des Betriebsablaufes die Grundlage für die Höhe der Investitionssumme, die für die Sicherheitsanlage ausgegeben werden muss.	Sie unterstützen die passiven Maßnahmen in ihrer Wirkung mit z.B. Einbruchmeldeanlagen, Zutrittskontrollanlagen, Videoüberwachung und Störmeldeanlagen.	Sie ergänzen mit der Einrichtung bestimmter organisatorischer Stellen, Arbeitsschutzmassnahmen sowie Schulungen und Weiterbildungen das Sicherheitskonzept.

Abb. 8.13. Maßnahmenkategorien im Sicherheitsmanagement

Abgrenzung der Sicherheitsbereiche

Ein Kernpunkt der Konzeption liegt in der Abgrenzung der Sicherheitsbereiche und Festlegung der Zugangsberechtigungen sowie -mittel im Umfeld der Immobilie. Jedes Gebäude hat beispielweise eigene Schließsysteme um den Schaden bei Verlust eines Schließmittels[98] möglichst gering zu halten. Die jeweiligen Sicherheitsbäume unterteilen sich in unterschiedliche Raumkategorien, die aus den Anforderungen des Nutzers abgeleitet werden. Die Gebäudeaußenhülle bildet aus Sicherheitsgründen (z.B. bei Verlust von Einzelschlüsseln) einen separaten Sicherheitsbaum unter dem Hauptschließmittel (nur für Feuerwehr o.ä.). Darüber hinaus gibt es ein separates Schließsystem für die Technikräume.

---

[98] Im Kontext des Sicherheitsmanagements sind Schließmittel z.B. ID-Cards, PIN- sowie herkömmliche Schlüsselsysteme.

Die Schließbereiche können wie folgt kategorisiert werden:

1. Sicherheit 1: Dieses Schließmittel gilt für den Gebäudeeingang und wird in der Regel nur an Führungskräfte, die mit Aufgaben der Geschäftsführung oder vergleichbar betraut sind, ausgegeben. Eine wirksame Sicherung der Gebäude ist nur bei einem überschaubaren Kreis dieser Stufe möglich. Daher bedarf die Ausgabe an andere Mitarbeiter neben den grundlegenden Voraussetzungen einer besonderen Begründung.

2. Sicherheit 2: Sie gilt für einen Gruppenbereich (GB), der mehrere Räume umfasst und den Zugang zu einem Teil oder allen Räumen einer Einrichtung ermöglicht. Dieses Schließmittel kann nur ausgegeben werden, wenn dies zur Erfüllung der Aufgaben des Empfängers unentbehrlich ist, und durch die Ausgabe die Sicherheit der Gebäude und der darin befindlichen Ausstattung nicht gefährdet wird.

3. Sicherheit 3: Sie gilt für einen Einzelbereich (EB), z.B. ein einzelner Raum und wird an alle Mitarbeiter einschließlich temporärer Hilfskräfte ausgegeben, wenn die Ausgabe für den betreffenden Einzelbereich (Raum) zur Erfüllung der Aufgaben des Empfängers unentbehrlich ist.

Das nachstehende Schema in Abb. 8.14 gilt mit vorstehenden Konventionen und verdeutlicht beispielhaft die Konzeption des Schließplans.

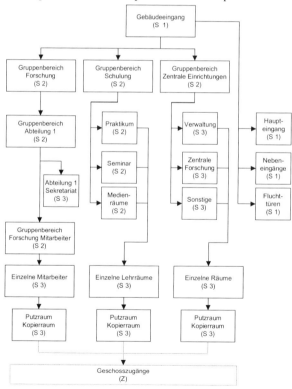

Abb. 8.14. Beispiel für die Abgrenzung von Sicherheitsbereichen

Die jeweils oberen Sicherheitsbereiche schließen die mit Pfeilen angeschlossenen Segmente. Unterhalb des Schließbereiches Gebäudeeingang (Sicherheit 1) sind mehrere Eingänge dieser Kategorie angeschlossen. Die Gruppenbereiche (Sicherheit 2) schließen einzelne Abteilungen und untergeordnet die zugehörigen Einzelbereiche bzw. -räume (Sicherheit 3).

Konzeption des Ausgabeverfahrens

Den Mitarbeitern, Mietern, Dienstleistern oder sonstigen Externen sind die zur Erfüllung der Aufgaben unentbehrlichen Schließmittel für die Immobilie bzw. ihre Räume und Anlagen zur Verfügung zu stellen. Ein strukturiertes Verfahren dient sowohl der erstmaligen Bestellung als auch der Ersatzbestellung bei Verlust. Voraussetzung für die Ausgabe ist, dass die Berechtigung durch den Eigentümer eingehend geprüft wird.

Wegen der Haftung des Empfängers bei Verlust ist die Schließmittelausgabe auf das unbedingt erforderliche Maß zu beschränken. Es kann daher sinnvoller sein, auf die Ausgabe eines Schließmittels für Gruppenbereiche zu verzichten und stattdessen mehrere Schließmittel für Einzelbereiche auszugeben. Sind die Voraussetzungen für die rechtmäßige Nutzung erfüllt, wird der Nutzer, sobald das gewünschte Schließmittel vorhanden ist, vom Schlüsselmanagement über die Schlüsselausgabe benachrichtigt. Schließmittel sind nur gegen persönliche Unterschrift des Empfangsberechtigten auszugeben.

Mit der Unterschrift hat der Empfänger die zu Grunde gelegten Bedingungen im Sinne der Haftung und des Verfahrens bei Verlust anzuerkennen. Der Verlust ist dem Schlüsselmanagement unverzüglich mitzuteilen. Eine eingehende schriftliche Stellungnahme, aus der die näheren Umstände des Verlustes (Datum, Ort, Grund, Ergebnis der Nachforschungen, polizeiliche Anzeige usw.) hervorgehen, ist dem Schlüsselmanagement vorzulegen. Auf den Empfänger können nach Vereinbarung alle Folgen eines schuldhaften Verlustes übertragen werden. Bei Verlust eines nicht sperr- oder löschbaren Schließmittels kann neben den Kosten der Ersatzbeschaffung, ggf. auch das Auswechseln von Teilen oder der ganzen technischen Anlage erforderlich sein.

Zusammenstellung der Maßnahmen

Als nahezu obligatorische Bestandteile des Sicherheitsmanagements sind zusammenfassend zu nennen:

- Zutrittsüberwachung von Geländen, Gebäuden und Räumen,
- Empfang und Besucherverwaltung,
- Videoüberwachung, Personensuchanlage,
- Wachdienste, Schließdienste, Geld- und Wertdienste,
- Notrufdienste und Betriebsfeuerwehr sowie
- Störungsmanagement.

Mit dem Empfang als zentralem Anlaufpunkt wird die gezielte Besucherführung und -erfassung in der Liegenschaft gewährleistet. Der Besucher wird bereits im Eingangsbereich (unter Einhaltung der Richtlinien des Datenschutzes) erfasst:

- Name des Besuchers,
- Ansprechpartner im Gebäude,
- Wegbeschreibung (Bauteil, Stockwerk, Raumnummer),
- Besuchsbestätigung des Ansprechpartners,
- Zutrittsdatum,
- Besuchsbeginn und -ende (Uhrzeit).

8.4.3 Integrationsplanung

Zwei Hauptvoraussetzungen sind für eine wirtschaftliche Integration der sicherheitsrelevanten Maßnahmen zu erfüllen. Erstens muss auf eine gemeinsame Datenbank zugegriffen werden können. Nur wenn die unterschiedlichen Systeme nicht mehr mit gleichen oder gleichartigen Inhalten nebeneinander gepflegt werden, können Fehler vermieden, Redundanzen ausgeschlossen sowie wirtschaftliche Sicherheit gewährleistet werden.

Zur Umsetzung dieses Konzeptes müssen möglichst viele der vorhandenen Einzelmethoden und -techniken aufgenommen werden. Dies bedeutet die Integration von u.a. Brandmeldeanlagen, Videoüberwachungen, Zugangskontrollen, Kommunikationssystemen, Betriebsdatenerfassung sowie die Zusammenführung in einem Gesamtsystem.

9 Kaufmännische Consultingleistungen für die Nutzungsphase

9.1 Nutzungskostenmanagement

Das Management der Nutzungskosten umfasst die Analyse und Darstellung der Nutzungskosten, die Nutzungskostensteuerung sowie die -optimierung. Wesentliche Grundlage zur Erkennung möglicher Kosteneinsparungspotenziale ist eine umfassende Kostentransparenz durch die Nutzungskostenermittlung.

Das Ziel des Nutzungskostenmanagements ist die Erkennung von Kostenreduzierungspotenzialen bezüglich der nicht zum Kernprozess des Immobiliennutzers gehörenden Kostenanteile durch umfassende Kostentransparenz und verursachungsgerechte Kostenzuordnung. Das Nutzungskostenmanagement umfasst die Nutzungskostenermittlung, -rechnung, -analyse sowie -steuerung.

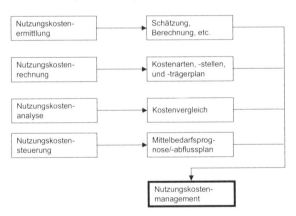

Abb. 9.1. Fachexpertise im Nutzungskostenmanagement

9.1.1 Nutzungskostenermittlung nach DIN 18960

Die Nutzungskosten umfassen nach DIN 18960[99] alle in baulichen Anlagen und deren Grundstücken regelmäßig oder unregelmäßig wiederkehrenden Kosten von Beginn ihrer Nutzbarkeit bis zu ihrer Beseitigung.

Mit Hilfe der Nutzungskostenermittlung werden in der Vorausberechnung die entstehenden Kosten bzw. in der Feststellung die tatsächlich entstandenen Kosten berechnet und hinsichtlich der Optimierungspotenziale untersucht. Sie umfasst die

- Nutzungskostenschätzung
- Nutzungskostenberechnung
- Nutzungskostenanschlag
- Nutzungskostenfeststellung.

Die anfallenden Kosten sind nach Kostenstellen, Art und Träger zu erfassen, aufzuschlüsseln und nach dem Entwurf der neuen DIN 18960 zu gliedern. Gleichzeitig ist ein Jahres-Mittelabflussplan zu entwickeln, der alle Auftrags- und Abrechnungsdaten aufzeigt sowie Mittelbedarf und Zeitpunkt des Mittelabflusses nennt. Ziel der Nutzungskostenplanung ist die jederzeitige Auskunftsbereitschaft gegenüber dem Eigentümer/Nutzer über die Auftrags- und Abrechnungssummen, den Stand des Ausgleichspostens sowie über die Rückstellung für Unvorhersehbares. Der Eigentümer/Nutzer ist regelmäßig, z.B. in Quartalsberichten etc., auf die Veränderung des vorhandenen Budgets und frühzeitig über Risiken bei der Einhaltung des Nutzungskostenrahmens hinzuweisen und es sind geeignete Gegenmaßnahmen vorzuschlagen.

Mit der Nutzungskostenermittlung werden durch den Auftraggeber die

- internen Kosten,
- Personalkosten sowie
- externen Kosten erfasst.

Es erfolgt eine Differenzierung der Nutzungskosten nach beispielsweise den Bereichen kaufmännisches, infrastrukturelles, technisches Facility Management. sowie die Berechnung der

- absoluten Kosten,
- absoluten Kosten je Leistungsbereich und
- spezifischen Kosten je Leistungsbereich.

Nutzungskostenschätzung

Sie dient zur Schätzung der Nutzungskosten in Verbindung mit der Kostenschätzung nach DIN 276 als eine Grundlage für die Entscheidung über die Vorplanung.

Grundlage für die Nutzungskostenschätzung sind insbesondere:

- Vorklärung der Finanzierung,
- Ergebnisse der Vorplanung des Bauwerks einschließlich der technischen Anlagen.

---

[99] Deutsches Institut für Normung e.V (1999) DIN 18960: Nutzungskosten im Hochbau. Beuth-Verlag, Berlin

In der Nutzungskostenschätzung müssen die Gesamtkosten nach Nutzungskostengruppen mindestens bis zur ersten Ebene der Nutzungskostengliederung ermittelt werden.

Nutzungskostenberechnung

Sie dient in Verbindung mit der Kostenberechnung nach DIN 276 als eine Grundlage für die Entscheidung über die Entwurfsplanung und den Finanzbedarf. Die Nutzungskostenberechnung ist bis zur Erstellung des Nutzungskostenanschlages zu aktualisieren. Grundlagen sind insbesondere:

- Entscheidung über die Finanzierung
- Vorklärung der Verwaltung
- Entwurf des Bauwerks einschließlich der technischen Anlagen
- Vorklärung der Bezugskosten bei Versorgungsunternehmen.

In der Nutzungskostenberechnung müssen die Gesamtkosten nach Nutzungskostengruppen mindestens bis zur zweiten Ebene der Nutzungskostengliederung ermittelt werden.

Nutzungskostenanschlag

Er dient insbesondere der konkreten Bereitstellung der Mittel. Weiterhin ist er die Zusammenstellung aller für die Nutzung voraussichtlich anfallenden Kosten und wird bis zum Zeitpunkt der Inbetriebnahme eines Projektes erstellt.

Grundlagen für den Nutzungskostenanschlag sind insbesondere:

- Entscheidung über die Fremd- und Eigenmittel mit den entsprechenden Verträgen
- Entscheidung über die Verwaltung
- Inbetriebnahme des Gebäudes einschließlich der voll funktionsfähigen technischen Anlagen
- Verträge mit Dienstleistungserbringern
- Steuerbescheide
- Annahmen für Instandsetzungsrücklagen.

In dem Nutzungskostenanschlag müssen die Gesamtkosten nach Nutzungskostengruppen mindestens bis zur dritten Ebene der Nutzungskostengliederung ermittelt werden.

Nutzungskostenfeststellung

Sie ist die Zusammenstellung aller bei der Nutzung anfallenden Kosten und sollte erstmalig nach einer Rechnungsperiode erstellt und laufend fortgeschrieben werden. Grundlagen für die Nutzungskostenfeststellung sind insbesondere:

- Zinszahlungen für Kapitalkosten
- Verwaltungsleistungen
- Betriebskosten
- Bezahlte Steuern

- Instandhaltungsaufwendungen.

9.1.2 Nutzungskostenrechnung

Zur Darstellung und Analyse der Nutzungskosten sind prinzipiell die Kostenart, Kostenstelle und der Kostenträger in Abb. 9.2 zu ermitteln und zusammenzuführen. Zunächst werden mit der Kostenartenrechnung alle in einer Periode angefallenen Kosten erfasst und in den verschiedenen Kostenarten gegliedert. Die anfallenden Kosten sind nach der DIN 18960 oder GEFMA-Richtlinie 200 zu strukturieren.

Der Vorteil dieser Varianten ist in der Folge die Existenz einer einheitlichen Kostengliederung, die als Basis für Kennzahlen-Vergleichswerte zur Verfügung steht. Durch die vorgegebene Kostenstrukturierung erfolgt eine Erfassung aller Nutzungskosten. Weiterhin ist zu untersuchen, an welcher Stelle bzw. Bereich die Kosten entstanden sind, um sie auf die entsprechenden Kostenstellen verteilen zu können. Abschließend sind die Kosten im Verursacherprinzip auf die Kostenträger zu buchen.

Abb. 9.2. Bestandteile der Nutzungskostenrechnung bzw. -analyse[100]

Nutzungskostenartenrechnung

Mit der Nutzungskostenartenrechnung wird der betriebliche Werteverzehr in einer definierten Abrechnungsperiode in der Art und Höhe festgehalten. Die Voraussetzung hierfür ist eine sinnvolle Gliederung der Kostenarten. Es gilt zu beachten, dass eine weitreichende Gliederung der Nutzungskostenarten einen deutlich erhöhten Aufwand zur Aufnahme und Pflege der Informationen zur Folge hat. Beim Aufbau der Nutzungskostenartenrechnung ist darauf zu achten, dass der Informationsgehalt, die Detaillierungstiefe und die Aussagekraft in einem angemessenen Verhältnis stehen.

---

[100] Vgl. Riebel V (2000) Kosten- und Leistungsrechnung. In: Galonska J, Erbslöh FD (2000) Facility Management. Deutscher Wirtschaftsdienst, Köln. S 5.5.3 - 1

Die Erarbeitung eines Nutzungskostenartenplans ist auf Grundlage der nachfolgend benannten Punkte durchzuführen:

- Grundsatz der Eindeutigkeit: Die Beschreibung der Inhalte der einzelnen Nutzungskostenarten ist mit eindeutiger Kontierungsanweisung und Einordnung durchzuführen.
- Grundsatz der Überschneidungsfreiheit: Zwischen den verschiedenen Nutzungskostenarten sind Überschneidungen und Vermischungen zu vermeiden.
- Grundsatz der Vollständigkeit: Das Nutzungskostenartenverzeichnis ist vollständig und die Nutzungskostenartengliederung klar, übersichtlich und den Zielvorgaben des Unternehmens oder der Verwaltung angepasst sein.
- Grundsatz der Kontinuität der Nutzungskostenzuordnung.

In Abb. 9.3 ist ein Nutzungskostenartenplan auszugsweise nach der GEFMA-Richtlinie 200 dargestellt. Hierin sind in der Nutzungskostengruppe 600 - Nutzungskosten im kaufmännischen Gebäudemanagement die Untergruppen Kostenrechnung und Controlling, Objektbuchhaltung sowie Vertragsmanagement aufgeführt.

600	Kaufmännisches Gebäudemanagement	
610	Kostenrechnung/Controlling	Verwaltung
611	Haus- und Mietverwaltung	Aufwendungen für die Verwaltung von Grundstück und Gebäude mit ggf. vermieteten Bereichen.
612	Nebenkostenabrechnung	Aufwendungen für die jährliche Erstellung einer Nebenkostenabrechnung gemäß Zweiter Berechnungsverordnung (II. BV).
613	Nutzungskostenrechnung	Aufwendungen für die Erstellung einer Nutzungskostenrechnung.
614	Inventarverwaltung	Verwaltung von Inventar einschließlich EDV-Anlagen.
615	Schlüsselverwaltung	Verwaltung von Schlüsseln und Schließanlagen.
616	Maschinenparkverwaltung	Verwaltung eines Maschinenparks.
617	Fuhrparkverwaltung	Verwaltung eines Fuhrparks.
619	Sonstige Verwaltung	
620	Objektbuchhaltung	Nur Aufwendungen im Zusammenhang mit Gebäude oder Diensten.
621	Finanzierungskosten	Lfd. Finanzierungskosten von Eigentümern (Fremd- oder Eigenkapitalzinsen).
622	Miete /Pacht	Lfd. Mietkosten, Erbauzinsen oder Pacht.
623	Abschreibungen	Abschreibungen nach den steuerlichen Richtlinien für Gebäude, Anlagen usw.
624	Steuern	Gebäudebezogene Steuern, z.B. Grundsteuer.
625	Gebühren und Abgaben	Gebühren und Abgaben, soweit nicht anderweitig erfaßt.
626	Versicherungen	Versicherungen, z.B. gegen Feuer, Sturm- und Wasserschäden, Glasversicherung, Haftpflicht für Gebäude, Öltank, Aufzug.
629	Sonstige Objektbuchhaltung	
630	Vertragsmanagement	Vorbereitung, Abschluß und regelmäßige Überprüfung von Verträgen auf inhaltliche Richtigkeit und Wirtschaftlichkeit.
631	Mietverträge	
632	Energielieferverträge	
633	Wartungsverträge	
634	Dienstleistungsverträge	
639	Sonstiges	
640	Vermarktung von Mietflächen	Marketing für vermietbare Flächen bis zum Abschluß eines Mietvertrags.
690	Sonstiges kaufm. Dienste	

Abb. 9.3. Nutzungskostenarten nach der GEFMA-Richtlinie 200[101] am Beispiel der Kostengruppe kaufmännisches Gebäudemanagement

---

[101] Vgl. GEFMA-Richtlinie 200 (1998) Kostenrechnung im Facility Management: Nutzungskosten von Gebäuden und Dienstleistungen (Entwurf 12/96), GEFMA e.V., Berlin

Die Nutzungskostengruppen stellen sich nach dieser Richtlinie wie folgt dar: Nutzungskostengruppe 000 – Übergeordnete Leistungen, 200 – Technisches Gebäudemanagement, 400 – Infrastrukturelles Gebäudemanagement sowie 600 – Kaufmännisches Gebäudemanagement.[102]

Nutzungskostenstellenrechnung

Mit der Nutzungskostenstellenrechnung wird festgehalten, an welcher Stelle der Werteverzehr stattgefunden hat. Die Nutzungskostenstellen können folglich als Orte der Kostenentstehung beschrieben werden. Eine wesentliche Funktion liegt in der Aufteilung der Gemeinkosten, d.h. dem einzelnen Nutzungskostenträger werden indirekt zurechenbare Leistungen zugeordnet. Durch diese Zuordnung können die genutzten Leistungen budgetiert, gesteuert und kontrolliert sowie zur Ermittlung von Verrechnungssätzen genutzt werden.

Für die Nutzungskostenstellengliederung ist die Hauptvoraussetzung, dass die strukturellen Belange des jeweiligen Unternehmens oder der Verwaltung durch die Abgrenzung homogener Verantwortungsbereiche abgedeckt werden. Sowohl die Ableitung als auch die Detaillierungstiefe von Nutzungskostenstellen ist an den spezifischen Gegebenheiten auszurichten. Soweit möglich sind die Nutzungskostenstellen und Verantwortungsbereiche übereinstimmend zu definieren. D.h. jeder Verantwortungsbereich, z.B. eine Abteilung, Gruppe oder Profitcenter ist gleichzeitig eine Nutzungskostenstelle.

Die Verrechnung der in einer Periode angefallenen Nutzungskosten erfolgt entweder durch die buchhalterische Nutzungskostenstellenrechnung oder durch statische Betriebsabrechnungsbögen.

Bei der Bildung von Nutzungskostenstellen sind die nachfolgenden Grundsätze zu beachten:

- Grundsatz der Eindeutigkeit: Die Nutzungskostenstellen sind klar voneinander abzugrenzen.
- Grundsatz der Wirtschaftlichkeit und Übersichtlichkeit: Die Aufteilung des Unternehmens in einzelne Nutzungskostenstellen ist soweit zu differenzieren, dass die Wirtschaftlichkeit gerechtfertigt ist und die Übersichtlichkeit gewahrt bleibt.

Darüber hinaus sind Nutzungskostenstellen zu bilden, die eine eindeutige Beziehung zwischen den anfallenden Kosten und den in der Kostenstelle erbrachten Leistungen sowie eine hohe Identität zu den Verantwortungsbereichen des Unternehmens bzw. der öffentlichen Verwaltung zulassen.

Nutzungskostenträgerrechnung

Die Nutzungskostenträger sind solche Leistungen, deren Kosten durch Verkaufserlöse oder innerbetriebliche Verrechnung abgedeckt werden. In der Nutzungskostenträgerrechnung werden die Einzelkosten direkt den Nutzungskostenträgern zu-

---

[102] Das vorliegende Werk entspricht in seiner Strukturierung der Leistungen für die Nutzungsphase ebendieser Richtlinie.

geordnet, d.h. die von den Nutzungskostenstellen verursachten direkten Kosten sowie indirekten Gemeinkosten sind auf die entsprechenden Kostenträger zu verteilen.

Die Nutzungskostenträgerrechnung hat für die gesamte Kostensteuerung bzw. für das Controlling eine wesentliche Bedeutung, da die Nutzungskosten bis auf einzelne Produkte oder Dienstleistungen heruntergebrochen werden können. Als kurzfristige Erfolgsrechnung eröffnet sie die Möglichkeit der Analyse des Betriebserfolges und bildet folglich eine grundlegende Informationsbasis im Entscheidungsprozess.

Prozessrechnung für Nutzungskosten

In der Prozessrechnung für Nutzungskosten werden im Gegensatz zur Kostenstellenrechnung Prozesse bzw. Abläufe kostentechnisch bewertet. Dazu ist die Definition von Prozessen, deren Aufteilung in Einzelschritte und deren kostentechnische Bewertung erforderlich. Vorteil dieser Variante ist die verursachungsgerechte Kostenzuordnung und somit hohe Kostentransparenz.

Problematisch dagegen ist, dass sämtliche kostenverursachenden Prozesse definiert bzw. erfasst werden müssen, um die gesamten Nutzungskosten darzustellen. Deren Anwendung wird sich daher in Ergänzung zur Kostenstellenrechnung auf definierte und projektübergreifend vergleichbare Prozesse beschränken, um ein fokussiertes Benchmarking zu ermöglichen.

9.1.3 Nutzungskostenanalyse

Mit der Analyse der Bewirtschaftungskosten wird festgestellt, ob die Leistungen der Gebäudebewirtschaftung gegenwärtig wirtschaftlich erbracht werden. Der Betrachtung unterliegen sowohl interne, als auch externe Leistungen. Die ermittelten spezifischen Nutzungskosten werden einem Benchmarking mit Vergleichskosten (Abb. 9.4) unterzogen. Der Nutzungskostenvergleich erfolgt

- mittels Vergleichsdatenbank,
- anschließender vertiefender Analyse der Kostengruppen mit hohen Abweichungen,
- unter Einbeziehung der zugehörigen Leistungsbilder bei Abweichungen hinsichtlich Leistungsänderungen,
- abschließender Berichterstellung zu den Nutzungskosten mit dem Aufzeigen von Optimierungspotenzialen und Handlungsempfehlungen.

Nr.	Nutzungskostengruppe	Richtwert €/m²
000	Übergeordnete Leistungen	
200	Technisches Gebäudemanagement	
220	Betriebsführung Technik	0,60 – 1,60
222	Betätigen (einschließlich 223 Inspizieren)	0,25 – 0,65
224	Warten	0,25 – 0,65
225	Kleine Instandsetzung	0,10 – 0,30
250	Versorgen	0,50 – 0,95
400	Infrastrukturelles Gebäudemanagement	
420	Reinigungsdienste	
422	Fassadenreinigung	0,13 – 0,25
430	Sicherheitsdienste	0,10 – 0,50
440	Hausmeisterdienste	
443	Inspizieren	0,15 – 0,60
490	Entsorgen	
492	Hausmüllgebühren	0,13 – 0,50
600	Kaufmännisches Gebäudemanagement	
610	Kostenrechnung/Controlling	
611	Haus- und Mietverwaltung	0,30 – 0,60
620	Objektbuchhaltung	
624	Steuern (einschließlich 625 Gebühren und Abgaben)	0,45 – 0,85
626	Versicherungen	0,10 – 0,40

Abb. 9.4. Richtwerte für Nutzungskosten am Beispiel von Wohnimmobilien[103]

9.1.4 Nutzungskostensteuerung

Zur Steuerung der Nutzungskosten ist u.a. der in Abb. 9.5 dargestellte Kostenverlaufsplan zu erstellen.

Er zeigt die Rahmendaten für das laufende Bewirtschaftungsjahr auf und wird
Quartalsweise fortgeschrieben. Der Kostenverlaufsplan umfasst

- die festgelegten Soll-Kosten aus der Bewirtschaftungsplanung für das laufende
  Jahr
- die bereits abgerechneten Ist-Kosten in den einzelnen Kostengruppen bis zum
  letzten Quartal sowie
- der aus der Vergangenheit abgeleiteten Prognose für das Folgejahr bzw. die
  nächsten Folgejahre.

Darüber hinaus sind für das kommende Bewirtschaftungsjahr die Kostenverläu-
fe in den einzelnen Kostengruppen zu prognostizieren. Die Prognose wird von zukünftigen Maßnahmen, wie z.B. einem geplanten Personalabbau oder einer Quali-
tätserhöhung beeinflusst.

Im dargestellten Kostenverlaufsplan ist im ersten bis dritten Quartal in der Kostengruppe 440 - Instandsetzung technischer Anlagen eine deutlich Kostenbelas-
tung festzustellen. Diese könnte beispielsweise durch einer große Instandset-
zungsmaßnahme in der Anlagentechnik begründet sein. Ein Jahres-Mittelabflussplan ist auf den Kostenverlaufsplan aufzubauen und jegliche Infor-

---

[103] In Anlehnung an: Zumpe (1998) Erfassung und Umlage von Nebenkosten nach der II.
Berechnungsverordnung. Vortrag zur Building Performance, Frankfurt/Main

mation zum Mittelbedarf und dem Zeitpunkt seines Abflusses einzustellen. Er umfasst im Detail die einzelnen Maßnahmen und ist auf die verwendete Systematik der Nutzungskostenermittlung, -analyse und -steuerung abgestimmt.

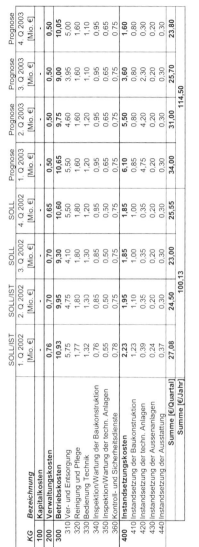

KG	Bezeichnung	SOLL/IST 1. Q 2002 [Mio. €]	SOLL/IST 2. Q 2002 [Mio. €]	SOLL 3. Q 2002 [Mio. €]	SOLL 4. Q 2002 [Mio. €]	Prognose 1. Q 2003 [Mio. €]	Prognose 2. Q 2003 [Mio. €]	Prognose 3. Q 2003 [Mio. €]	Prognose 4. Q 2003 [Mio. €]
100	Kapitalkosten	-	-	-	-	-	-	-	-
200	Verwaltungskosten	0,76	0,70	0,70	0,65	0,50	0,50	0,50	0,50
300	Betriebskosten	10,93	9,95	9,30	10,60	10,65	9,75	9,00	10,05
310	Ver- und Entsorgung	5,75	4,75	4,10	5,50	5,50	4,60	3,95	5,00
320	Reinigung und Pflege	1,77	1,80	1,80	1,80	1,60	1,60	1,60	1,60
330	Bedienung Technik	1,32	1,30	1,30	1,20	1,20	1,20	1,10	1,10
340	Inspektion/Wartung der Baukonstruktion	0,76	0,85	0,85	0,85	0,95	0,95	0,95	0,95
350	Inspektion/Wartung der techn. Anlagen	0,55	0,50	0,50	0,50	0,65	0,65	0,65	0,65
360	Kontroll- und Sicherheitsdienste	0,78	0,75	0,75	0,75	0,75	0,75	0,75	0,75
400	Instandsetzungskosten	2,23	1,95	1,85	1,85	6,10	5,50	3,60	1,60
410	Instandsetzung der Baukonstruktion	1,23	1,10	1,00	1,00	0,85	0,80	0,80	0,80
420	Instandsetzung der techn. Anlagen	0,39	0,35	0,35	0,35	4,75	4,20	2,30	0,30
430	Instandsetzung der Aussenanlagen	0,24	0,20	0,20	0,20	0,20	0,20	0,20	0,20
440	Instandsetzung der Ausstattung	0,37	0,30	0,30	0,30	0,30	0,30	0,30	0,30
	Summe [€/Quartal]	27,08	24,50	23,00	25,55	34,00	31,00	25,70	23,80
	Summe [€/Jahr]	100,13				114,50			

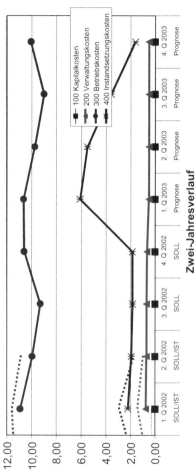

Abb. 9.5. Nutzungskostensteuerung mittels eines Kostenverlaufplans

9.2 Miet- und Vertragsmanagement

Das Miet- und Vertragsmanagement dient der Erfassung und Organisation aller vertragsrelevanten Daten insbesondere hinsichtlich der mietvertraglichen Inhalte, individuellen Nebenkostenregelungen und optimierter Flächenauslastung mit Hilfe einer Datenbank. Beim Vermieten von unternehmenseigenen, nicht selbst genutzten Flächen steht das Verhandeln mit möglichen Interessenten sowie das Schließen und Lösen von Mietverträgen im Vordergrund.

Das Miet- und Vertragsmanagement ist in die beiden Bereiche An- und Vermietung von Mietflächen zu unterteilen. Hier ist eine Auswahl und Entscheidung nach Nutzungskriterien vorzunehmen sowie die Möglichkeit einer späteren Eigennutzung zu berücksichtigen. Zu vermietende Flächen sollten regelmäßiger Kontrolle nicht entzogen sein. Das Anmieten von Flächen zum Zweck der Erweiterung oder Auslagerung von Teilbereichen bedarf der sorgfältigen Planung und Vorbereitung. In Frage kommende Objekte sind auf ihre Lage, Erweiterbarkeit, Nutzungskosten und Finanzierbarkeit mit Hilfe einer Nutzen-Kosten-Untersuchung zu überprüfen. Zur Klärung von offenen und strittigen Fragen sind ggf. Gutachten einzuholen. Die Entscheidung für oder gegen das Anmieten von zusätzlichen Flächen obliegt dem Nutzer, der vom Real Estate und Facility Management mit der Entscheidungsvorbereitung einen Überblick über die vorhandenen Kapazitäten und ihre Ausnutzung erhält.

Die Einbeziehung der neuen Flächen in das bereits vorhandene Facility Management sowie die Organisation von Umzügen bzw. weiterer Dienstleistungen ist parallel zu entwickeln und anschließend durchzuführen. Wesentliche Nutzenpunkte sind:

- Transparente Darstellung der und sofortiger Zugriff auf Vertragsinhalte,
- Vergleichende Auswertungen über alle Liegenschaften im Sinne eines Benchmarking,
- Synergieeffekte durch inhaltliche Gleichschaltung kongruenter Verträge,
- Minimierung von Verzugszinsen, Vertragsstrafen und Forderungsausfällen,
- Reduzierung von Investitionskosten und laufenden Kosten,
- Termingerechte Mieteinnahmen und Nebenkostenabrechnung,
- Gestaltung individueller Mietverträge und Umlageverfahren,
- Entscheidungsgrundlage zur Eigen- oder Fremdnutzung,
- Kontinuierliche Flächenauslastung (Leerstandsvermeidung).

Weiterhin ist das Miet- und Vertragsmanagement im Sinne der Erst- und Nachvermietung zu unterscheiden.[104] Die Erstvermietung ist bereits in die Projektentwicklung zu integrieren, um möglichst frühzeitig die Bedarfsanforderungen des zukünftigen Nutzers aufnehmen zu können und durch das Mietmanagement zu erfüllen. Im Rahmen der Erstvermietung sind u.a. das Akquisitionskonzept für potentielle Mieter und das Nutzerbedarfsprogramm[105] zu erstellen. Im Management der Nachvermietungen sind die Bestands- und Nutzungsinformationen darzustel-

---

[104] Vgl. Falk B (1997) Handbuch Immobilien-Management, moderne industrie S 390
[105] Siehe zur Konzeption der Erstvermietung Kap. 4.4 Nutzerbedarfsprogramm.

len, eine Leistungsanalyse durchzuführen und die kurz- und mittelfristigen Maßnahmen sowie langfristigen Strategien abzuleiten.

Die wesentlichen Meilensteine des Miet- und Vertragsmanagements sind in
Abb. 9.6 dargestellt.

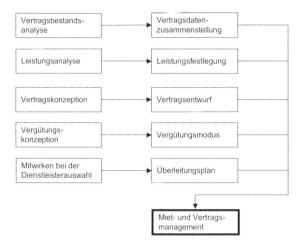

Abb. 9.6. Fachexpertise im Mietmanagement

9.2.1 Vertragsbestandsanalyse

Mit der Analyse der gegenwärtigen Verträge wird festgestellt, welche Leistungen
zu welchen Kosten und Qualitätsvereinbarungen erbracht werden. Häufig ist festzustellen, dass die Verträge im Facility Management ein Produkt kontinuierlichen
Wachstums sind. Die Verträge sind teilweise mehrere Jahre alt, wurden mit Preis-
gleitklauseln fortgeschrieben, die Vertragsbasis hat sich geändert, Leistungen sind
doppelt beauftragt oder Leistungen wurden beauftragt, werden jedoch nicht erbracht oder benötigt.

Zur Vertragsbestandsanalyse (Strukturierung siehe Abb. 9.7) wird einleitend
ein Vertragserfassungsbogen übergeben, die gegenwärtigen Dienstleistungsverträ-
ge durch den Auftraggeber aufgenommen und die gegenwärtigen Mietverträge
durch den Auftraggeber zusammengestellt. In der weiteren Vertragsanalyse werden die vereinbarten Leistungen zwischen den Vertragspartnern differenziert, die
erforderlichen Leistungen aufgenommen, ein Soll-/ Ist-Abgleich der Leistungen
durchgeführt, die Qualität der gegenwärtig erbrachten Leistungen sowie die Einhaltung der Leistungszyklen überprüft. Die Vertragsanalyse schließt mit der Untersuchung der aus den Verträgen resultierenden Vergütung, der Bewertung der
Vergütungshöhe im Kontext der erbrachten Leistungen, einer abschließenden Berichterstellung zu den Facility Management-Verträgen sowie dem Aufzeigen von

Optimierungspotenzialen und Übergabe von Handlungsempfehlungen an den Auftraggeber.

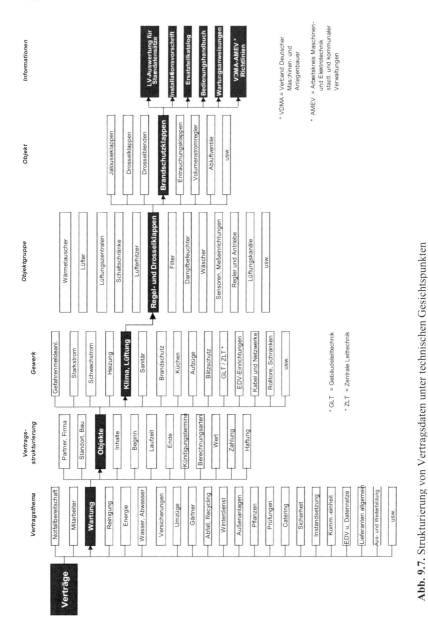

Abb. 9.7. Strukturierung von Vertragsdaten unter technischen Gesichtspunkten

Die Beurteilung der Leistungen bei Erstvermietungen kann quantitativ anhand der Anzahl abgeschlossener Mietverträge erfolgen. Die qualitative Bewertung wird durch den Vergleich der Sollmieten aus der Konzeptionsphase sowie den tatsächlich vereinbarten Mieten durchgeführt. Bei der Nachvermietung können Beurteilungen auf Basis eines Soll-Ist-Vergleiches vorgenommen werden. Diese Vergleiche beinhalten die Entwicklung der Mieten, der Betriebskosten, Umsatzeinbrüche und Bonitätsproblemeden bei Mietern. Durch Mietertreffen und -gespräche und die Aufnahme von Mängeln sowie Optimierungswünschen sind weiterhin Anhaltspunkte für das Mietmanagement abzuleiten.

9.2.2 Leistungsanalyse

Neben den Kosten der Gebäudebewirtschaftung spielt die Qualität der Dienstleistungen im Vertragsmanagement eine erhebliche Rolle für den Eigentümer und den Nutzer der Immobilie. Das interne und externe Personal muss daher eine hohe Kundenorientierung besitzen und die Leistungen nach dem Maximalprinzip erbringen. Die hierfür erforderliche, professionelle Dienstleistungserbringung ist mit dem Vertragsabschluß zu ratifizieren. Das Ziel der Leistungsanalyse im Sinne des Vertragsmanagcment ist es, die Leistung darzustellen, auf Vertragskonformität zu untersuchen und Verbesserungspotenziale aufzuzeigen.

Die Leistungsanalyse im Sinne des Vertragsmanagement umfasst die Aufstellung des Leistungsbildes für die zu untersuchende Dienstleistung, das Zusammentragen des vereinbarten Leistungsbildes und des daraus resultierenden Dienstleistungszieles, die Aufstellung eines Zeitplans zur Begehung der Liegenschaften, Verabschiedung der Bewertungsfaktoren, Aufstellung eines Berichtes mit einer personen-, abteilungs- oder unternehmensgebundenen Aussage und Erarbeitung einer detaillierten Leistungs-/ Vertragsvereinbarung.

Zur Gestaltung von Verträgen müssen unterschiedliche Beauftragungsvarianten und die ihnen zugrundeliegenden Leistungsbeschreibungen betrachtet werden. Hierin sind insbesondere die verrichtungs- und die ergebnisorientierte Beauftragung[106] zu benennen.

Verrichtungsorientierte Beauftragung

Sowohl bei Einzeldienstleistungen, als auch bei Leistungspaketen kann bei der Vergabe die verrichtungsorientierte Beauftragung angewandt werden. Hierbei wird der Fokus der Betrachtung auf die Ausführung der Tätigkeit gelegt. In der Folge sind die Leistungsverzeichnisse sehr umfangreich, da sie eine exakte Beschreibung des Dienstleistungsprozesses sowie der einzelnen Tätigkeiten beinhalten, die zur Erfüllung der ausgeschriebenen Leistungen erbracht werden müssen. Um eine Vergütung der Leistung festlegen zu können, wird die Leistungsbeschreibung durch eine vollständige Liste der zu betreuenden Gewerke mit einer Aufstellung aller relevanten Anlagen ergänzt. Durch das Outsourcing von ganzen

---

[106] Schlich R (2002) Unterschiedliche Gestaltungsmöglichkeiten von Facility Management Verträgen S 339 ff

Leistungspaketen kann auch die interne Leistungserbringung teilweise auf einen externen Dienstleister übertragen werden.

Dies führt zu einem erhöhten Kontrollaufwand seitens des Auftraggebers und bedingt die Transparenz von Kosten und Leistungen. Zur Schaffung der Transparenz ist es in der Regel erforderlich, in das interne Schnittstellenmanagement und Controllingsystem des operativen Dienstleisters einzugreifen. Durch Aufbau der entsprechenden Kontrollmechanismen lässt sich sicherlich feststellen, ob der Dienstleister z.B. die beschriebenen Wartungsarbeiten an allen Anlagen durchgeführt oder ob die Reinigungsleistungen in der geforderten Frequenz vor Ort erbracht wurden. Neben der Quantität der Leistung ist in diesem Zusammenhang weiterhin die Qualität der Leistungserbringung zu überprüfen.

Die Vorteile der verrichtungsorientierten Vergabe beschränken sich für den Auftraggeber auf die exakte Beschreibung der Leistung und die vermeintliche Kontrollmöglichkeit, da sich die Ausführung der selbst beschriebenen eingekauften Leistung im Prozess überwachen lässt. Durch Einschaltung eines Beratungsunternehmens bzw. eines Ingenieurbüros kann der Auftraggeber seinen Aufwand bei der Erstellung der Ausschreibungsunterlagen reduzieren. Die Erstellung der umfangreichen Leistungsverzeichnisse und die Massenermittlung werden durch den externen Dienstleister übernommen. Dieser stützt sich bei der Beschreibung der Leistung auf die anerkannten Regeln der Technik und die Vorgaben der DIN 31051, VDMA 24186, AMEV, GEFMA etc. Damit findet die Erstellung der Leistungsverzeichnisse weitgehend entkoppelt vom Nutzer statt. Dadurch wird während der Leistungserbringung den Nutzerwünschen und damit der Nutzerzufriedenheit nur eingeschränkt Rechnung getragen.

Die verrichtungsorientierte Vergabe macht eine exakte Beschreibung der einzelnen Leistung sowie eine vollständige Auflistung aller Anlagen und Gewerke erforderlich. Dies führt bei der Vergabe von Dienstleistungspaketen für größere Liegenschaften dazu, dass das Leistungsverzeichnis zusammen mit dem Vertrag mehrere Aktenordner umfassen kann. Ein effizientes Arbeiten mit den Vertragsunterlagen ist in der Praxis sowohl für Auftraggeber als auch Dienstleister nur bedingt möglich. Weiterhin ist eine vollständige Erfassung und Beschreibung aller Tätigkeiten sowie das restlose Erfassen des Mengengerüstes kaum leistbar und birgt das Risiko, dass mit der Leistungserbringung eine Vielzahl von zusätzlichen Leistungen erbracht und separat vergütet werden müssen. Die starre Beschreibung der Tätigkeit und das inflexible Kontrollsystem des Auftraggebers beschränkt die Möglichkeit des operativen Dienstleisters eigenes Know-how, eigene Erfahrungen und Innovationen einzubringen.

Ergebnisorientierte Beauftragung

Aufgrund der steigenden Komplexität der nachgefragten Leistungen, insbesondere bei der Vergabe von Dienstleistungspaketen und den vorgenannten Einschränkungen bei der verrichtungsorientierte Vergabe werden Dienstleistungen zunehmend ergebnisorientiert vergeben. D.h. bei dieser Variante der Auftragsvergabe steht nicht der Prozess mit seinen einzelnen Aktivitäten im Vordergrund, sondern das operational überprüfbare Ergebnis und damit die Qualität der erbrachten Leistung.

Voraussetzungen für eine ergebnisorientierten Vergabe

Beispielsweise bedeutet die Konzentration auf das eigene Kerngeschäfte durch Outsourcing, dass neben der Verlagerung der Leistung bzw. eines unterstützenden Prozesses auf einen externen Anbieter auch die unternehmerische Verantwortung für diesen Prozess übergehen muss. Dieser Übergang der unternehmerischen Verantwortung muss sowohl vom Auftraggeber als auch vom Dienstleister akzeptiert sein, um bei der Vertragsgestaltung konzeptionelle Schwächen, die sich u.a. in einer unscharfen Verantwortungszuweisung zwischen Auftraggeber und Auftragnehmer äußern, zu vermeiden. Die Übernahme der unternehmerischen Verantwortung muss vom Dienstleister dahingehend genutzt werden, dass er seine Kompetenz und Flexibilität zur Entwicklung innovativer Lösungen für den Kunden einsetzt. Eine erfolgreiche ergebnisorientierte Dienstleistungsbeziehung setzt voraus, dass sich der Auftraggeber vor der Ausschreibung intensiv mit den Zielen der Dienstleistungsvergabe, der Festlegung seiner eigenen Qualitätsanforderung und der Definition der operationalen Messgrößen auseinandersetzt. Anschließend muss sichergestellt werden, dass die zu erzielenden Ergebnisse genau durch die Vertragsformulierungen abgebildet werden.

Vorteile einer ergebnisorientierten Vergabe

Der Umfang des Leistungsverzeichnisses ist bei den ergebnisorientierten Verträgen deutlich reduziert, wodurch das Handling des Vertrages deutlich vereinfacht wird. Durch die Operationalisierung der Messgrößen wird der Controllingaufwand auf ein Minimum reduziert. Dadurch beschränkt sich das Controlling des Auftraggebers während der Vertragslaufzeit auf die Überprüfung, ob die vereinbarten organisatorischen Regelungen ein-gehalten, die Aufgaben-, Kompetenz- und Verantwortungszuschreibungen gewahrt und die vereinbarten Leistungsergebnisse erbracht werden. Die erforderliche Steuerungsmaßnahmen betreffen lediglich die vereinbarten Ergebnisse. Mangelnde Zielerreichung, Verfehlen der vereinbarten Qualitätsziele, Nichteinhaltung der organisatorischen Regeln etc. wirken sich direkt negativ auf die Bemessung und Zahlung der Vergütung aus.

Hemmnisse einer ergebnisorientierten Vergabe

Die ergebnisorientierten Leistungsbeziehungen eröffnen dem operativen Dienstleister Handlungsspielräume und bedeuten für den Auftraggeber einen vermeintlichen Kontrollverlust. Der Auftraggeber ist bei der ergebnisorientierten Variante nicht in den operativen Dienstleistungsprozess eingebunden. D.h. bei der verrichtungsorientierten Vergabe hat der Auftraggeber durch seine direkten Kontrollen, z.B. durch Abzeichnen der einzelnen Arbeitsaufträge, die Möglichkeit bei Bedarf aktiv einzugreifen. In der ergebnisorientierten Leistungsbeziehung muss er das periodische Leistungsergebnis abwarten und läuft Gefahr, dass sein Kernprozess negativ beeinflusst wird. Außerdem bleibt die verbliebene Überwachungsorganisation des Auftraggebers weitgehend vom Prozess der operativen Leistungserbringung entkoppelt. Versucht die verbleibende Überwachungsorganisation

weiterhin steuernd in den Leistungsprozess einzugreifen, sind Konflikte vorpro-
grammiert.

Die aufgezeigten Vorteile lassen erkennen, dass ergebnisorientierte Verträge
die geeignete Basis für eine langfristige partnerschaftliche Zusammenarbeit von
Auftraggeber und Dienstleister bilden können. Der geringere Umfang der ergebnisorientierten Verträge und die Beschränkung des Controllings auf die Leistungsergebnisse bedingen die äußerste Sorgfalt bei der Ausgestaltung der Verträge, der
Formulierung der Qualitäts-Ziele und der Operationalisierung der Bewertungspa-
rameter.

9.2.3 Vertragserstellung

Im Vorfeld der Vertragserstellung gilt es die unternehmerischen Ziele zu bestimmen. Sowohl der Auftraggeber als auch der Dienstleister sollten präzise festlegen,
welche Ziele mit dem Vertrag erreicht werden sollen. Diese Ziele sollten in die
Präambel des Vertrages übernommen werden, da sie eine wesentliche Hilfe bei
der späteren Auslegung des Vertrages bieten. Bei der Formulierung des Vertrags-
inhaltes ist zu gewährleisten, dass der partnerschaftliche Charakter der Vertrags-
beziehung erhalten bleibt.

Um mögliche Einigungsmängel und Dissense zu vermeiden, muss der Wille
beider Vertragsparteien offen diskutiert und das gemeinsame Ergebnis möglichst
präzise ausformuliert werden. Selbstverständlich ist bei der Vertragsgestaltung auf
Vollständigkeit und Widerspruchsfreiheit zu achten. Die große Herausforderung
der ergebnisorientierten Vertragsgestaltung besteht darin, dass möglichst jeder
Leistung ein operational messbares Ergebnisziel zugeordnet werden muss. Damit
soll die Erreichung der unternehmerischen Ziele gemessen werden.

Bei der Definition von Qualitätszielen bietet sich die Formulierung von Servi-
ce-Level-Agreements an. Sie beschreiben das Leistungsniveau und die Komfort-
stufe für die zu erbringenden Leistungen. In diesen Vereinbarungen können z.B.
die Verfügbarkeit der Anlagen, die Reaktionszeit bei Störungen oder das Einhal-
ten von definierten Raumkonditionen bzgl. Temperatur, Luftfeuchtigkeit etc. festgelegt werden. Hier lassen sich Messparameter noch relativ leicht finden und die
relevanten Daten können aus einer vorhandenen Gebäudeleittechnik recht zuver-
lässig abgelesen werden. Die Überprüfung der Vereinbarungen bei z.B. Reini-
gungsstandards fällt schwerer. Lassen sich keine geeigneten Parameter definieren,
können sich beide Parteien z.B. auf standardisierte Nutzerbefragungen als Verfahren zur Beurteilung, ob die vereinbarten Standards eingehalten wurden, einigen.
Zur Vereinbarung und Beurteilung von Kostensenkungszielen lassen sich Vergan-
genheitswerte heranziehen. Bei der Definition der Einsparung ist allerdings darauf
zu achten, dass die Kosten des Auftraggebers und die Kosten des externen
Dienstleisters auf die gleiche Abrechnungsgrundlage gestellt werden, d.h. dass
nicht Teilkosten mit Vollkosten verglichen werden.

9.2.4 Vergütungskonzeption

Die Vergütungsregelungen müssen die angestrebten unternehmerischen Ziele widerspiegeln. Kostensenkung und Steigerung der Effizienz sind häufig verfolgte Ziele des Auftraggebers. Bei der Gestaltung der Vergütungsregelungen ist sicherzustellen, dass eine Überbetonung der Kostensenkung nicht zu Lasten der Qualität erfolgt.

Bonus- und Malussysteme

Einfache Bonus- und Malussysteme lassen sich z.B. bei der Gestaltung von Facility Management Verträgen im technischen Bereich implementieren. Der Dienstleister erhält eine Grundvergütung für die Instandhaltung der Gewerke Heizung, Lüftung, Klimatechnik, etc. und am Ende des Jahres einen Bonus bei Erreichen der definierten Anlagenverfügbarkeit.

Die Entwicklung einer geeigneten Instandhaltungsstrategie liegt dann in der Hand des Dienstleisters. Ihm obliegt die Entscheidung, ob vermehrt vorbeugende Instandhaltung durchgeführt werden soll oder ob die Reaktionszeiten bei Störungen verkürzt werden. Aufgrund technischer Regeln bzw. gesetzlicher Auflagen sind in der Regel in den Verträgen Vereinbarungen enthalten, deren Einhaltung in der Grundvergütung bereits abgegolten sind. An dieser Stelle empfiehlt es sich Vertragsstrafen bei Nichteinhaltung der Vereinbarungen zu definieren.

Kostensenkungsverträge

Kosteneinsparungsverträge beinhalten cost und management fees für den Dienstleister auf vorab definierte Einsparungsziele gegenüber einem definierten Basisjahr. Hierzu ist eine detaillierte Bestandsaufnahme der Kosten und Leistungen erforderlich. Bei der Definition der Einsparung ist allerdings darauf zu achten, dass die Kosten des Auftraggebers in der Vergangenheit teilweise nur als Teilkosten, also ohne Personalkosten, Overhead und Gemeinkostenzuschlag, erfasst wurden.

Der externe Dienstleister rechnet die gleiche Leistung jedoch zu Vollkosten. Gewöhnlich lassen sich Kostensenkungen in vollem Umfang nicht auf einen Schlag realisieren. Es wird daher vertraglich vereinbart, in welchen Schritten der Dienstleister welchen Umfang der Kostensenkung unter sonst gleichbeliebenden realisieren muss. Die Einsparziele werden verbindlich vereinbart. In der Regel wird weiterhin festgelegt, dass Einsparungen über das definierte Ziel hinaus, dem Dienstleister als außerordentliche Erträge zustehen. Um eine einseitige Betonung der Kostensenkung zu vermeiden, empfiehlt es sich, in den Vertrag Regelungen aufzunehmen, die helfen, Instandhaltungsrückstau zu verhindern.

Performance Contracting

Im Rahmen der Performance Contracting ist der Dienstleister verpflichtet, Einsparpotenziale aufzuzeigen und zu realisieren. Der Dienstleister übernimmt hierbei die Investition und finanziert sich aus der Einsparung. Performance Contracting findet seine Anwendung häufig als Energieeinspar-Contracting bei der Senkung der Energiekosten bzw. Medienverbräuche. Im Idealfall erbringt der Dienstleister planerische, technische und/oder verfahrenstechnische sowie investive Leistungen bezogen auf haustechnische Anlagen mit Energie erzeugender oder verbrauchender Funktion. Dadurch werden für den Auftraggeber Einsparpotenziale hinsichtlich der Energiekosten und des Medienverbrauchs realisiert.

Bei richtiger Kalkulation reichen diese aus, damit der Dienstleister seine Investitionskosten einschließlich seiner Vergütung über eine zu vereinbarende Vertragslaufzeit hinweg refinanzieren kann. Ziel des Vertrages ist es die Kosten des Auftraggebers auch nach Ablauf des Contracting-Vertrages auf Dauer im Vergleich zum Zustand vor Vertragsabschluss zu minimieren. Der Einspareffekt wird nun zu einem wesentlichen Vertragsbestandteil erhoben, indem der Dienstleister für den prognostizierten Einspareffekt durch Abgabe einer Garantieerklärung rechtlich einsteht.

Der Dienstleister erhält über eine Beteiligung am Geldwert der Einsparung hinaus keine zusätzliche Vergütung. Damit trägt der Auftragnehmer das wirtschaftliche Risiko des Erfolgseintritts. Tritt nämlich die garantierte Einsparung ganz oder teilweise nicht ein, erhält der Auftragnehmer nur eine anteilige oder überhaupt keine Vergütung. Bei einer Unterschreitung der garantierten Einsparung muss er eine Ausgleichszahlungen in Höhe der Abweichung leisten. Das Performance Contracting verknüpft ausführenden Leistungen über die bislang bekannten Qualitätsmerkmale hinaus mit einem weiter gehenden Garantieversprechen. Damit verbunden ist die Bereitschaft und vertragliche Verpflichtung des Auftragnehmers zur vollen Übernahme des wirtschaftlichen Risikos.

9.2.5 Mitwirken bei der Auswahl von Dienstleistern

Über die genannten Leistungen hinaus besteht insbesondere bei Outsourcing-Maßnahmen auf Seiten des Auftraggebers ggf. Bedarf bei der Auswahl von Partnern im Rahmen der Dienstleistungsausschreibung und -vergabe des operativen Facility Management und folglich den Bedarf und die Anforderungen an die jeweiligen Dienste zu ermitteln und festzuschreiben. Dabei wird eine kritische Prüfung und Bewertung der sich bewerbenden Dienstleister vorgenommen. Zur systematischen Einholung der relevanten Informationen ist beispielsweise ein ausführlicher Selbstdarstellungsbogen anzuwenden. Nach Erhalt der erforderlichen Unterlagen und Informationen sind mit Denjenigen, die für die jeweilige Aufgabenstellung geeignet erscheinen, Gespräche zu organisieren. Die Ergebnisse aus den Interviews, dem Branchenimage und den zur Verfügung gestellten Unterlagen sind einer Nutzwertanalyse zu unterziehen. Hierin werden die projektspezifisch gewichteten Kriterienkataloge verwendet. Die Erwartungswerte werden für die Erfüllung der Teilziele festgelegt und die Erfüllung durch die jeweiligen Bewerber abgefragt. Der jeweilige Erfüllungsgrad ist mit Hilfe von Transformationsfunktionen auf einer Nutzenskala zu bewerten. Mit der Vorbereitung und der Vorlage der entsprechenden Verträge für die Ausgliederung von Leistungen sind

- in den Vertragsbedingungen Übereinstimmungen zwischen Auftraggeber und Planungsbeteiligten hinsichtlich Leistungsinhalt, -umfang und Honorar zu finden,
- die einzelnen Beauftragungen so zu koordinieren, dass weder Überschneidungen noch Lücken in der Leistungszuordnung entstehen,
- die Vertragsgrundlagen, -bestandteile und -bedingungen im Hinblick auf die Ziele des Facility Managements zu bestimmen,
- Unklarheiten oder Ungenauigkeiten in den Verträgen von Anfang an zu vermeiden.

9.3 Dienstleistungsausschreibung

In der Dienstleistungsausschreibung und -vergabe werden der Bedarf und die Anforderungen an die jeweiligen Dienste ermittelt und festgeschrieben. Dabei wird eine Prüfung, Wertung und Kommentierung zur Entscheidungsvorbereitung hinsichtlich der Erfordernisse von Dienstleistungen vorgenommen.

Die jeweiligen Leistungsverzeichnisse werden sowohl in der Planungs- als auch der Nutzungsphase ausgearbeitet, nach erfolgter Ausschreibung geprüft sowie die Vergabe der Leistung vorgeschlagen und dem Auftraggeber zur Entscheidung vorgelegt. In der Ausschreibung sind Vertragskonzepte zu entwickeln und unter Wettbewerbsbedingungen fachkundige, erfahrene, leistungsfähige und zuverlässige Anbieter auszuwählen. Bei der Erarbeitung von In- und Outsourcing-Konzepten sind auch Betreiber und Contracting-Modelle zu prüfen, bei denen komplette Dienstleistungsbereiche fremdvergeben werden können.

Während des Betriebes in der Nutzungsphase werden regelmäßige Kontrollen und Audits zur Gewährleistung des hohen Qualitätsstandards durchgeführt und ggf. durch eine erneute Dienstleistungsausschreibung/-vergabe angepasst.

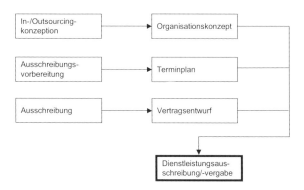

Abb. 9.8. Fachexpertise Dienstleistungsausschreibung und -vergabe

9.3.1 In-/Outsourcingkonzeption

Im Rahmen des Insourcing werden meist sämtliche Aufgaben des Gebäudemanagements in einem zentralen Unternehmensbereich, dem sogenannten „Internen Dienstleistungscenter" zusammengefasst. Die Leistungen werden mit eigenen personellen, finanziellen und materiellen Ressourcen durchgeführt. Unter Outsourcing wird die Auslagerung von Leistungen des Gebäudemanagements auf einen externen Dienstleister verstanden. In Anlehnung an den in Abb. 9.9 dargelegten Prozess ist die Konzeption des In- bzw. Outsoucing sowie die Konzeption von Mischformen zu erstellen

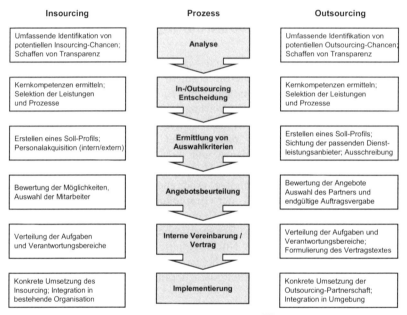

Abb. 9.9. Ablaufschema eines In- bzw. Outsourcingprozesses[107]

Insourcing

Der Vorteil dieser Organisationsform liegt vor allem in der vergleichsweise guten Kenntnis der Mitarbeiter. Hinsichtlich der betrieblichen Anforderung einerseits sowie der Gebäude und Anlagen andererseits. Diese Kombination lässt eine optimale Unterstützung des Primärprozesses erwarten. Vorteilhaft ist auch die direkte Präsenz der Mitarbeiter, die eine schnelle Reaktion auf Störungen der gebäude-

---

[107] Vgl. Bullinger, Zahn (1999) Der Outsourcing-Zyklus. In: Pfeiffer M (Hrsg) Facility Management – Das neue Leistungsangebot für Planer und Bauausführende. Forum-Verlag, Kap. 4/2, S 10

technischen Anlagen ermöglicht, wodurch etwaige Beeinträchtigungen des Betriebsablaufes auf ein Minimum reduziert werden können.

Neben möglichen Vorteilen weist das Interne Dienstleistungscenter oftmals erhebliche Schwachstellen auf. So muss das Unternehmen die notwendigen personellen und materiellen Kapazitäten ständig vorhalten, wobei deren gleichmäßige Auslastung häufig nicht gewährleistet ist. Hinzu kommt, dass Interne Dienstleistungscenter oftmals Monopolcharakter haben, wodurch kein angemessenes Preis-Leistungs-Verhältnis zustande kommt. Es besteht daher die Gefahr, dass die Leistungen eines Internen Dienstleistungscenters - vor allem unter Kostengesichtspunkten - nicht wettbewerbsadäquat sind. In den seltensten Fällen trifft man daher das Interne Dienstleistungscenter in Reinform an. Meist werden Einzelleistungen, z.B. Reinigungs- und Sicherheitsdienste, auch als Leistungspakete an externe Dienstleister übertragen.

Outsourcing

Es lassen sich verschiedene Formen der Fremdvergabe unterscheiden. Zum einen kann die Fremdvergabe nur einzelne Teilleistungen betreffen, die anlassbezogen an verschiedene Anbieter vergeben werden. Zum anderen können ganze Leistungsbündel (z.B. technische Leistungen, kaufmännische Leistungen) fremdvergeben werden. Im Extremfall werden sämtliche Gebäudemanagementleistungen an einen einzigen Externanbieter übertragen.

Als wesentlicher Vorteil der Fremdvergabe wird im allgemeinen das Kosteneinsparungspotenzial genannt. So können externe Anbieter die Leistungen vielfach kostengünstiger anbieten, da sie auf diese spezialisiert sind (der Sekundärprozess wird zum Primärprozess). Sie verfügen zum einen über speziell ausgebildetes Personal, zum anderen führt die betriebstechnische Ausrüstung des externen Dienstleisters, die der Auftraggeber aufgrund der geringen Auslastung nicht vorhalten kann, zu einer weitaus höheren Produktivität der Leistungserbringung. Damit geht oftmals auch eine Verbesserung der Qualität der Leistungen einher. Ferner wird durch die Fremdvergabe mitunter eine höhere Kostentransparenz erreicht. Als weiteres Argument für die Fremdvergabe des Gebäudemanagements wird die Möglichkeit zur Konzentration auf das eigene Kerngeschäft genannt, da personelle Ressourcen nicht mehr an Sekundärprozesse gebunden sind. Damit vereinfachen sich auch Führungsaufgaben. Nicht zu unterschätzen ist auch der Vorteil, auf externes Know-how sowie auf externe Systeme zurückgreifen zu können. Durch die Vergabe des kompletten Gebäudemanagements in eine Hand reduziert sich zudem der Steuerungsaufwand. Die Umstrukturierung bisheriger Fremdleistungen und die Zusammenfassung von Einzelleistungen bringt Synergie- und Kostenvorteile.

Den genannten Vorteilen stehen teilweise erhebliche Nachteile gegenüber. So geht die Fremdvergabe des Gebäudemanagements erfahrungsgemäss mit einem Verlust des Know-hows einher, da die entsprechenden Mitarbeiter abgebaut werden. Damit begibt sich das Unternehmen zunehmend in die Abhängigkeit des externen Dienstleisters. Der Know-how-Verlust ist auch vor dem Hintergrund der notwendigen Kontrolle der Leistungsergebnisse und dem Einholen von Vergleichsangeboten als negativ zu bewerten. Zudem relativieren sich oftmals die aufgezeigten Kostenvorteile. Beispielsweise sind die Kosten der Suche nach geeigneten Vertragspartnern und die daran anschließenden Vertragsverhandlungen in die Betrachtungen einzubeziehen. Bei größeren Outsourcingprojekten ist mit Vertragsverhandlungsdauern von mehreren Monaten, zum Teil auch bis zu einem Jahr und darüber zu rechnen.

	Eigenreinigung	Fremdreinigung
Tariflohn (im ö.D. nach Alter und Anz. d. Kinder) ca.	10,00 €	7,16 €
Personalkosten / Einkaufspreis pro Stunde ca.	22,50 €	13,75 €
Umsatzsteuer 16%	---	2,20 €
Enthaltene Overheadkosten ca. 15%	15% Overhead incl.	---
Kosten pro Stunde brutto	22,50 €	15,95 €
Transaktionskosten incl. Vergabeverfahren ca. 7,5%	---	1,20 €
Steuerung und Kontrolle ca. 5,0%	---	0,80 €
Kosten pro Stunde brutto	22,50 €	17,95 €
Durchschnittliche Leistung im m² pro Stunde	115	180
Kosten pro 100 m² Reinigungsfläche	19,58 €	9,97 €

Abb. 9.10. Kostenvergleich am Beispiel der Reinigung in der öffentlichen Verwaltung[108]

	Eigenreinigung	Fremdreinigung
Relation der Gesamtkosten	100 %	51 %
unproduktive Tage	ca. 25 Tage / Jahr	---
Qualität der Arbeit	80 %	90 %
Sanktionsmöglichkeiten bei schlechter Leistung	begrenzt	Wechsel des Dienstleisters
Krankheitsvertretung verursacht	zusätzl. Kosten	keine zusätzl. Kosten
Qualitätssicherung	begrenzt	inklusive
Flexibilität im Personaleinsatz	begrenzt	inklusive
Gewährleistung	keine	inklusive
Ressourcenbindung	ca. 20 Jahre	ca. 1 Jahr
Kostenart	sprungfixe Kosten	variable Kosten

Abb. 9.11. Vergleich nichtmonetärer Faktoren am Beispiel der Reinigung in der öffentlichen Verwaltung[109]

Zu hinterfragen ist auch der Qualitätsvorteil, da die Kenntnis der Dienstleister sowohl hinsichtlich der betrieblichen Anforderung des Unternehmens, als auch bezüglich der zu betreuenden Objekte häufig mangelhaft ist. Als problematisch

---

[108] Vgl. Reisbeck T (2002) Vorlesung zum Immobilien- und Infrastrukturmanagement, Bergische Universität Wuppertal, Folie 30
[109] a.a.O. Folie 31

kann sich in vielen Fällen auch die Tatsache erweisen, dass dem Dienstleister weitgehende Einblicke in das Unternehmen ermöglicht werden; damit kann ein großes Sicherheitsrisiko verbunden sein.

Der wesentliche Bestandteil eines Outsourcing-Vertrages sind sehr präzise und individuell formulierte Leistungsbeschreibungen, die sich Sinnvollerweise auf genormte Begriffe und Richtlinien (Betreibervertrag, Instandhaltungsvertrag, Wartungsvertrag etc.) beziehen sollten. Outsourcing sollte in beiderseitigem Interesse auf Dauer angelegt sein.

Die vertraglichen Regelungen müssen daher die Besonderheiten eines Dauer-Schuldverhältnisses berücksichtigen. Dies gilt insbesondere für die zu zahlende Vergütung. Auch hier muss größtmögliche Klarheit geschaffen werden, vor allem dann, wenn Teile oder die gesamte Vergütung von den, durch den Dienstleister erzielten Einsparungspotenzialen abhängig gemacht wird. Diese Form der leistungsabhängigen Vergütung - sie wird beispielsweise im Bereich des Energiemanagements angewandt - wird auch als Performance-Contracting bezeichnet. Darüber hinaus muss in der vertraglichen Gestaltung der Tatsache Rechnung getragen werden, dass der Dienstleister weitgehende Einsichten in den zu betreuenden Betrieb hat.

Dies erfordert besondere Loyalitäts- und Verschwiegenheitspflichten. Auf der anderen Seite übernimmt der Auftraggeber Mitwirkungspflichten, d.h., er muss dem Dienstleister die benötigten Einblicke sowie den Zugang zu den zu betreuenden Objekten gewährleisten. Regelungsbedürftig sind außerdem die Anforderungen an das Personal, die Arbeitszeiten, die Gewährleistung, die Haftung, die Vertragsanpassung bei etwaigen Änderungen, die Vertragslaufzeit sowie die Kündigung des Vertragsverhältnisses.

Mischformen

Zwischen den beiden Möglichkeiten des In- bzw. Outsourcings, also der umfassenden Eigenleistung auf der einen Seite, komplette Fremdvergabe des Gebäudemanagements auf der anderen Seite, haben sich einige Alternativen entwickelt, die nachfolgend kurz dargestellt werden:

Von einer sogenannten Ausgründung spricht man, wenn das Unternehmen eine Tochtergesellschaft gründet, auf die sämtliche Gebäudemanagementaktivitäten ausgelagert werden. Mit eigener Erfolgsverantwortung ausgestattet, bietet die Gesellschaft nicht mehr nur der eigenen Muttergesellschaft an, sondern auch Dritten. Diese Organisationsform wird auch als „Inhouse-Outsourcing" bezeichnet. Der wesentliche Vorteil dieser Konstruktion besteht darin, dass das Tochterunternehmen zwar noch immer auf die eigene Muttergesellschaft ausgerichtet ist, der Auslastungsgrad durch die Übernahme von Gebäudemanagementleistungen für andere jedoch erhöht wird.

Eine andere Möglichkeit liegt in der Kooperation mit einem externen Dienstleister. Das Unternehmen gründet gemeinsam mit einem externen Leistungsanbieter eine Tochtergesellschaft und überträgt dieser die Durchführung der Facility Management-Aktivitäten. Der Vorteil bei der Gründung einer gemeinsamen Betreibergesellschaft liegt in der Absicherung der Leistungsinhalte und -

ergebnisse auf gesellschaftsrechtlicher Ebene, gleichzeitig kann das Unternehmen aber vom Know-how des externen Anbieters partizipieren.

9.3.2 Ausschreibungsvorbereitung

Ausschreibungen und Verträge bestehen in der Regel aus verschiedenen Bestandteilen (Formblätter, Vorbemerkungen, Vertragsbedingungen, Bietererklärungen, Preisermittlungen usw.). Einige dieser Unterlagen sind als Dokumente gedacht, die im Einzelfall nicht verändert werden (Formblätter, Vorbemerkungen, Allgemeine Vertragsbedingungen). Andere Ausschreibungsbestandteile (insbesondere der Vertrag selbst) müssen aus juristischen Gründen individuell vereinbart sein oder sind zwangsläufig objektspezifisch (Anlagen oder Flächen).

Ausschreibungen können grundsätzlich funktional aufgebaut sein. Hierbei werden nicht einzelne Tätigkeiten oder Teilleistungen im Detail, sondern die Ziele der Vergabe beschrieben.

Weiterhin können Ausschreibungen auch mit einem Leistungskatalog versehen werden. D.h. einzelne Tätigkeiten oder Leistungen werden im Detail aufgelistet und vergeben. Eine funktionale Ausschreibung kommt z.B. bei Leistungen im Technischen Gebäudemanagement in Betracht (Betriebsführung). Eine Ausschreibung mit Leistungskatalog wird z.B. immer bei Leistungen der Gebäudereinigung anzuwenden sein. Eine Ausschreibung soll mit einer Einleitung beginnen, aus der folgende Angaben hervorgehen:

- Art der ausgeschriebenen Leistung (z.B. Betriebsführung, Reinigungsdienste, Sicherheitsdienste usw.),
- Objektbeschreibung (Gebäude, Liegenschaft, Anlage, etc.),
- Auftraggeber (AG) und sein Vertreter bei Rückfragen,
- Ersteller der Ausschreibung, insofern vom AG abweichend,
- Abgabedatum und -ort für das Angebot zur ausgeschriebenen Leistung,
- Zuschlagsfrist.

Ferner soll eine Inhaltsübersicht vorhanden sein, aus der mindestens zu erkennen ist:

- Übersicht der Unterlagen zur Ausschreibung,
- Übersicht zu mit dem Angebot einzureichenden Unterlagen,
- Benennung der Dokumente, die Vertragsbestandteile werden.
- Weitere wichtige Bedingungen der Ausschreibung sind darzustellen, z.B.:
- Ungeteilte Vergabe oder in Losen,
- Zulässigkeit von Nebenangeboten,
- Forderung einer Zertifizierung nach DIN EN ISO 9001,
- Durchführung der Submission öffentlich (vgl. VOB) oder unter Ausschluss der Bieter (vgl. VOL).

9.3.3 Ausschreibung

In der Ausschreibung soll ein Angebotsdeckblatt vorbereitet sein, das der Bieter für sein Angebot verwendet. Hierauf ist zu vermerken:

- Art der Leistung (identisch mit der ausgeschriebenen Leistung),
- Objektbeschreibung (Gebäude, Liegenschaft, Anlage, etc.),
- Auftraggeber (AG) und sein Vertreter,
- Gesamt-Angebotspreis netto, die Höhe der Mehrwertsteuer und der Gesamtbetrag brutto, z.B. in €/Jahr oder €/Monat,
- Unterschriftsleistung des Bieters mit Ort, Datum, Firmenstempel und rechtsverbindlicher Unterschrift.

Die Bietererklärung enthält alle Festlegungen, die grundsätzlich vom AG gefordert werden, um das Angebot des Bieters berücksichtigen zu können. Die Bietererklärung enthält keine Aussagen über die angebotenen Leistungen, sondern ausschließlich Kriterien, die zum Ausschluss des Angebotes führen können. Vor allem bei öffentlichen Vergaben ist eine solche Bietererklärung erforderlich. Beispiele für Erklärungen des Bieters sind,

- dass der Bieter seinen Zahlungsverpflichtungen gegenüber Finanzamt, Sozialversicherung, Berufsgenossenschaft usw. nachkommt,
- dass der Bieter keine Preisabsprachen oder andere wettbewerbswidrige Handlungen vorgenommen hat.

Die Bietererklärung soll allgemein gehalten sein, d.h. für alle Arten von Dienstleistungsausschreibungen anzuwenden sein. Sie enthält keine individuellen Festlegungen und kann als Formblatt jeder Dienstleistungsausschreibung beigelegt werden. Sie ist vom Bieter zu unterschreiben und mit dem Angebot abzugeben.

Vertragsentwurf

Der Ausschreibung soll ein Vertragsentwurf beigefügt sein. Der Vertragsentwurf soll in ausgewogener Weise die berechtigten Interessen beider Vertragspartner berücksichtigen. Klauseln, die z.B. für den AN eine ungerechtfertigte Härte darstellen, sollen vermieden werden. Auf dem Deckblatt sind folgende Angaben einzutragen:

- Art der Leistung,
- Objektbeschreibung (Gebäude, Liegenschaft, Anlage, etc.)
- Auftraggeber,
- Auftragnehmer,
- Zeitpunkt des Vertragsbeginnes,
- Unterschriftsleistung beider Vertragsparteien.

Auf der zweiten Seite soll im Sinne einer Inhaltsübersicht dargestellt sein, welche Dokumente Vertragsbestandteile sind und ggf. in welcher Reihenfolge diese angeordnet sind. Ab der dritten Seite sollen insbesondere die individuellen vertraglichen Vereinbarungen beschrieben werden. Hierbei sind nachfolgende Punkte zu regeln:

- Gegenstand des Vertrags

- Vertragsbestandteile und Leistungen des Auftragnehmers
- Anforderungen an das Personal sowie Arbeitszeit
- Gewährleistung und Haftung
- Unterlagen und Daten
- Leistungen des Auftraggebers, Vergütung, Zahlungsbedingungen
- Vertragsanpassung bei Änderungen
- Vertragslaufzeit und Kündigung
- Salvatorische Klausel und Schriftformklausel
- Rechtsnachfolge, Rechtsweg und Gerichtsstand.

Vertragsbedingungen

In den Allgemeinen Vertragsbedingungen (AVB) können alle Festlegungen zu-sammengefasst werden, die ein Auftraggeber grundsätzlich von allen seinen Dienstleistungserbringern fordert. Dies ist unabhängig davon, ob es sich um tech-nische, infrastrukturelle oder kaufmännische Dienstleistungen handelt. Die AVB enthalten keine verhandelbaren oder individuell festzulegenden Punkte. Sie wer-den einmalig durch den AG festgelegt und können dann jeder Dienstleistungsaus-schreibung als Formblatt beigelegt werden. Die AVB werden Vertragsbestandteil. Individuelle Vereinbarungen werden dagegen im Vertrag behandelt.

Die Besonderen Vertragsbedingungen (BVB) für infrastrukturelle, kaufmäni-sche oder technische Dienstleistungen enthalten wie die AVB keine individuellen Vereinbarungen, sondern sind als Formblatt den Ausschreibungen für die Dienst-leistung beizulegen. Die BVB werden bei entsprechenden Aufträgen Vertragsbe-standteil.

Objekt- und Leistungsbeschreibung

Der Ausschreibung ist eine Objektbeschreibung hinzuzufügen, die das Objekt in den für den Anbieter wesentlichen Aspekten darstellt. Wesentliche Aspekte kön-nen z.B. sein:

- Größe und Lage des Objekts,
- Baujahr des Objekts,
- Zweckbestimmung des Objekts,
- Nutzungszeiten (tags, nachts, Wochenende).

Die Objektbeschreibung wird nicht Vertragsbestandteil. Bei großen oder kom-plexen Gebäuden sowie bei Problemen, die zu erbringende Leistung klar zu be-schreiben, ist es sinnvoll, den Bietern während der Angebotserstellung eine örtli-che Begehung zu empfehlen oder vorzuschreiben. Eine Objektbeschreibung ist vor allem bei Neubauten meist schon vorhanden (z.B. Baubeschreibung), sollte aber auf die dienstleistungsrelevanten Punkte beschränkt werden.

Die Leistungsbeschreibung ist möglichst eindeutig und klar sowie für den Bie-ter kalkulierbar zu beschreiben. Bei der funktionalen Ausschreibung sollen weni-ger einzelne Handgriffe und Tätigkeiten aufgelistet werden, sondern vielmehr die zu erreichenden Ziele definiert werden. Dabei ist darauf zu achten, dass das Erreichen dieser Ziele nachträglich auch objektiv kontrolliert werden kann. Bei der Ausschreibung mit Leistungskatalog sind einzelne Tätigkeiten und Teilleistungen zu beschreiben und festzulegen. Auch hier ist darauf zu achten, dass eine nichterbrachte Leistung nachweisbar ist. Deshalb sollen z.b. Leistungsintervalle so konkret festgelegt werden, dass zu einem bestimmten Datum die Erbringung oder Nichterbringung einer geschuldeten Leistung festgestellt werden kann. Die Leistungsbeschreibung wird Vertragsbestandteil.

Bestandsverzeichnis und Referenzliste

Das Bestandsverzeichnis (z.B. bei technischen Dienstleistungen) enthält eine übersichtliche Aufstellung der installierten betriebstechnischen Anlagen, z.B. gegliedert nach DIN 276. Aus dem Bestandsverzeichnis soll die Anzahl, Größe und Komplexität der Anlagen hervorgehen, um z.B. den Bedienungs- oder Wartungsaufwand kalkulieren zu können. Das Bestandsverzeichnis soll durch Anlagenschemata und ggf. kurze Anlagenbeschreibungen ergänzt werden. Hersteller von Anlagen sind relevant, soweit der Dienstleistungserbringer für Einzelleistungen auf diese zurückgreifen muss (z.B. Wartung von Aufzügen oder Spezialtechniken). Das Bestandsverzeichnis wird Vertragsbestandteil.

Eine Referenzliste des Bieters wird in der Regel zu fordern sein. Angaben über die Mitarbeiterzahl oder den Umsatz in den letzten drei Jahren können weiter dazu beitragen, sich von der Leistungsfähigkeit des Bieters zu überzeugen. Mit der Objektverlustliste wird der Bieter aufgefordert, verlorene Aufträge der ausgeschriebenen Art für die letzten fünf Jahre unter Nennung des Kunden, der jährlichen Abrechnungssumme, Datum und Grund des Verlustes zu nennen.

Über den Nachweis der Kalkulation von Stundenverrechnungssätzen für das Personal des Bieters können auffällige Unterschiede von Angebotspreisen geklärt werden. Weiterhin ist zu erkennen, ob z.B. Sozialleistungen für das Personal einkalkuliert wurden. In der Preiszusammenstellung sollen Einzelpreise mindestens soweit differenziert werden, dass sich Einzelpreise nach Kostengruppen zuordnen lassen.

10 Geschäftfeldsentwicklung Real Estate und Facility Management Consulting

Das nachfolgend dargestellte Praxisbeispiel einer Geschäftsfeldentwicklung Real Estate und Facility Management Consulting ist auszugsweise der Forschungsarbeit „Entwicklung und Einführung eines Real Estate und Facility Management Consultings am Beispiel eines Ingenieurbüros" entnommen.[110] Hierin werden zunächst die allgemeinen Projekt- und Rahmenbedingungen für den Geschäftsfeldaufbau beschrieben, die Kompetenzanalyse durchgeführt, das Strategienetz aufgestellt und aus den Erkenntnissen der Detailanalysen die Erweiterung des Leistungsportfolios abgeleitet. Nach der Zusammenfassung der Strategie folgt die kritische Würdigung des Praxisprojektes in Form eines Resümees.

10.1 Projekt- und Rahmenbedingungen

Als Ausgangsbasis der hier beschriebenen Geschäftsfeldentwicklung diente die Forschungskooperation nach dem Modell 4+1[111] zwischen dem Institut für Baumanagement IQ-Bau an der Bergischen Universität Wuppertal und einem deutschen Ingenieurbüro, deren Zieldarstellungen[112] sich wie folgt beschreiben.

---

[110] Vollständiger Abdruck: Schöne LB (2001) Entwicklung und Einführung eines Facility Management Consultings am Beispiel eines Ingenieurbüros. Diederichs CJ (Hrsg), DVP-Verlag, Wuppertal

[111] Vgl. Diederichs CJ (2001) Modell 4+1: Beratungsphilosophie des Institutes für Baumanagement IQ-Bau. Faltblatt, IQ-Bau, Wuppertal, S 3

[112] Zieldefinition vom 18.12.1998 (1999) Einführung eines Facility Management (Consulting) Systems für ein Ingenieurbüro. Forschungsvorhaben nach dem Modell 4+1 an der Bergischen Universität Wuppertal, Institut für Baumanagement IQ-Bau, Wuppertal / München

10.1.1 Ausgangssituation

Das Beispielunternehmen hat sowohl im Geschäftsbereich Technische Gebäude-ausrüstung als auch im Geschäftsbereich Projektsteuerung Dienstleistungsangebote zum Thema Real Estate und Facility Management aufgebaut bzw. entwickelt.[113] Die Inhalte dieser Leistungsbilder sind jeweils geschäftsbereichsspezifisch ausgeprägt. Im Bereich der technischen Gebäudeausrüstung sind die angebotenen Dienstleistungen eher vom praktischen Planungsalltag geprägt und gehen von der Tendenz her bereits über den Rahmen der in der HOAI definierten Leistungen hinaus.

Im Geschäftsbereich Projektsteuerung beinhaltet das vorhandene Leistungsbild insbesondere den unternehmensberaterischen Ansatz, welche Handlungsziele im Rahmen des konkreten Immobilien- bzw. Liegenschaftsbesitzers ein hohes Optimierungspotenzial haben. Das Leistungsbild geht dann im einzelnen auf die Findung dieser Potenziale und vor allem auch auf die Konkretisierung des bestehenden Informationsbedarfes ein. Des weiteren werden Dienstleistungen mit dem Ziel angeboten, eine Ist-Bestandsaufnahme der Bewirtschaftungsabläufe vorzunehmen und einen Sollablauf unter Berücksichtigung gegebener Randbedingungen und Prämissen zu erstellen. Das bestehende Dienstleistungsangebot wurde bei den wesentlichen Zielgruppen vom Ingenieurbüro vorgestellt, eine flächendeckende Marketingkonzeption wurde unter Abwägung von Sinnhaftigkeit und Kosten bisher noch nicht durchgeführt.

10.1.2 Zieldefinition

Das Ziel ist die wesentlichen Vorgehensweisen für die Dienstleistungsaktivitäten zu strukturieren.

10.1.3 Leistungsbild

Im Rahmen des Geschäftsfeldaufbaus ist zunächst die bereits seit längerer Zeit bestehende Leistungsbilddiskussion für ein Real Estate und Facility Management Consulting unter Berücksichtigung der unternehmensspezifischen Stärken und Schwächen zum Abschluss zu bringen.[114]

---

[113] Darüber hinaus bestehen Schnittstellenkompetenzen u.a. zur Projektentwicklung.
[114] Das Leistungsbild entspricht im wesentlichen den Inhalten des vorliegenden Werkes. Vgl. auch Kap. 10.1.6.

10.1.4 Bestandsaufnahme

Eine wesentliche Aktivität wird sein, eine Bestandsaufnahme über die bestehenden Wissenslücken durchzuführen.[115] Im Sinne einer Priorisierung ist festzulegen, welche Leistungen in Abhängigkeit bestehender Beauftragungen verstärkt in Verfahrensvorgaben zu strukturieren sind.

10.1.5 Kooperationspartner

Des weiteren wird eine Strategie über einzuschaltende Kooperationspartner im Zusammenhang mit ganzheitlichen Aufgaben des Real Estate und Facility Management aufgebaut. Es muss festgelegt werden, welche Partner bei welchen Aufgaben ggf. hinzugezogen werden müssen. Es werden also Kontaktaufnahmen zu potentiellen Kooperationspartnern vorbereitet, strukturiert und aufbereitet.

10.1.6 Dokumentation

Das messbare und zu bewertende Ergebnis des abgeschlossenen Projektes ist in Form eines Facility Management Consulting-Handbuches[116] vorzulegen. In ihm werden die zur Einführung und zum Aufbau eines Geschäftsfeldes Real Estate und Facility Management Consulting notwendigen Grundlagen sowie die Aufbauarbeit zur Schaffung einer neuen Tochterunternehmung dokumentiert.

10.1.7 Unternehmensdarstellung

Das mittelständische Beispielunternehmen vereint 400 Mitarbeiter in den in Abb. 10.1 dargestellten Geschäftsbereichen bzw. untergeordneten Fachbereichen. Darüber hinaus sind verschiedene Tochterunternehmen in den Konzern eingebunden, die thematisch ebenfalls im Umfeld der Bauwirtschaft angesiedelt sind. Die einzelnen Geschäftsbereiche agieren weitestgehend autark, sind jedoch im Sinne eines Systemhauses mit Querschnittsfunktionen verbunden. Die Unternehmensverwaltung und -services stehen geschäftsfeldneutral als eigenständige Säule[117] neben den Geschäftsbereichen.

---

[115] Alle in diesem Kap. aufgeführten Kompetenzwerte sind beispielhaft aufgeführt.

[116] Anerkennung als Qualitätsmanagement-Handbuch im Zuge der Zertifizierung des Facility Management Consulting Fachbereiches nach DIN EN ISO 9001 (1999)

[117] In Abb. 10.1 ist dieser Bereich nicht dargestellt worden. Er hat keinen Einfluss auf die zu formulierende Strategie und ist darüber hinaus nicht das Ziel der Kompetenzanalyse.

TWP Tragwerksplanung	TGA Technische Gebäudeausrüstung	IB Ingenieurbau	BM Baumanagement	PS Projektsteuerung	Geschäfts-bereiche
Statik	Heizung ,Klima, Lüftung, Kälte, Energie	Planung	Ausschreibung und Vergabe	Krankenhausbau	
Grundbau	Gas, Wasser, Abwasser, Feuerlöschtechnik	Objektüberwachung	Objektüberwachung	Wirtschaftsbau	
Konstruktion	Elektro-/Fernmeldetechnik, Beleuchtung, Fördertechnik	Konstruktiver Ingenieurbau	Kostenplanung	Wohnungsbau, Soziale Einrichtungen	Fachbereiche
	Mess-/Steuer-/Regeltechnik, Gebäudeleittechnik		Terminplanung	Projektentwicklung	
	Fachbauleitung		EDV und Organisation	Facility Management	
	Facility Management				

Abb. 10.1. Geschäfts- und Fachbereiche des Beispielunternehmens

Die dreistufige Hierarchie des Unternehmens besteht aus den Gesellschaftern, die zugleich die Geschäftsleitung bilden, der Geschäftsbereichs- und Fachbereichsleitung in der mittleren Führungsebene sowie den direkt zugeordneten Mitarbeitern.

10.2 Marktpotenzial

Der Markt umfasst alle effektiven und potentiellen Abnehmer des Unternehmensangebotes. Seiner Betrachtung kommt daher herausragende Bedeutung für den Unternehmenserfolg zu. Die Marktanalyse und -prognose beschäftigt sich mit der
- genauen Definition des relevanten Marktes und der Segmente, auf die das Strategische Geschäftsfeld abzielt
- Analyse der Bedürfnisstruktur
- Typologisierung strategisch relevanter Merkmale und Einordnung des Marktes in spezifische Stufen der Marktentwicklung
- Prognose der Entwicklung des Marktes.

In Abb. 10.2 sind die Teilleistungen mit ihrem Marktpotenzial bei der Zielgruppe Unternehmen dargestellt. Hierbei ist das kurz-, mittel- und langfristige Potenzial für Beratungsaktivitäten im Zeitraum bis sieben Jahre zu unterscheiden. Es leitet sich aus der aktuellen Managementpraxis ab, das in der empirischen Umfrage aufgenommen wurde und im Umkehrschluss die Beratungsleistungen von Morgen darstellt.

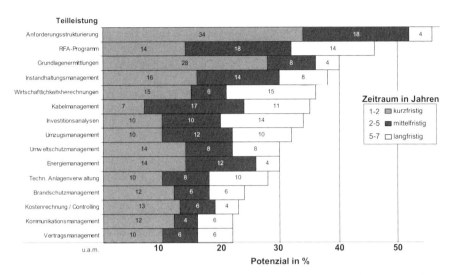

Abb. 10.2. Marktpotenzial für Beratungsleistungen bei befragten Großunternehmen (Auszug)

In der detaillierten Betrachtung, beispielsweise der Teilleistung Instandhaltungsmanagement, ist ein Gesamtpotenzial von 38% zu verzeichnen. D.h. 16% der befragten Unternehmen gaben an einen kurzfristigen, 14% einen mittelfristigen und 8% einen langfristigen Beratungsbedarf in dieser Teilleistung zu erkennen. Beschränkt wird die Prognose durch den Beobachtungshorizont von sieben Jahren.

10.3 Kompetenzanalyse

Mit der Geschäftsfeldstrategie wird die Leistungsfähigkeit auf die Anforderungen der Unternehmensumwelt abgestimmt. Die Voraussetzung für diese Unternehmens-Umwelt-Abstimmung ist neben der Marktanalyse die Ermittlung der relativen Stärke des Unternehmens in einer Kompetenzanalyse. Mit ihr werden die zu integrierenden Geschäfts- und Fachbereiche festgelegt und anhand jeder einzelnen Teilleistung bewertet. Sie gibt mit dem Kompetenzwert Auskunft über die derzeitige Leistungsfähigkeit und definiert die mögliche Aufgabenstellung im Rahmen des neu zu entwickelnden Geschäftsfeldes.

10.3.1 Direkte Kompetenzen

Den direkten Kompetenzen sind die in Abb. 10.1 aufgeführten Geschäftsbereiche aus dem Kerngeschäft der Unternehmung und deren Relevanz für das Geschäftsfeld Real Estate und Facility Management Consulting zugeordnet:

Tragwerksplanung   bedingt relevant[118]
Technische Gebäudeausrüstung   relevant
Ingenieurbau   irrelevant
Baumanagement   irrelevant
Projektsteuerung   relevant.

Darüber hinaus ist aufgrund der hohen Marktattraktivität sowie der Vielzahl von Schnittstellen zum Real Estate und Facility Management der Fachbereich

Projektentwicklung   relevant

zu kennzeichnen.

10.3.2 Indirekte Kompetenzen

Den indirekten Kompetenzen sind die nachfolgend aufgeführten Bereiche aus Tochterunternehmungen und deren Relevanz für das Geschäftsfeld Real Estate und Facility Management Consulting zugeordnet:

Ingenieurbüro für Umweltmanagement   relevant
Ingenieurbüro für Energiemanagement   relevant
Ingenieurbüro für Technische Gebäudeausrüstung relevant
Ingenieurbüro für Baubetreuung   irrelevant.

10.3.3 Qualitative Darstellung der Kompetenzen im Unternehmen

Aus der Unternehmensorganisation und der Auswahl der relevanten Bereiche leitet sich zunächst die qualitative Darstellung in Abb. 10.3 ab.[119] Hierin sind die Projektentwicklung, Technische Gebäudeausrüstung und Projektsteuerung als direkte Kompetenzen einzubringen. Die indirekten Kompetenzen leiten sich aus Leistungen von Tochterunternehmen ab.

---

[118] Der Bezug zum Facility Management kann ausschließlich über die Teilleistung technische „Bestandsbewertung" hergestellt werden. Im Rahmen der Strategie wird dieser Bereich vernachlässigt.

[119] Die quantitative Analyse der Kompetenzen fließt zu diesem Zeitpunkt nicht in die Betrachtung ein.

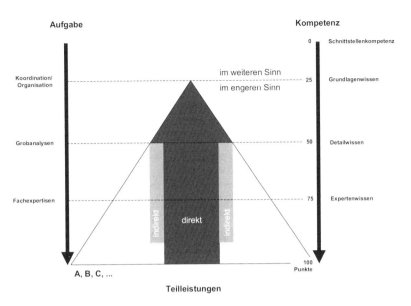

Abb. 10.3. Zusammenführung der direkten und indirekten Kompetenzen im Real Estate und Facility Management Consulting

Die qualitative Darstellung dient innerhalb des Unternehmens als Ausgangsbasis für alle weiteren notwendigen Analysen. Auf seiner Grundlage wird die quantitative Bewertung durch die Kompetenzanalyse durchgeführt.

10.3.4 Quantitative Beurteilung der Kompetenzen im Unternehmen

Die quantitative Bewertung der unternehmerischen Kompetenzen wurde in Anlehnung an Abb. 10.4 vorgenommen. Eine detaillierte und direkte Einschätzung der Erfolgsfaktoren respektive der Kompetenzen in den einzelnen Teilleistungen, ist durch die Geschäftsleitung aufgrund der Unternehmensgröße (> 400 Mitarbeiter) nicht anzustreben. Folglich wurde die Befragung in der mittleren Führungsebene durchgeführt, welche die Schnittstelle zwischen Unternehmensleitung und Projektarbeit bildet.[120]

In Abb. 10.4 ist die Unternehmenshierarchie mit der übergeordneten Unternehmensleitung, der fachgebundenen Leitung als der mittleren Führungsebene sowie deren zugeordnete Mitarbeiter modellhaft konstruiert. In Anlehnung an die vorab erläuterten Einschränkungen werden die abzufragenden Erfolgsfaktoren Top-Down durch die Geschäftsleitung vorgegeben sowie die Abfrage der Kompetenzen durch die Geschäftsbereichs-/Fachbereichsleitung mit Hilfe der in Abb. 10.5 dargestellten beispielhaften Beurteilung der Teilleistungen durchgeführt.

---

[120] In den Tochterunternehmen von der Geschäftsleitung.

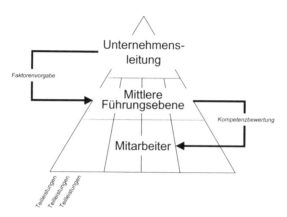

Abb. 10.4. Einbindung der Kompetenzbewertung in die Unternehmenshierarchie

Die Faktoren, ihre Gewichtung sowie der Aufbau des Fragebogens ist jedoch in Zusammenarbeit mit der Projektebene entwickelt worden, um auch aus der Praxis konstruktive Kritik mit einbringen zu können. Nach der Plausibilitätsprüfung der bewerteten Bögen fließen die Ergebnisse in das Strategienetz zur Gegenüberstellung von Kompetenz und Marktpotenzial ein. Die Kompetenzwerte sind für die Detailanalyse grafisch aufzubereiten und erneut visuell auf Plausibilität zu prüfen.

Teilleistung: Raum-, Funktions-, Ausstattungsprogramm				Datum: 29.03.00
Gesprächspartner: Fachbereichsleitung				
Faktor	Gewicht	Bemerkung	Wert 1-100	Punkte
Fachwissen	0,30	Wissensmanagementsystem seit 03/99; systematisch aufbereitete Dateivorlagen	90	27
Projekterfahrung	0,20	Referenzen seit 1985, insbesondere Büroimmobilien	90	18
Mitarbeiterqualifikation	0,20	externe Fort- und Weiterbildungen sind angedacht	70	14
Arbeitsorganisation	0,10	gehört zum Kerngeschäft; Controlling wird gerade umgestellt	70	7
Forschung/Entwicklung	0,10	selten Diplomarbeiten	20	2
Qualitätsmanagement	0,10	detaillierte Verfahrensanweisungen; zertifiziert seit 10/92	70	7
Summe	1,00			75

Abb. 10.5. Beurteilung der Kompetenz am Beispiel der Teilleistung Raum-, Funktions-, Ausstattungsprogramm

10.4 Leistungsauswahl

Die Auswahl der Teilleistungen erfolgt mit Hilfe des nachfolgend dargestellten Strategienetzes.[121,122]

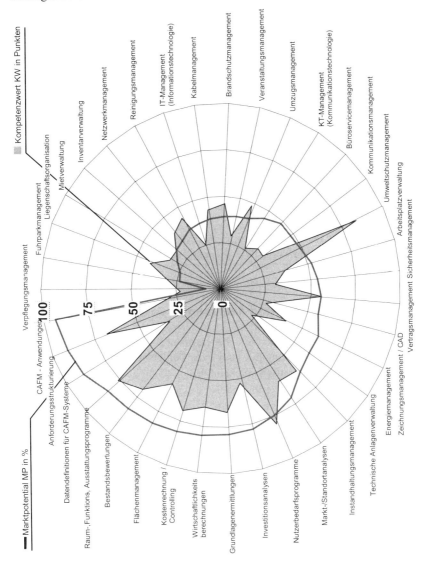

Abb. 10.6. Visualisierung des Markt- und Kompetenzpotenzials bei der Zielgruppe öffentliche Verwaltung

---

[121] Kurz-, mittel- und langfristiges Marktpotenzial (< 7 Jahre).
[122] Das Strategienetz für die Zielgruppe Unternehmen ist analog zu erstellen.

Im Strategienetz für die Zielgruppe Städte in Abb. 10.6 sind die kompetenz-schwachen Teilleistungen CAFM-Anwendungen und Datendefinition für CAFM besonders auffällig. Sie können trotz des hohen Marktpotenzials nicht den priori-tären Teilleistungen im Sinne der Einführungsstrategie zugeordnet werden.

Die höchsten Kompetenzwerte sind bei den Teilleistungen Raum-, Funktions- und Ausstattungsprogramme, Nutzerbedarfsprogramme sowie im Umweltschutz-management zu erkennen. Weiterhin wird ersichtlich, dass die Teilleistungen mit einem hohen Marktpotenzial, wie bereits in der Marktprognose abgeleitet, aus der Projektentwicklung und den übergeordneten Teilleistungen stammen.

Zur Teilleistungskategorisierung sind die Bedingungen, wie nachfolgend aufge-führt heranzuziehen. Grenzen der Kategorien:

Prioritäre Teilleistung:

> Kompetenzwert KW > 50 <u>und</u> Marktpotenzial MP > 50

Selektive Teilleistung:

> Kompetenzwert KW > 50 <u>und</u> Marktpotenzial MP < 50 <u>oder</u>
> Kompetenzwert KW < 50 <u>und</u> Marktpotenzial MP > 50

Nachrangige Teilleistung:

> Kompetenzwert KW < 50 <u>und</u> Marktpotenzial MP < 50.

10.4.1 Prioritäre, selektive und nachrangige Teilleistungen

Die Ergebnisse sind entsprechend ihrer Kategorisierung in Abb. 10.7 aufgeführt. In der Tabelle sind die prioritären und selektiven Teilleistungen

- mit den betreffenden Geschäftsbereichen GFB
- den zugehörigen Kompetenzwerten KW
- dem Marktpotenzial bei Städten MPS und bei Unternehmen MPU sowie
- das Marktpotenzial MP in der Addition der Potenziale beider Zielgruppen und
- letztendlich die Zuordnung der prioritären P[123] sowie der selektiven S[124] und an-teilig der nachrangigen Teilleistungen N dargestellt.

Letztere sind nicht aufgeführt und werden im Zuge der Einführungsstrategie vernachlässigt, da die Teilleistung bei beiden Zielgruppen als nachrangig bewertet worden ist.

---

[123] Prioritär bei Städten und/oder Unternehmen.
[124] Selektiv bei Städten und/oder Unternehmen.

	Teilleistung	GFB	KW	MPS	MPU	MP	Städte	Untern.
prioritär	Anforderungsstrukturierung	FMC	67	91	56	147	P	P
	Bestandsbewertungen	PE, TWP	69	83	50	133	P	P
	Raum-, Funktions-, Ausstattungsprogramme	PE	75	84	46	130	P	S
	Grundlagenermittlungen	FMC	67	79	40	119	P	S
	Nutzerbedarfsprogramme	PE	79	75	44	119	P	S
	Wirtschaftlichkeitsberechnungen	PE	64	80	36	116	P	S
	Investitionsanalysen	PE, TGA	51	78	34	112	P	S
	Markt-/Standortanalysen	PE	59	71	39	110	P	S
	Kostenrechnung / Controlling	FMC	68	81	23	104	P	S
	Flächenmanagement	FMC	57	82	21	103	P	S
	Instandhaltungsmanagement	TGA	61	63	38	101	P	S
selektiv	CAFM - Anwendungen	FMC	32	93	56	149	S	S
	Datendefinitionen für CAFM-Systeme	FMC	32	89	55	144	S	S
	Umweltschutzmanagement	PGA	84	49	30	79	S	S
	Vertragsmanagement	FMC	57	56	22	78	S	S
	Zeichnungsmanagement / CAD	TGA	26	56	48	104	S	N
	Energiemanagement	TGA	41	60	30	90	S	N
	Technische Anlagenverwaltung	TGA	21	60	28	88	S	N
	Arbeitsplatzverwaltung	FMC	37	52	33	85	S	N
	Sicherheitsmanagement	TGA	30	54	14	68	S	N

Abb. 10.7. Zusammenstellung der prioritären und selektiven Teilleistungen

10.4.2 Detailanalyse der prioritären Teilleistungen

Die Detailanalyse stellt den Kern der Einführungsstrategie dar. Sie verdeutlicht bei den prioritären Teilleistungen den richtigen Zeitpunkt des Leistungsangebotes respektive des Markteintritts sowie die Höhe des zu erwartenden Potenzials. Auf dieser Grundlage wird das notwendige Handeln im Sinne der Einführungsstrategie, ggf. mit der Prüfung und Fixierung der Kompetenzerweiterung, auch in Grenzbereichen, festgelegt.

Ist eine Kompetenzerweiterung notwendig, wird sie durch die nachfolgend dargelegten Strategien abgeleitet, fixiert und realisiert:

- zur Aktivierung eigener Potenziale
- zum Erwerb von Kompetenz durch Kooperation oder
- zum Erwerb von Kompetenz durch Akquisition.

Die Markt-/Standortanalyse (Abb. 10.8) verfügt über einen Kompetenzwert, der aufgrund einzelner Erfolgsfaktoren nicht der Ebene Expertenwissen zugeordnet werden kann. Das Marktpotenzial ist mittel- und insbesondere langfristig verteilt. Vor dem Markteintritt kann die Kompetenz durch Nutzung der starken Faktoren Fachwissen und Mitarbeiterqualifikation erweitert werden. Aufgrund des schwachen Faktors Forschung/Entwicklung sowie des Qualitätsmanagement ist das Fach- und Mitarbeiterwissen in Verfahrensanweisungen zu überführen.

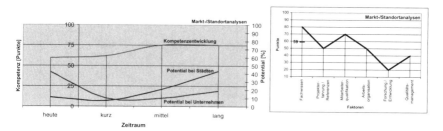

Abb. 10.8. Detailanalyse der prioritären Teilleistung Markt und Standortanalyse

Das Flächenmanagement (Abb. 10.9) muss aufgrund des geringen Kompetenzniveaus sowie des geringen Marktpotenzials bei Unternehmen und langfristig auch bei Städten besonders kritisch bewertet werden. Die Notwendigkeit des Kompetenzausbaus folgt jedoch den Erkenntnissen der Kriterienanalyse. Insbesondere der direkte Zusammenhang des Flächenmanagement zur Bestandsaufnahme und der Einführung eines Computerunterstützten Facility Management ist in die Entscheidung zur Kompetenzerweiterung einzubeziehen. Weiterhin spielt das Flächenmanagement auch bei einer Vielzahl anderer infrastruktureller, kaufmännischer und technischer Leistungen des Operativen Facility Management eine übergeordnete Rolle.[125]

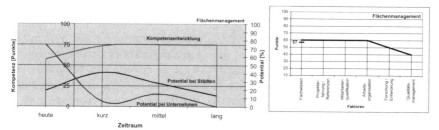

Abb. 10.9. Detailanalyse der prioritären Teilleistung Flächenmanagement

In diesem Zusammenhang muss der Kompetenzaufbau in Anlehnung an die mittelfristig geplanten Bestandsaufnahmen und folglich die Implementierung eines Computerunterstützten Facility Management in den nächsten zwei Jahren erfolgen. Die Leistungsergänzung wird insbesondere in den Faktoren Fachwissen und Mitarbeiterqualifikation angestrebt. Hierzu ist ggf. ein Forschungsprojekt zu konzipieren oder die systematische Aufbereitung der bereits durchgeführten Referenzprojekte zu verankern.

---

[125] Diesem Anspruch wurde in der neuen DIN 32736 - Gebäudemanagement Rechnung getragen. Die Teilleistung Flächenmanagement wurde als eigenständige Säule neben dem infrastrukturellen, kaufmännischen und technischen Gebäudemanagement extrahiert.

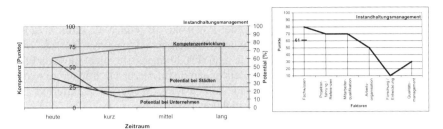

Abb. 10.10. Detailanalyse der prioritären Teilleistung Instandhaltungsmanagement

Das Instandhaltungsmanagement (Abb. 10.10) gewinnt mittelfristig, insbesondere bei der Zielgruppe Städte, an Bedeutung. Der notwendige Kompetenzausbau ist bereits kurzfristig, durch die Aktivierung eigener Potenziale, in den Erfolgsfaktoren Forschung und Entwicklung sowie im Qualitätsmanagement anzustreben. Im letztgenannten Sinne ist auch die Arbeitsorganisation zu untersuchen und zu optimieren.

10.4.3 Detailanalyse der selektiven Teilleistungen

Im Zuge der Detailanalyse bei den selektiven Teilleistungen wird das zu erwartende Marktpotenzial, die Grundhaltung in den Zielgruppen betrachtet sowie ggf. der Aufwand zur notwendigen Kompetenzentwicklung abgeschätzt. Anschließend ist über die Weiterverfolgung von Aktivitäten in den Teilleistungen zu entscheiden. Ist der Kompetenzaufbau und die Aufnahme der Teilleistung in das Leistungsspektrum beschlossen, wird der Zeitpunkt des Markteintrittes für jede Zielgruppe sowie die Maßnahmen für die Kompetenzentwicklung festgelegt.

Bei Zurückstellung der Teilleistung ist diese nicht gänzlich zu vernachlässigen, sondern im Sinne der nachrangigen Teilleistungen im Strategienetz zu beobachten. Potenzialverschiebungen, die sich durch die Dynamik des Marktes bedingen, sind zu registrieren und neu zu bewerten.

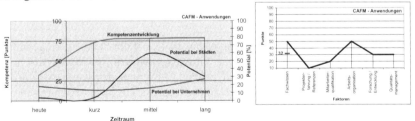

Abb. 10.11. Detailanalyse der selektiven Teilleistung CAFM-Anwendungen

In den selektiven Teilleistungen des vorliegenden Praxisbeispiels sind aufgrund der hohen Marktchancen insbesondere die Teilleistungen Computerunterstütztes Facility Management (Abb. 10.11) zu beachten. Die Optimierung der deutlich geringen Kompetenzwerte setzt die Erweiterung der Forschungs- und Entwicklungsaktivitäten voraus. Das erweiterte Fachwissen ist im Sinne der Mitarbeiterqualifikation zu nutzen. Die Aktivierung eigener Potenziale ist jedoch als kritisch zu betrachten, da eine interne Auswertung und Weiterentwicklung des Wissens aufgrund der fehlenden Referenzprojekte und Erfahrungswerte nicht durchgeführt werden kann. Ggf. sind für beide Teilleistungen qualifizierte Mitarbeiter zu rekrutieren bzw. durch externe Maßnahmen aufzubauen. Weiterhin rechtfertigt das starke Marktpotenzial auch die Einbeziehung von Kooperations- oder Akquisitionsstrategien.

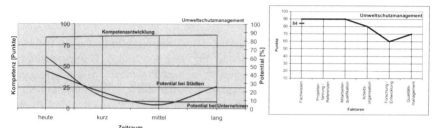

Abb. 10.12. Detailanalyse der selektiven Teilleistung Umweltschutzmanagement

Die Teilleistung Umweltschutzmanagement (Abb. 10.12) wird den nachrangigen Teilleistungen zugeführt. Dies begründet sich aus dem deutlich geringen Marktpotenzial in beiden Zielgruppen. Diese Leistung wird in einer Tochterunternehmung erbracht, die im Sinne der indirekten Kompetenz, einen erhöhten organisatorischen Aufwand zwischen den am Projekt Beteiligten erfordert.

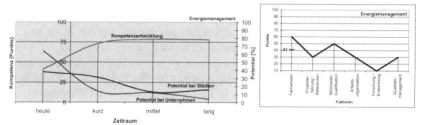

Abb. 10.13. Detailanalyse der selektiven Teilleistung Energiemanagement

Die Teilleistung Energiemanagement (Abb. 10.13) ist durch eine geringe unternehmerische Kompetenz in der Ebene Grundlagenwissen sowie das fast ausschließlich kurzfristige Marktpotenzial geprägt. Aufgrund des Kompetenzprofils ist jedoch ein Ausbau anzustreben. Es zeigt einerseits ein hohes Fachwissen auf und andererseits die Mitarbeiterqualifikation auf der Grenze zum Detailwissen. Empfehlenswert ist hier die Durchführung weiterer Projekte mit der systematischen Aufbereitung der Ergebnisse durch die Forschung und Entwicklung. Weiterhin ist die derzeitige Arbeitsorganisation zu überprüfen und im Sinne des Organisationswandels in den neuen Bereich Real Estate und Facility Management Consulting bewusst zu integrieren.

Die Teilleistung Sicherheitsmanagement (Abb. 10.14) weist ebenfalls eine Diskrepanz zwischen dem Erfolgsfaktor Fachwissen und der deutlich geringeren Mitarbeiterqualifikation auf. Die Kompetenz dieser Teilleistung ist kurzfristig unter Ausnutzung des bereits vorhandenen Fachwissens auszubauen. Auch die Fortschreibung des Qualitätsmanagements ermöglicht die Aufarbeitung des derzeit ungenutzten Wissens in Form von Verfahrensanweisungen und Prozessmodellen.

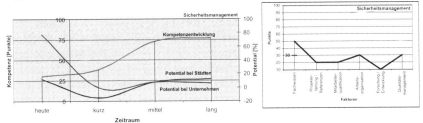

Abb. 10.14. Detailanalyse der selektiven Teilleistung Sicherheitsmanagement

10.5 Zusammenfassung der Einführungsstrategie

Nachfolgend sind die Entscheidungen im Sinne der Einführungsstrategie zusammengefasst. Die Ausrichtung der Strategie wird im Kontext der grundsätzlichen Unternehmenspolitik sowie ihrer Finanzierung aufgezeigt. Weiterhin ist die Erweiterung des Leistungsportfolios und der damit verbundene organisatorische Wandel unter Beachtung der bereits gewachsenen Kompetenzen festgelegt.

Die Merkmale der Einführungsstrategie[126] beschreiben sich wie folgt:

Auf eine aggressive Wachstumsstrategie des Unternehmens, in der es als Strategieführer agiert, wird zu Gunsten einer defensiven Grundhaltung und der Positionierung als Strategiefolger verzichtet.[127] Der Vorteil dieser Strategie ist in der Abgrenzung von Risiken zu sehen. Mit der Politik des eher zurückhaltenden Agierens, bietet sich die Chance, zunächst das Bekannte und Offensichtliche besser zu machen, ohne flächendeckend mit einer Vielzahl von Leistungen den Markt anzugreifen.[128]

Die finanzielle Ausgangsbasis für die Einführungsstrategie ist ebenfalls im Sinne der defensiven Grundeinstellung zu verstehen. Dies bedeutet im Hinblick auf das gesamte Leistungsportfolio übertragen, den finanziellen Ausgleich mit ande-

---

[126] Sie hat keinen Anspruch auf Allgemeingültigkeit und ist auch nicht Bestandteil des vorliegenden Leitfadens. Das Praxisbeispiel respektive die Einführungsstrategie dient ausschließlich der greifbaren Darstellung der theoretischen und modellhaften Ausführungen.

[127] Dies bedingt sich auch aus der Wettbewerbssituation, in der potentielle Mitbewerber sich am Markt bereits positioniert haben.

[128] Vgl. Stabilisierungsstrategie. Sie stellt häufig eine Übergangsstrategie in dem Sinne dar, dass Zeit gewonnen wird, um sich für eine endgültige Richtung zu entscheiden, nämlich für die Abschöpfung und den Marktaustritt oder die Sammlung von Kräften für eine Offensive.

ren strategischen Geschäftsfeldern. Die stark differierenden Marktpotenziale und die Forderung nach einer gezielten Auswahl von Chancen sowie der Vermeidung von Risiken begründen die Finanzierung innerhalb des Unternehmens.

Die Erweiterung des Leistungsportfolios wird im wesentlichen durch die Strategie zur Aktivierung eigener Potenziale realisiert. Dies begründet sich durch die eher defensive Ausrichtung der Strategie, die ein aggressives Wachstum durch Akquisition nicht vorsieht. Andererseits ist durch die teilweise deutliche Differenz zwischen Fachwissen und Mitarbeiterqualifikation eine einfache Möglichkeit zur Kompetenzanhebung gegeben. Weiterhin ist auch im Bereich Forschung und Entwicklung ein ausreichendes Wachstumspotenzial zu erkennen, dass die Akquisitions- oder Kooperationsstrategie nur nach Ausschöpfung der eigenen Reserven zulässt.

Die organisatorische Zusammenführung der Bereiche nach Abb. 10.7 ist in einer interdisziplinären Struktur innerhalb der Unternehmung zu realisieren. Hierdurch kann auch bei geringer Personalstärke flexibel auf die Anforderungen des Marktes reagiert werden, ohne dass Mitarbeiter vorgehalten werden müssen. Dies gilt ausschließlich für Teilleistungen, die direkt einem Geschäftsbereich zugeordnet werden können.[129] Kompetenzen, die über das Kerngeschäft hinaus integriert werden, sind als Grundlage für den realen organisatorischen Aufbau des Real Estate und Facility Management Consulting zu nutzen. Beispielsweise gilt dies für Mitarbeiter mit dem Leistungsschwerpunkt Computerunterstütztes Facility Management oder aus den übergeordneten Leistungen z.B. für die Grundlagenermittlung.

Den grundlegenden Forderungen ist mit der gezielten Auswahl einzelner Teilleistungen zum Real Estate und Facility Management Consulting entsprochen worden. Es erfolgt in den prioritären und teilweise in den selektiven Teilleistungen ein aktiver Ausbau der eigenen Potenziale sowie die Integration von Kooperationsstrategien. Dem gegenüber stehen teilweise die selektiven und vollständig die nachrangigen Teilleistungen, deren zukünftige Entwicklung am Markt beobachtet wird. Zeichnet sich bei den letztgenannten eine wesentliche Veränderung ab, so muss diese auch Einfluss auf die Fortschreibung der Geschäftsfeldstrategie nehmen.

10.6 Projektresümee

Bei der Implementierung der entwickelten Strategie zeichnen sich die nachfolgend dargestellten Widerstände ab. So ist die vollständige Umsetzung wünschenswert und anzustreben, jedoch aufgrund des nicht immer zufriedenstellenden Übergangs

---

[129] In diesem Ansatz ist die Gefahr zu beachten, das der neue Bereich nicht als Ausweitung der derzeitigen Interessen verstanden und folglich der notwendige Kompetenzausbau vernachlässigt wird. Eine Lösung kann im Aufbau eines virtuellen Fachbereiches liegen, in dem ein kontrollierter Zugriff auf andere Geschäftsbereiche und dessen Mitarbeiter mit eingeschränkter Verantwortung realisiert wird.

von der Theorie zur Praxis zu lösen. Die traditionellen und vorherrschenden Unternehmensansätze greifen vor dem Hintergrund komplexer Veränderungen in der Regel zu kurz. Die Strategie kann nur dann erfolgreich sein, wenn sie einen geeigneten organisatorischen Rahmen vorfindet und auf eine unterstützende und stimulierende Unternehmenskultur stößt. Es darf aber auch das Spannungsfeld zwischen alten Kernprozessen und neuen Innovationsfaktoren nicht übersehen werden, dem es jetzt in der Praxis der Strategiedurchsetzung zu begegnen gilt.

Auch die Akzeptanz bei der Erweiterung des Geschäftsfeldes unter Verwendung des strategischen Konzeptes muss innerhalb der Unternehmung gewährleistet sein. Sie wächst eher mit der Einbindung aller am Prozess Beteiligten. In der Praxis ist es daher von großer Bedeutung, das strategische Konzept durch die Mitarbeiter selbst in die Projektarbeit zu transportieren. Die künftigen Erfahrungen sind systematisch zu bündeln, aufzubereiten und der gesamten Projektgruppe zur Verfügung zu stellen. Im Zusammenhang der Akzeptanz mit der in die Strategiefindung eingebundenen Mitarbeiter wird ausgeführt: „Zu groß ist meist die in der Arbeit der Implementierung erworbene Identifikation mit den erreichten Ergebnissen. Die kontinuierliche Weiterentwicklung des Bestehenden wird dadurch vielleicht sogar zur noch anspruchsvolleren Aufgabe als die erstmalige Implementierung strategischer Konzepte."[130]

Weiterhin sind die Ergebnisse der Strategieumsetzung kaum messbar, da nicht wie häufig vorausgesetzt der Prozess der Strategiefindung als explizit geplant dargestellt werden kann. Es wird angenommen, dass dieser Findungsprozess aus identifizierbaren und folglich messbaren Teilprozessen bestcht. Zum Teil ergeben sich aus spontancn Handlungen einflussnehmende Entscheidungen und Reaktionen.[131] Strategien im Sinne von erfolgreichen Handlungsmustern sind also nicht zwangsläufig das Ergebnis eines nach vorne gerichteten Strategieentwicklungsprozesses, sondern können sich aus einer Folge von Handlungen ergeben. Die vorgenannte Abweichung entsteht insbesondere an der Grenze zur taktisch-operativen Entscheidung in den Projekten der Praxis. In ihnen werden intuitive Entscheidungen getroffen, die oftmals nicht Bestandteil der Strategie sind oder sogar in der Strategie ausgeschlossen wurden und dennoch vollständig zum Erfolg führen.

Zusammenfassend ist es also nicht ohne weiteres möglich zu entscheiden, ob diese erfolgreichen Handlungsmuster in einer bewusst geplanten Strategie begründet liegen oder ob sie Ergebnis einer Folge von Handlungen sind, die nicht von vornherein Bestandteil einer expliziten Gesamtkonzeption waren, sich im nachhinein jedoch zu einer solchen zusammenfügen lassen.

---

[130] Vgl. Kirsch W, Roventa P (1983) Bausteine eines Strategischen Management – Dialoge zwischen Wissenschaft und Praxis, Berlin; New York: Walter de Gruyter, S 14

[131] Vgl. Mintzberg H (1989) Mintzberg on Management: Inside our strange world of organizations, New York: Free Press, S 30

11 Zusammenfassung

Das vorliegende Werk hat sich mit einem komplexen Thema, der Beschreibung des Real Estate und Facility Management Consultings aus der Darlegung der Definitionen, des Nutzens und der Vorgehensweise in den Einzelleistungen sowie der Einbindung von Praxisbeispielen, beschäftigt.

Die in der jüngsten Vergangenheit in der Presse des deutschsprachigen Raumes erfolgten Diskussionen über Gestaltungsmöglichkeiten von Leistungsprofilen und Marktprognosen verdeutlichen die Aktualität des Themas. Die Tatsache, dass in Deutschland insbesondere die Themen Projektentwicklung und Facility Management noch unzureichend formuliert sind, bestärkt die Notwendigkeit der Auseinandersetzung mit diesem Themenkomplex im Kontext der Beratung.

Die in diesem Werk zusammengeführten Leistungen im Lebenszyklus der Immobilie dürfen sich nicht nur auf die Darlegung von Erfahrungen beschränken, sondern müssen sich vor allem auch im konkreten Handeln in der Praxis bewähren. In der Praxis wird dieses Werk Erkenntnisse gewinnen und entsprechende Modifikationen fordern, die in der Fortschreibung der Teilleistungen ihre Aufwertung finden werden.

11.1 Leistungsbilder und -veränderungen

Der Trend der Unternehmensfusionen und Expansionen führt verstärkt zur Nachfrage von Fachexpertisen als Grundlage für den Ankauf, Verkauf von Immobilien oder auch ganzer Immobilienbestände (Immobilienunternehmen). Diese Fachexpertisen beinhalten die technische Bewertung der Gebäudesubstanz, die Bewertung des Immobilienwertes als Grundlage für die strategische Entscheidung über den Verkauf oder eine Immobilienentwicklung.

In der Leistungsbilddiskussion zur Projektentwicklung ist jedoch festzustellen, dass derzeit kein einheitliches Leistungsbild existiert.

In den letzten Jahren sind eine Vielzahl von Projektentwicklungen gescheitert. Dies liegt zum einen an den unvorhersehbaren wirtschaftlichen Veränderungen und zum anderen an mangelnder Kompetenz und Seriosität der Anbieter.

Es ist daher festzustellen, dass Projektentwickler zunehmend deutlich konservativer in ihrem Investitionsverhalten sowie in ihrer Ideenentwicklung auf dem Markt auftreten. In den jüngsten Insolvenzfällen zeigt sich, dass die Verantwortung und Haftung letztlich bei den Investoren oder Kreditinstituten zum tragen kommt. Zukünftig sind Fehlinvestitionen durch eine detaillierte Risikoanalyse zu vermeiden und Fehlentwicklungen durch eine verstärkte Absicherung bzw. erhöhte Risikovorsorge auszugleichen.

In diesem Zusammenhang steht auch der Trend nach einer Nachfrage eines Insolvenzmanagements. Hierin sind zwei Szenarien zu unterscheiden, die sich durch den Zeitpunkt und die Konstellation der gegebenen Insolvenz abgrenzen. So können einerseits Managementleistungen gefragt sein, die den Leistungsstand bis zum Zeitpunkt der Insolvenz bewerten und feststellen welche Aktivitäten bereits erbracht worden sind. Die weitaus komplexere Aufgabenstellung liegt allerdings in der Ableitung von weiteren Entscheidungen über den Fortgang eines gefährdeten Projektes wie z.B. die nachträgliche Überarbeitung des Immobilienkonzeptes, Vorgabe der notwendigen Änderungen und Erstellung eines neuen Organisations-, Zeit-, Qualitäts- und Kostenrahmens.

Das Leistungsbild der AHO-Fachkommission Projektsteuerung[132] hat sich im Markt etabliert und findet in vielen Ausschreibungen Anwendung bzw. wird entsprechend den jeweiligen Randbedingungen modifiziert. Ein vollständiges Leistungsbild ohne projektindividuelle Anpassungen wird in den seltensten Fällen beauftragt. Die Anforderungen der Auftraggeber fordern den Projektsteuerer auf – unabhängig von statischen Leistungsbeschreibungen – als unternehmerisch denkender Partner zu agieren. Diese Fähigkeit ist erforderlich, um der zunehmenden Forderung von Auftraggebern Rechnung zu tragen, das Projekt nicht nur zu „begleiten", sondern auch aktiv in die Planungsinhalte zur Sicherung der Qualitätsziele einzugreifen.

Die Auftraggeber von Projektmanagementleistungen fordern die Haftungsübernahme durch den Projektsteuerer zur Erreichung der Qualitäts-, Kosten- und Ertragsziele. Insbesondere in den Fällen der Übernahme von Projektsteuerungs- und Projektleitungsaufgaben werden Bonus-/Malus-Regelungen zunehmend in die Vertragsabschlüsse aufgenommen.

In diesem Zusammenhang besteht auch eine Tendenz zum Wechsel des Projektsteuerers in die Funktion eines Generalübernehmers. In diesem Fall nimmt die Haftung existentielle Formen für den Dienstleister an und erfordert vollständig andere Absicherungsmaßnahmen. Auch bei Großprojekten der öffentlichen Hand ist der Trend, Verantwortung zu delegieren und Projektleitungsaufgaben vollumfänglich zu übertragen, zu erkennen. Es werden Konzentrationsmodelle in der Abwicklung von Bauprojekten gefordert, wie sie z.B. bei Generalunternehmer, Generalübernehmer, Totalübernehmer, Generalplaner sowie verschiedensten Mischformen vorliegen. Diese Entwicklung führt zu einer verstärkten Nachfrage nach Projektcontrollingleistungen, die einer werkvertraglichen Haftung gerecht werden.[133]

---

[132] Vgl. AHO Ausschuss der Ingenieurverbände und Ingenieurkammern für die Honorarordnung e.V. (1998) Untersuchungen zum Leistungsbild des § 31 HOAI und zur Untersuchung für die Projektsteuerung. Nr. 9 der Schriftenreihe AHO, red. Nachdruck, Bundesanzeiger, Berlin

[133] Vgl. Eschenbruch, Klaus: Neue Leistungs-, Vergütungs- und Vertragsmodelle für das Baumanagement, DVP-Tagung am 12.04.2002

Im Facility Management Consulting liegt derzeit kein hinreichend strukturiertes Leistungsbild vor. Der Verband Beratender Ingenieure hat 1997 einen ersten Entwurf zur Darlegung eines Leistungsbildes und seiner Honorierung unternommen und 2001 die Untersuchungen zum Leistungsbild Facility Management Consulting[134] veröffentlicht. Wenngleich diese Schrift wesentlich zur Verbreitung des Facility Management Consultings beiträgt, ist diese Leistungsbeschreibung derzeit für z.B. eine Ausschreibung oder Vertragsgestaltung nur bedingt verwendbar. So bleibt eine Fortschreibung dieses Leistungsbildes und die erstmalige Ableitung von Honorierungsvorschlägen abzuwarten. In Anlehnung an die Entwicklung des Projektmanagement-Leistungsbildes in den letzten Jahrzehnten, ist aber eine ähnliche Entwicklung für das Facility Management (Consulting) bereits abzusehen.

Die Anforderungen an die DV-Tools und internetgestützten Informationssysteme werden in allen Bereichen weiter wachsen. Dies betrifft einerseits die Kompetenz, eigene Systeme zu entwickeln, vorzuhalten und einzusetzen, als auch mit auftraggeberseitig bestehenden Systemvorgaben umgehen zu können und andere Projektbeteiligte innerhalb dieser Randbedingungen zielorientiert koordinieren und integrieren zu können. Aus Gründen der Effektivität besteht zunehmend die Notwendigkeit der Unterhaltung eigener funktionsfähiger Informationssysteme, die an die unterschiedlichen Erfordernisse angepasst werden können.

11.2 Ausblick

Abschließend seien die Einwände der Praxis vorweggenommen, die insbesondere hinsichtlich des teilweise gewählten Abstraktionsgrades zu erwarten sind. Die vorliegende Arbeit kann jedoch nicht alle relevanten Einflüsse antizipieren, da weder die Umwelt noch das System Unternehmung oder Verwaltung in ihrer Komplexität und ihrer Dynamik erfassbar und prognostizierbar sind.

Es sind Untersuchungen notwendig, die sich vertieft mit den einzelnen Kriterien auseinandersetzen. Insbesondere Nutzenuntersuchungen sind bei den unterschiedlichen Zielgruppen anzustreben, um die Vorbehalte gegen ein Real Estate und Facility Management Consulting weiter zu entkräften.

Eine über das vorgelegte Werk hinausgehende wissenschaftliche und praktische Auseinandersetzung mit den dargelegten Instrumentarien ist wünschenswert. Diese Veröffentlichung soll im vorgenannten Sinne die Impulse dazu liefern.

---

[134] AHO (2001) Untersuchungen zum Leistungsbild Facility Management Consulting, Nr. 16 der Schriftenreihe AHO, Bundesanzeiger, Berlin

Literaturverzeichnis

AHO	(1998) Ausschuss der Ingenieurverbände und Ingenieurkammern für die Honorarordnung e.V.: Untersuchungen zum Leistungsbild des §31 HOAI und zur Untersuchung für die Projektsteuerung, Nr. 9 der Schriftenreihe AHO, red. Nachdruck, Bundesanzeiger, Berlin
AHO	(2001) Ausschuss der Ingenieurverbände und Ingenieurkammern für die Honorarordnung e.V.: Untersuchungen zum Leistungsbild Facility Management Consulting, Nr. 16 der Schriftenreihe AHO, Bundesanzeiger, Berlin
AIG	(1996) Arbeitsgemeinschaft Instandhaltung Gebäudetechnik der Fachgemeinschaft Allgemeine Lufttechnik im VDMA (Hrsg.): Instandhaltungs-Information Nr. 12: Gebäudemanagement, Definition, Untergliederung, Frankfurt/Main
Balck H	(1998) Neue Servicekonzepte revolutionieren die Unternehmensinfrastruktur. In: Schulte KW, Schäfers W (Hrsg) Handbuch Corporate Real Estate Management., Müller, Köln
Balck H	(1999) Flächenmanagement. In: Facility Management. Heft 3, Bertelsmann Fachzeitschriften, Gütersloh
Barrett P	(1998) Facility Management – Optimierung der Gebäude- und Anlagenverwaltung, Wiesbaden; Berlin: Bauverlag
Behrends M, Schöne LB	(2002) Portfolioanalyse in der Einzelbewertung und Ableiten der Gesamt-Immobilienperformance, REAL I.S. Unternehmenspräsentation, München
Bea FX	(1995) Strategisches Management, Stuttgart; Jena: G. Fischer
Bone-Winkel S	(1994) Das strategische Management von offenen Immobilienfonds – unter Berücksichtigung der Projektentwicklung von Gewerbeimmobilien, in: Schulte KW (Hrsg.): Schriften zur Immobilienökonomie, Bd. 1, Köln: R. Müller
Braun HP et al.	(1999) Facility Management, Erfolg in der Immobilienbewirtschaftung, 2. Aufl., Berlin: Springer-Verlag
Diederichs CJ	(1994) (Hrsg.) Bausteine der Projektsteuerung – Teil 1, Berlin; Wuppertal: DVP-Verlag
Diederichs CJ	(1994) Grundlagen der Projektentwicklung, Teil 1, in: Bauwirtschaft, Heft 11/94
Diederichs CJ	(1996) Grundkonzeption der Projektentwicklung, in: Schulte KW (Hrsg.): Handbuch Immobilien-Projektentwicklung, Köln: R. Müller
Diederichs CJ	(1997) Bausteine der Projektsteuerung – Teil 5: Facility Management, Berlin; Wuppertal: DVP-Verlag
Diederichs CJ	(1998) Glossar, in: Untersuchungen zum Leistungsbild des §31 HOAI und zur Untersuchung für die Projektsteuerung, Nr. 9 der Schriftenreihe AHO, red. Nachdruck, Bonn: AHO
Diederichs CJ	(1998) Modell 4+1: Beratungsphilosophie des Institutes für Baumanagement IQ-Bau, Faltblatt 02/98, Wuppertal: Bergische Universität Wuppertal, IQ-Bau
Diederichs CJ	(1999) Führungswissen für Bau- und Immobilienfachleute, Berlin: Springer-Verlag
Diederichs CJ	(1999) (Hrsg.) DVP-Informationen 1999, 5. überarb. Aufl., Berlin; Wuppertal: DVP-Verlag,
Diederichs CJ, Reisbeck T	(1999) Facility Management-Konzept für die Hochschulen in Nordrhein-Westfalen, Gutachterliche Stellungnahme, DVP-Verlag, Wuppertal.

Diederichs CJ, Schöne LB	(1999) Facility Management mit System, in: Facility Management, Heft 3/99, Gütersloh: Bertelsmann Fachzeitschriften
Diederichs CJ, Schöne LB	(2000) Ein großes Marktpotential für Beratende Ingenieure, in: Handelsblatt, Ausgabe 26.10.2000.
Diederichs CJ, Schöne LB	(2001) 7, 70 oder 700 Millionen - Marktpotential im Facility Management, in: Facility Management, Heft 02/01, Gütersloh: Bertelsmann Fachzeitschriften
DIN 18205	(1987) Deutsches Institut für Normung e.V.: DIN 18205: Bedarfsplanung im Bauwesen, Berlin: Beuth-Verlag
DIN 18960	(1999) Deutsches Institut für Normung e.V.: DIN 18960: Nutzungskosten im Hochbau, Berlin: Beuth-Verlag
DIN 276	(1993) Deutsches Institut für Normung e.V.: DIN 276: Kosten im Hochbau, Berlin: Beuth-Verlag
DIN 277	(1987) Deutsches Institut für Normung e.V.: DIN 277: Grundflächen und Rauminhalte von Bauwerken im Hochbau, Begriffe, Berechnungsgrundlagen, Berlin: Beuth-Verlag
DIN 31051	(1985) Deutsches Institut für Normung e.V.: DIN 31051: Instandhaltung - Begriffe und Maßnahmen, Berlin: Beuth-Verlag
DIN 32541	(1977) Deutsches Institut für Normung e.V.: DIN 31051: Betreiben von Maschinen und vergleichbaren Arbeitsmitteln - Begriffe für Tätigkeiten, Berlin: Beuth-Verlag
DIN 32736	(2000) Deutsches Institut für Normung e.V.: DIN 32736: Gebäudemanagement – Begriffe und Leistungen, Berlin: Beuth-Verlag
DIN 69901	(1987) Deutsches Institut für Normung e.V.: DIN 69901: Projektmanagement - Begriffe, Berlin: Beuth-Verlag
Donhauser B	(1995) Grobstrukturbetrachtung einer Aufbauorganisation. Qualitätsmanagement Handbuch CBP. Nicht veröffentlicht
Donhauser B	(1995) Auszug aus dem Qualitätsmanagement-Handbuch. CBP, München
Drost F	(1997) Ein milliardenschwerer Markt lockt, in: Handelsblatt vom 30.09.1997, Nr. 188.
Falk B, Rempsis U	(1997) Facility Management, die strategische Bedeutung für eine Immobilien-Managementgesellschaft eines Versicherungskonzerns, Diplomarbeit an der Fachhochschule Nürtingen, Nürtingen
Frese, E.	(1986) Unternehmensführung, Landsberg/Lech: Verlag Moderne Industrie
GEFMA	(1997, 1999) Deutscher Verband für Facility Management: Erläuterungen zum Facility Management, Internetauszug, http://www.gefma.de, Abrufdatum: 02.12.1997 / 20.09.1999.
GEFMA 100	GEFMA-Richtlinie 100: Facility Management – Begriff, Struktur, Inhalte (Entwurf 12/96), Berlin: GEFMA e.V., 1998.
GEFMA 104	(1998) GEFMA-Richtlinie 104: Managementbegriffe im Umfeld zum Facility Management (Entwurf 08/98), Berlin: GEFMA e.V.
GEFMA 200	(1996) GEFMA-Richtlinie 200: Kostenrechnung im Facility Management: Nutzungskosten von Gebäuden und Dienstleistungen (Entwurf 12/96), Berlin: GEFMA e.V.
GEFMA 420	(1998) GEFMA-Richtlinie 420: Hinweise zur Beschaffung und Einsatz von CAFM-Systemen (Entwurf 04/98), Berlin: GEFMA e.V.
Ghahremani, A.	(1998) Integrale Infrastrukturplanung: Facility Management und Prozessmanagement in Unternehmensinfrastrukturen, Berlin: Springer-Verlag
Haselbauer D	(2001) Marketingstudie für eine Projektentwicklung. CBP, München
Heerten, E.	(1996) Einsatz integrierter Standard-DV-Systeme beim Objektmanagement, Serie: Berichte aus der Betriebswirtschaft, Aachen: Shaker
Hinterhuber HH et al.	(1997) Kundenzufriedenheit durch Kernkompetenzen – eigene Potentiale erkennen – entwickeln – umsetzen, München u.a.: Hanser
Hofmann M	(1993) Wissenschaftliche Eingliederung, in: Harden, H./Kahlen, H. (Hrsg.): Planen, Bauen, Nutzen und Instandhalten von Bauten; Reihe: Facility Management, Bd. 3; Stuttgart u.a.: Kohlhammer

Isenhöfer B, Väth A	(1998) Lebenszyklus von Immobilien, in: Schulte KW (Hrsg.): Immobilienökonomie, Bd. 1: Betriebswirtschaftliche Grundlagen, 1. Aufl., München; Wien: R. Oldenbourg
Joas A, Fleischauer U	(1995) Ein Milliardenmarkt entsteht, in: Facility Management, Heft 1/95, Gütersloh: .Bertelsmann Fachzeitschriften
Kamlah O, Schöne LB	(2001) Entwicklung einer integrierenden IT-Vision für komplexe Immobilienunternehmen. Vortrag zur Strategieentwicklung. Nicht veröffentlicht.
Kiermeier C	(2002) Auszug aus dem CBP-Projektinformationssystem ProDataS (Ausbau des Hamburger Flughafens, Großprojekt HAM 21), Projektpräsentation
Kiermeier C, Böck S	(2002) Workflowoptimierung des Vergabeprozesses. Graduate School of Business Administration Zürich, Master Thesis
Kirsch W, Roventa P	(1983) Bausteine eines Strategischen Managements – Dialoge zwischen Wissenschaft und Praxis, Berlin; New York: Walter de Gruyter
Kirsch W, Trux W	(1983) Strategisches Management oder: Die Möglichkeit einer wissenschaftlichen Unternehmensführung – Anmerkungen aus Anlass eines Kooperationsprojektes zwischen Wissenschaft und Praxis, in: Kirsch W, Roventa P Bausteine eines Strategischen Managements – Dialoge zwischen Wissenschaft und Praxis, Berlin; New York: Walter de Gruyter
Krüger W, Homp C	(1997) Kernkompetenz-Management - Steigerung von Flexibilität und Schlagkraft im Wettbewerb, Wiesbaden: Gabler
Lochmann HD, Köllgen R,	(1998) Facility Management: Strategisches Immobilienmanagement in der Praxis, Wiesbaden: Gabler
Löwen W	(1997) Industrial Facility Management, Teile 1 bis 4, in: Der Betriebsleiter, Heft 3, 5, 6 und 9/97
Mendler B	(1998) Untersuchungen zur Honorierung der Teilleistungen des Strategischen Facility Managements, Diederichs CJ (Hrsg), Diplomarbeit am Lehr- und Forschungsgebiet Bauwirtschaft, Bergische Universität Wuppertal
Mintzberg H	(1989) Mintzberg on Management: Inside our strange world of organizations, New York: Free Press
Nävy J	(1998) Facility Management, Grundlagen, Computerunterstützung, Einführungsstrategie, Praxisbeispiel, Berlin: Springer-Verlag
Neumann D	(1996) Facility Management – ein Markt mit Zukunft, Vortrag im Rahmen der Management Circle Konferenz Facility Management am 14./15.12.1996, Berlin
O'Mara MA	(1999) Strategy and Place: Managing Corporate Real Estate for Competitive Advance, New York: Free Press
Pieper R	(1992) Lexikon Management, Wiesbaden: Gabler
Pierschke B	(1998) Facilities Management, in: Schulte, K.-W. (Hrsg.): Immobilienökonomie, Bd. I: Betriebswirtschaftliche Grundlagen, München; Wien: R. Oldenbourg
Preuß N	(1993) Der Flughafen München – eine Chance für Bayerns Infrastruktur. Vortrag zur Eröffnung der Ingenieur-Akademie Bayern (Günter-Scholz-Fortbildungswerk e.V.), Nürnberg
Preuß N	(1996) Änderungsmanagement in der Angebots- und Ausführungsphase, DVP-Tagung, Berlin
Preuß N	(1998) Entscheidungsprozesse im Projektmanagement von Hochbauten. DVP-Verlag, Wuppertal
Preuß N	(2001) Unterstützung des Nutzers in der Projektentwicklung von Büro- und Verwaltungsbauten. Vortrag Verband öffentlicher Banken, Berlin
Preuß N	(2001) Entscheidungsprozesse im Projektmanagement von Hochbauten bei verschiedenen Unternehmenseinsatzformen. In: Kapellmann, Vygen. Jahrbuch Baurecht
Preuß N	(2002) Projektmanagement als Übernahme delegierbarer Bauherrenaufgaben – eine Bestandsaufnahme aktueller Leistungsbilder. Verband öffentlicher Banken
Reisbeck T	(1999) Mitarbeiterumzüge – Prozessanalyse und Vorschläge zur Verbesserung, Universität (TH) Karlsruhe, Institut für Maschinenwesen im Baube-

	trieb
Reisbeck T	(2000) Ablauf einer Organisationsberatung. In: Diederichs CJ, Forschungs- projekt Öffentliches Liegenschaftsmanagement, Bergische Universität Wup- pertal
Reisbeck T	(2002) Vorlesung zum Immobilien- und Infrastrukturmanagement, Bergische Universität Wuppertal
Reisbeck T, Schöne LB	(2002) Ingenieurleistungen über die Grenzen der Technik hinaus. In: Bera- tende Ingenieure, Heft 1/2, Springer VDI-Verlag
Reisbeck T, Schöne LB	(2002) Immobilienmanagement bei der Bundeswehr – Aufbau der Facility Management-Gesellschaft. In: Tagungsband Facility Management Messe Düsseldorf. Forum Verlag Herkert (Hrsg.) Merching
Schäfers W	(1997) Strategisches Management von Unternehmensimmobilien, Köln: Ru- dolf Müller
Schäfers W	(1997) Corporate Real Estate Management – Immobilien-Management in deutschen Industrie-, Dienstleistungs- und Handelsunternehmen, in: Diede- richs, C. J. (Hrsg.): Bausteine der Projektsteuerung – Teil 5: Facility Mana- gement, Wuppertal: DVP-Verlag
Schertler W	(1983) Attraktivitätsanalyse von Dienstleistungen – empirischer Ansatz zur Entwicklung von Ausbaustrategien für Unternehmen und Staat, München: Minerva-Publikation
Schöne LB	(1999) Facility Management mit System, in: Facility Management, Heft 03/99, Gütersloh: Bertelsmann Fachzeitschriften
Schöne LB	(2000) Nicht bloß ein Kostenfaktor, in: Facility Management, Heft 3/00, Gü- tersloh: Bertelsmann Fachzeitschriften
Schöne LB	(2000) Leistungsbild Facility Management, Interview in: Facility Manage- ment, Heft 10/00, Gütersloh: Bertelsmann Fachzeitschriften
Schöne LB	(2001) Facility Management in der kommunalen Verwaltung, in: Kommu- nalpolitische Blätter, Heft 02/01, Rheinbach
Schöne LB	(2002) Entwicklung und Einführung eines Facility Management Consultings am Beispiel eines Ingenieurbüros, Diederichs CJ (Hrsg), Wuppertal: DVP- Verlag
Schöne LB	(2002) Facility Management in der öffentlichen Verwaltung – eine empiri- sche Bestandsaufnahme. In: Galonska J, Erbslöh FD: Facility Management, Deutscher Wirtschaftsdienst, Köln
Schulte KW	(1998) Immobilienökonomie, Bd. 1: Betriebswirtschaftliche Grundlagen, 1. Aufl., München; Wien: R. Oldenbourg
Schulte KW, Pierschke B	(1998) Eine Gegenüberstellung - Facilities Management, Corporate Real Estate Management und Public Real Estate Management, in: Facility Mana- gement, Heft 2/98, Gütersloh: Bertelsmann Fachzeitschriften
Schulte KW, Schäfers W	(1998) Handbuch Corporate Real Estate Management, Köln: Rudolf Müller
Stähle WH	(1991) Handbuch Management - Die 24 Rollen der exzellenten Führungs- kraft, Wiesbaden: Gabler
Staudt E et al.	(1999) Facility Management – Der Kampf um Marktanteile beginnt, Fran- kurt/Main: FAZ, Verl.-Bereich Buch
Staudt E et al.	(1992) Kooperationshandbuch – Ein Leitfaden für die Unternehmenspraxis, Düsseldorf
Staudt E et al.	(1996) Kooperationsleitfaden – Planungshilfen und Checklisten zum Mana- gement zwischenbetrieblicher Kooperation, Stuttgart u.a.
Straßheimer P	(1998) Public Real Estate Management, in: Schulte, K.-W. (Hrsg.): Immobi- lienökonomie, Bd. 1: Betriebswirtschaftliche Grundlagen, 1. Aufl., Mün- chen; Wien: R. Oldenbourg
VBI	(1998) Verband Beratender Ingenieure e.V.: Leistungsbild für Consulting- Leistungen im Facility Management – Arbeitspapier des VBI- Arbeitskreises FM, Berlin: VBI e.V.
VDMA 24196	(1996) Verband Deutscher Maschinen- und Anlagenbau e.V.: Einheitsblatt 24196 – Gebäudemanagement: Begriffe und Leistungen, Berlin: Beuth Ver-

	lag
VÖB	(1994) Verband Öffentlicher Banken: Facility Management (Berichte und Analysen Bd. 18), 1. Aufl., Bonn: VÖB-Service GmbH
Voigt JF	(1990) Unternehmensbewertung und Potentialanalyse – Chancen und Risiken von Unternehmen treffsicher bewerten, Wiesbaden: Gabler
Zeuner P	(1995) Geschäftsfeldplanung, Landsberg/Lech: Verlag Moderne Industrie

Druck (Computer to Film): Saladruck Berlin
Verarbeitung: Stürtz AG, Würzburg